EXCEL을 활용한
식품자원 통계학

오종철 · 유현희 지음

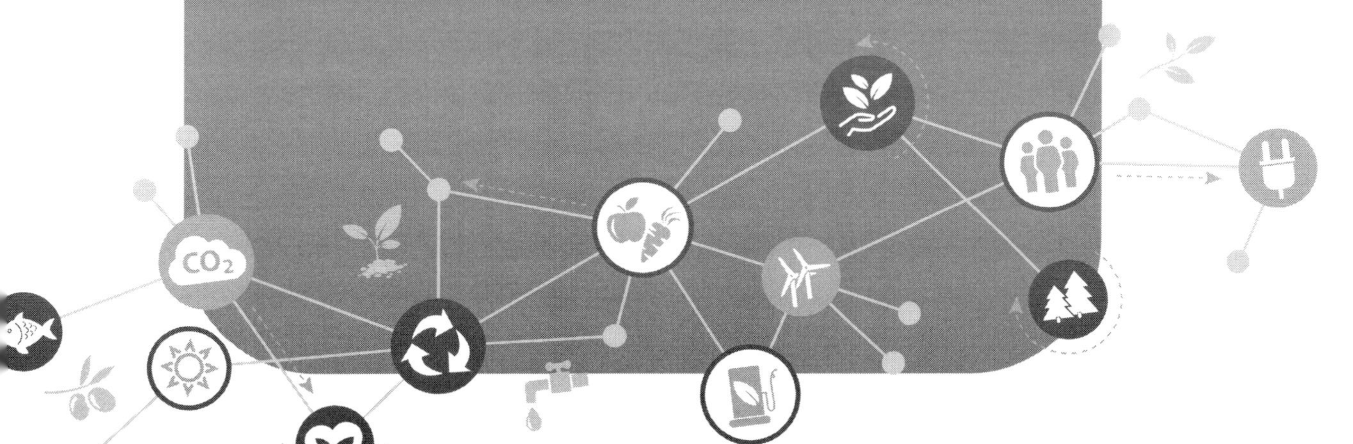

자유아카데미

머리말

사람이 생명을 유지하는 데 필요한 3가지 요소는 물과 산소 그리고 식품이다. 국어사전에서 식품은 “사람이 일상적으로 섭취하는 음식물을 통틀어 이르는 말”로 정의된다. 즉, 식품은 우리 인간이 생명을 유지하며 건강하게 살아가도록 도와주는 영양소의 공급원이다. 식품자원은 이러한 식품으로서의 여러 가치를 갖는 각종 농수산물 등의 식량자원을 일컫는 것으로, 식품자원통계학은 식품자원에서 얻어지는 각종 통계 자료를 적절하게 과학적으로 분석하는 학문이다.

현재 우리 사회 전반에서 식품의 중요성이 커지고 있다. 그러나 우리나라의 각종 식품자급률은 대부분의 식품군별에서 감소하고 있는 실정이다. 이러한 현상은 실제 자료 통계를 통하여 분석할 수 있으며 그 결과를 응용하면 식품자급률을 향상할 수 있는 방안을 찾을 수 있을 것이다. 최근에는 식품클러스터를 조성함으로써 식품산업을 육성하기 위한 다양한 시도가 이루어지고 있다. 이를 위해 식품산업에 지원되는 식품기능성 평가, 식품품질(맛, 향, 조직감) 향상을 위한 분석법 등에 통계적 기법이 적용될 수 있다.

저자는 2017년 식품클러스터 공유전공 운영진에 합류하게 되어 식품자원에 대한 여러 통계분석을 실시하기도 하였으며 두 학기 동안 식품클러스터 공유전공 학생들에게 식품자원통계학을 강의하였다. 그러나 아직 식품자원통계학에 대한 적절한 저서와 자료가 미비하여 지난 1년의 강의를 바탕으로 이 책을 출간하게 되었다. 식품자원에 대한 각종 자료를 통계분석하는 도구로 통계학 분야에서 많이 사용하는 SAS나 IBM SPSS Statistics와 같은 좋은 통계 패키지 프로그램이 있지만 이 프로그램들은 통계학을 전공하지 않는 식품클러스터 전공 학생들에게는 부담이 되므로 쉽게 접할 수 있는 엑셀 프로그램을 활용하였다. 물론 누구나 사용할 수 있는 R이란 프리웨어가 있지만 이는 프로그램을 직접 코딩해야만 하는 어려움이 있다.

식품자원 자료의 통계분석을 위해 이 책에서는 대부분의 예제를 식품과 관련된 내용으로 꾸몄지만, 식품자원이 아닌 다른 분야에서도 기술통계를 비롯하여 구간추정과 가설검정, 분산분석과 회귀분석 등 기초 통계분석의 참고 자료로 무난히 활용할 수 있을 것이다. 통계분석을 잘 수행하기 위해서는 어느 정도 통계 이론을 습득해야 할 것이다. 이 책에서는 가능한 통계분석의 시작을 통계 이론으로부터 출발했으며 자세한 수식의 계산은 모두 엑셀 프로그램의 도움을 받았다.

먼저 1장에서 통계학의 개념과 통계조사에 대하여 간단히 기술하였으며 식품과 식품자원에 대하여 설명하였다. 2장에서는 자료의 형태를 언급하였으며 표와 그림을 통한 자료의 요약 방법에 대하여 그리고 통계량을 이용한 자료의 요약 방법을 자세히 기술하였다. 3장에서는 확률과 확률분포로서 확률을 구하기 위한 경우의 수에 대한 기본 이론과 이를 통한 확률의 기초를 다루었다. 또한 확률을 바탕으로 한 확률변수와 확률변수의 기댓값, 분산을 구하는 방법, 이산확률분포와 연속확률분포의 의미 그리고 통계학에서 가장 많이 사용되는 확률분포들을 자세히 설명하였다. 4장에서는 표본의 분포에 대하여 설명함으로써 정규분포로부터 파생된 t 분포와 이를 통한 구간추정의 의미를 파악할 수 있도록 하였으며, 5장에서 가설검정의 원리를 시작점으로 독립표본과 대응표본의 경우 모평균 차에 대한 가설검정 방법을 다루었다. 6장에서는 정규분포를 이용한 모비율의 검정과 모비율 차에 대한 검정, 그리고 동일성 검정과 독립성 검정을 기술하였으며 이 검정에 필요한 카이제곱분포의 정의와 확률에 대하여 설명하였다. 7장의 주제는 분산분석법으로, 분산분석에 필요한 F 분포의 정의를 시작으로 일요인 분산분석, 이요인 분산분석을 반복이 없는 경우와 반복이 있는 경우로 나누어 기술하였다. 마지막으로 8장에서는 먼저 상관분석에 대하여 설명하였고 단순선형회귀분석에 대하여 추정회귀식을 구하는 방법과 회귀계수 추정 방법을 자세히 기술하였다. 이어서 다중선형회귀분석의 의미와 그 실행 결과의 분석에 대하여 설명하였다.

이 책에 표시된 자료는 자유아카데미 홈페이지(www.freeaca.com)를 통해 제공하겠지만 가급적 직접 엑셀 프로그램으로 자료를 입력하여 실행하기를 추천한다. 또한 출간 후에 발견되는 오류에 대해서도 홈페이지 자료실에 제공할 예정이다. 이 책이 엑셀만을 이용하여 통계 자료를 분석하고자 하는 모든 이들에게 조금이라도 도움이 되길 바라며, 이 책의 교정에 많은 시간을 할애해 준 군산대학교 다문화학과 이진선 대학원생에게 감사드린다. 마지막으로 이 책을 출판하는 데 아낌없는 후원을 해주신 자유아카데미에도 깊은 감사의 말을 전한다.

2018년 8월

차례

I 통계학의 개념과 통계조사

II 자료의 정리와 요약

III 확률과 확률분포

IV 표본분포와 추정

V 가설검정

VI 비율에 대한 추정과 독립성 검정

VII 분산분석

VIII 상관분석과 회귀분석

부록

I

통계학의 개념과 통계조사

1.1 통계학이란

통계학(Statistics)이란 용어는 18세기 중반 독일의 아헨발(G. Achenwall, 1719~1772) 교수가 Statistik이란 단어를 처음 사용하면서 시작되었다. 이 단어는 라틴어 status(국가에 대한 모든 사실)로부터 유래되었다고 한다. 이는 국가를 통치하기 위하여 국가의 모든 사실들을 조사할 필요가 있기 때문에 통계조사가 이루어졌으며, 이로부터 통계학이 태동한 것으로 보인다. 물론 이전에도 한 나라를 통치하기 위하여 세금이 필요했으며 이를 위해 인구조사 등의 통계조사가 이루어져 왔을 것으로 추정된다. 이후 1787년 영국의 통계학자인 짐머맨(E.A.W. Zimmerman)이 통계학의 용어를 Statistics으로 사용함으로서 현재까지 이어져 오고 있다.

통계학을 이용하여 사회 현상을 분석하고자 하는 여러 모임에서 통계와 통계학을 혼용하는 경우를 자주 접한다. 통계와 통계학은 서로 구분되는 용어로서 통계란 어떤 관심사에 대하여 분석 집단을 대상으로 행해진 설문조사와 의견조사, 또는 특정한 실험의 실시로 얻어진 여러 가지 수치(결과치) 또는 그것들의 요약된 형태를 의미한다. 다음은 통계의 몇 가지 예를 나열한 것이다.

- 인구주택총조사와 같은 전수조사에서 얻어진 우리나라의 전체 인구수와 GNP
- 한국산 자동차와 미국산 자동차의 평균수명
- K대학교에 재학 중인 학생수와 각 단과대학의 학생수, 여학생수, 남학생수
- 2017년도 한국프로야구 선수의 각종 지표 (타율, 장타율, 출루율, 안타수, 홈런수, 방어율, 삼진율 등)

반면에 불확실한 상황 속에서 연구 관심이 되는 대상을 분석하기 위하여 또는 이 대상이 직면하고 있는 문제를 해결하기 위하여 이 대상에 대한 자료를 수집하고 정리·요약하여 얻어진 자료나 정보를 토대로 과학적인 판단을 내릴 수 있도록 그 방법을 제시하여 주는 학문으로 통계학을 정의할 수 있다. 즉, 통계학은 관심 대상으로부터 얻어진 통계, 즉 수량적 자료를 과학적으로 분석하는 학문이다. 다음은 통계학을 적용한 몇 가지 사례이다.

- 우울증 치료에 음악이 효과가 있는지의 여부에 대한 가설검정
- 건설회사의 과거 자료와 현 자료로부터 내년도 재해율 예측(회귀분석)

- 대통령 선거에서 A 후보의 지지율에 대한 구간추정 등의 분석
- 생활 속의 통계학(기상청에 발표하는 3일 후의 날씨 변화 예측, 증권회사에서 분석하는 주말의 주식 동향, 스포츠 관련 승률 예측 분석 등)

1.2 통계학의 기본 용어

다음은 통계학에서 기본적으로 사용하는 용어이다.

- 자료(data)
- 모집단(population)
- 모수(parameter)
- 표본(sample)
- 통계량(statistic)

통계학에서 사용하는 기본 용어를 간단히 정리하면 먼저 자료(data)는 관심의 대상이 되는 집단을 조사하여 얻어진 수량적 수치를 의미하며 통계분석을 위해 반드시 필요한 기초 자료이다. 이러한 자료가 생성되는 연구의 관심 대상이 되는 전체 집단을 모집단이라고 한다. 그러나 실제로는 이 집단에 속한 모든 개체의 특정 변인의 측정값 전체 집합을 의미하기도 한다. 예를 들어 K대학교에 다니는 학생들의 영어 실력을 조사하여 학과 간 평균 비교 분석을 한다고 하자. 이때 모집단은 K대학의 학생 전체 집단이지만, 이 전체 집단의 영어 실력을 조사해야 분석이 가능하므로 K대학 학생들의 토익점수를 모아 놓은 가상의 전체 집합이 모집단이라고 할 수 있다. 즉, 모집단이란 연구 관심 집단의 모든 개체로부터 얻어진 자료들의 전체 집합으로 요약할 수 있다.

모수란 모집단을 대표하는 특성치를 의미한다. 예를 들어, 토익 점수를 통하여 K대학 학생들의 영어 실력을 비교 분석하기 위한 모집단을 설정할 경우 이 모집단을 설명하는 여러 참값이 있을 것이다. 이를 테면 K대학 학생들의 토익 점수에 대한 전체 평균과 분산, 표준편차 등이 이 모집단의 특성을 설명할 수 있는 모수라고 할 수 있다. 일반적으로 모집단의 구성원 모두를 조사하지 못할 경우 이 모수들의 값은 불분명하다. 통계학은 이러한 모집단의 특성을 대변하는 모수들의 값을 예측하기 위해 노력하

는 학문이다.

모집단을 대표하는 모수들을 구하는 가장 좋은 방법은 모집단에 속한 구성원 모두를 조사하는 것이다. 이를 전수조사라고 하는데 우리나라에서 매 5년마다 실시하는 인구주택총조사(http://www.census.go.kr)가 대표적인 예이다. 또한 전국의 모든 사업체를 대상으로 매년 사업체의 규모 및 분포를 파악하기 위한 사업체 기초 통계조사도 전수조사의 예로 볼 수 있다. 그러나 인구주택총조사와 같은 전수조사는 우리나라의 읍면동 단위까지 조사해야 되므로 많은 인력과 시간, 그리고 예산이 필요하고, 또한 많은 자료들을 수집, 기록, 정리하는 과정에서 오류가 발생하기도 한다. 더욱이 특정 질병의 환자들에 대한 임상 실험이나 전구의 수명조사 등은 전수조사가 불가능하기도 하다. 따라서 전수조사 대신 모집단을 구성하고 있는 구성원 중 모집단을 대표할 수 있는 일부를 선택하여 조사하는 방법을 사용하게 된다. 이 모집단의 부분집합을 표본이라고 하고, 이 표본을 뽑아 조사하는 것을 표본조사(표집조사, sampling survey)라고 한다. 이외에 현장성이나 적시성을 잘 표현할 수 있는 특정한 분야의 사례조사(case study) 방법도 하나의 통계조사 방법으로 사용되고 있다.

모집단의 특징을 대변하는 모수의 값을 구하는 것은 통계학의 목표 중 하나이다. 이 값은 앞에서 언급한 바와 같이 모집단의 구성원 전부를 전수조사하면 얻을 수 있다. 그러나 전수조사가 불가능한 경우가 대부분이므로 전수조사 대신 표본조사를 통하여 모수를 추정하게 된다. 즉, 모집단의 모수를 표본을 통하여 추정하는데 이때 모수를 추정하고자 하는 표본의 값들의 특정 함수를 통계량이라고 한다. 예를 들어 K대학 전체 학생들의 토익 성적(영어 실력으로 대신하는)의 **평균(모수)**을 이 모집단에서 뽑은 표본의 관측값들의 평균으로 추정한다고 할 때, 표본의 관측값들의 평균을 통계량이라고 한다. 따라서 하나의 모수를 추정하고자 할 때 통계학에서 정의되는 통계량은 다수가 될 수 있으며, 이 중에서 가장 좋은 통계량을 정의할 수 있다. 또한 서로 다른 모수를 추정하는 통계량들은 서로 다른 함수를 가진다.

우리가 학습해야 할 통계학을 세분하여 표현하면 기술통계학, 추론통계학으로 구분할 수 있다. 이러한 통계학이 각 분야의 특수한 자료분석에 응용될 때, 이를 테면 생물통계학, 물리통계학, 간호통계학, 식품자원통계학 등으로 각 분야에서 사용되는 통계학을 각 분야와 결합하여 이름 붙일 수 있을 것이다.

- 기술통계학: 모집된 자료의 특성을 쉽게 파악할 수 있도록 자료를 정리, 요약하는 통계적 지식 체계로서 도수분포표, 막대그림표 등의 표, 그림과 대푯값(평균), 산포

도(분산, 표준편차) 등의 자료 요약을 예로 들 수 있다.

- 추론통계학: 표본이 지니고 있는 정보를 분석하여 이를 기초로 모집단을 대변하는 여러 특성, 즉 모수를 과학적으로 추론 또는 검정하는 분석학인 모평균의 추정과 가설검정, 회귀직선의 추정, 모비율의 95% 신뢰구간 등 추론통계학에는 다양한 통계분석법이 있다.
- 식품자원통계학: 식품 자원과 관련된 문제 해결을 위하여 기술통계학 및 추론통계학을 응용한 통계학

1.3 통계조사

인구주택총조사와 같은 조사는 한 국가의 여러 가지 문제를 파악하고 문제점을 해결하기 위하여 국가가 정책적으로 5년마다 시행하는 전수조사이다. 이 조사를 통하여 인구의 감소 문제, 주택 문제 등을 해결하기 위한 다양한 통계 방법이 연구되고 있다. 그러나 우리나라에서 5년마다 시행하는 대통령 선거를 예측하기 위해 전수조사를 하지 않는다. 전수조사를 할 수 있는 시간도 부족하거니와 전수조사의 의미가 없기 때문이다. 대통령 선거 자체는 전수조사라고 할 수 있지만 실제로는 투표율이 100%가 되지 않으므로 이 역시 전수조사가 아니다.

이와 같이 여러 가지 이유로 전수조사를 하기 어려운 경우 모집단에서 일부분의 표본을 추출하여 모집단 전체의 특성을 연구하는 방법을 표본조사라고 한다. 이때 추출된 표본의 수를 표본의 크기라고 한다. 표본조사의 목적은 추출된 표본으로부터 모집단의 특성인 모수를 추정하고 가설을 검정하는 것인데 이를 통계적 추론(statistical inference)이라고 한다.

표본조사를 하기 위해서는 필요한 표본을 모집단에서 추출하는 표본추출 방법은 크게 확률표본추출(probability sampling)과 비확률표본추출(non-probability sampling)으로 나뉜다. 확률을 미리 정할 수 있는 방법을 확률표본추출이라고 하는데 우리는 그 확률에 의해 표본에서 얻은 정보의 신뢰성을 결정할 수 있다. 확률표본추출에는 표본을 뽑는 방법에 따라 단순임의추출법, 계통추출법, 층화임의추출법, 집락추출법 등으로 구분할 수 있다.

단순임의추출법(simple random sampling)은 비복원추출로서 얻어지는 모든 표본

의 추출 확률이 동일하게 이루어지는 추출법이다. 이는 표본을 추출하고자 하는 모집단의 정보를 거의 알지 못하는 경우에 사용되는 추출법으로서 모든 자료가 랜덤하게 추출되어야 한다.

많은 수의 제품을 계속해서 생산하는 업체의 품질관리를 수월하게 하기 위한 표본의 추출에 적용할 수 있는 추출법으로 계통추출법이 있다. 그러나 계통추출법은 뽑고자 하는 모집단의 고유번호순으로 주기성을 띄는 성질이 있으면 편의된 표본을 추출할 여지가 있다는 단점이 있다.

층화임의추출법(stratified random sampling)은 조사대상이 성질이 균일한 몇 개의 계층으로 분류되어 있을 경우 계층수 비례 등에 따라 각 계층별로 랜덤하게 추출하는 방법이다. 보통의 경우 각 계층에서 추출하는 표본의 수를 전체 모집단의 수에 대한 각 계층의 수의 비율을 참조하여 추출하기 때문에 비례추출법이라고도 한다.

집락추출법(cluster sampling)은 광범위하게 산재된 넓은 지역을 서로 인접한 기본단위들로 구성된 집락을 만들고 먼저 랜덤으로 집락을 추출하여 집락 내의 일부 또는 전체를 조사하는 방법이다. 따라서 집락추출법은 넓은 지역으로 흩어져 있는 모집단의 자료를 모두 수집하기가 불가능할 때 사용된다.

이 밖에 여론조사나 시장조사 등 특수한 경우에 신뢰성이 떨어지더라도 편리하다는 장점 때문에 비확률 표본추출을 사용한다. 이 추출법에는 유의선출법 등이 사용되고 있다. 표본조사법의 보다 자세한 표본추출 방법에 대해서는 『데이터와 함께하는 언어학습과 사회통합』(박시균 외 2인, 한국문화사)의 1.4절을 참고하기 바란다.

1.4 통계학을 학습하는 이유

통계학을 배우면 다른 사람이 조사한 통계자료를 정확히 이해할 수 있으며, 직접 관심 있는 문제에 대한 자료 수집, 정리, 분석을 통해 이 문제의 불확실한 미래 상황을 예측하거나 올바른 의사결정을 할 수 있다. 이를 통해 현대 사회의 성공적인 적응에 이르게 될 수 있다. 그러나 통계학을 잘못 사용하면 사실을 다르게 꾸미거나 과장되게 만들 수 있다. 여기에 통계학 학습의 중요성이 있는 것이다.

다음은 우리가 다양한 분야에서 통계학을 학습하고 이를 실생활에서 광범위하게 사용하고 있는 이유를 간단히 몇 가지로 요약한 것이다. 보다 자세한 내용은 『제대로 시작하는 기초통계학』(노경섭, 한빛아카데미)의 1장을 참고 바란다.

먼저 기술통계학을 이용하면 우리가 얻은 모집단의 많은 양의 자료를 요약할 수 있으며 이를 통하여 모집단의 특성을 분석할 수 있다. 그림이나 표 등을 통하여 모집단의 분포를 예측해 볼 수 있으며 자료의 요약 등을 통해 모집단의 대푯값을 추정하거나 모수의 위치를 구간추정해 볼 수 있다. 대선 후보들의 지지율 추이 등을 일목요연하게 정리할 수 있으며 지지자들 간의 지지율 차이를 분석할 수 있다. 더욱이 이러한 통계학을 통한 결과들은 신뢰성 있는 지지를 이끌어낼 수 있다.

두 번째로 통계학을 통한 결과들은 모집단의 문제점을 해결하기 위한 정책 결정자의 의사결정을 도와주기 위한 과학적 근거를 제시한다. 예를 들어 식품 자원을 이용한 새로운 건강 제품의 효과를 확인하기 위하여 통계학 방법을 사용할 수 있다. 기존의 다른 식품과의 영양 분석이라든지, 제품으로 출시된 이후의 홍보 방법 등을 통계학으로 분석한 이후 이를 바탕으로 이 제품을 출시할 것인지, 출시한다면 어떻게 홍보할 것인지 등의 의사결정을 어떻게 내려야 할 것인지에 대한 충분한 과학적 근거를 통계학으로 제시할 수 있다.

세 번째로 요즘 각광을 받고 있는 빅데이터에 대한 패턴 분석을 통계학으로 이룰 수 있다. 예를 들어 제주도 여행에 관련된 인터넷 게시판의 다양한 의견을 분석하여 가장 인기가 있는 제주도 관광지에 대한 랭킹을 조사할 수 있으며, 동시에 인기 관광 코스를 그림으로 표시할 수 있다.

이와 같이 우리가 통계학을 전공하지 않더라도 통계학을 배워야 하는 이유는 많다. 특히 자료를 통해 사회 현상을 분석하는 인문, 사회 과학에서는 주장하고자 하는 가설의 과학적 근거를 제시하기 위하여 통계학을 반드시 학습하고 적용할 수 있어야 하며, 특히 경영자는 올바른 의사결정을 내리기 위하여 더욱 더 통계학을 학습하여 이해하고 있어야 한다.

1.5 식품과 식품자원

1.5.1 식품이란?

인간의 생명유지에 물과 산소 외에 꼭 필요한 요소가 식품이다. 우리나라 식품 위생법에 의하면 "식품이라 함은 모든 음식물을 말한다. 다만 의약품으로서 섭취하는 것은 예외로 한다."고 정하고 있다. 국어사전에는 "사람이 일상적으로 섭취하는 음식물을 통틀어 이르는 말"이라고 정의되어 있다.

또한 유엔 산하 식량농업기구/세계보건기구 합동식품영양규격위원회(FAO/WHO Codex Alimentarius Commission)에서는 식품을 "인간이 섭취할 수 있도록 완전가공 또는 일부 가공한 것이나 가공하지 않아도 먹을 수 있는 모든 재료를 말하며, 음료의 종류와 껌 종류도 여기에 포함된다. 또 식품을 제조, 가공 그리고 처리하는데 사용된 어떤 재료도 식품이 될 수 있으나 화장용품, 담배류 그리고 의약용으로 사용된 것은 포함시키지 않는다."라고 정의하고 있다. 미국 연방 식품 · 의약품 · 화장품 법에는 "인간 또는 동물이 음용할 수 있는 모든 재료와 껌, 그리고 그러한 재료의 성분으로 사용되는 모든 물질을 식품으로 간주할 수 있다."라고 정의하고 있다.

인간은 식생활을 통하여 식품을 섭취하고, 이를 분해하고 이용하며, 또한 보충을 해야만 생명을 유지하며 건강하게 일상생활을 할 수 있다. 이는 섭취한 식품 속에 생명체의 성장, 발달 및 유지에 필수적인 물질인 영양소(nutrient)가 함유되어 있기 때문이다. 일상 식생활에서 영양소를 균형 있게 섭취하는 것이 가장 중요하며 이러한 영양소는 식품을 섭취함으로써 공급된다. 즉, 영양소의 급원이 식품이다.

1.5.2 식품이 갖추어야 할 기본 요소

(1) 영양적 가치

인체는 살아있는 수많은 세포로 구성되어 있어 매일의 식사로 음식을 섭취하여 필요한 영양소를 공급해 주어야 건강한 신체를 유지할 수 있다. 식품은 인간이 생명을 유지하는데 꼭 필요한 성분인 에너지 영양소인 탄수화물, 지방, 단백질 및 조절영양소인 무기질, 비타민을 공급할 수 있는 영양적 가치가 있어야 한다. 사람은 생명유지 및 생리현상을 영위하기 위하여 음식물로부터 매일 40여 가지 이상의 다양한 영양소를 섭취하여야 한다. 그러나 우리가 필요로 하는 영양소를 한 가지 식품에서 모두 섭취하는 것은 불가능하며, 여러 가지 식품을 배합하여 섭취해야만 그 목적이 달성된다.

(2) 기호적 가치

영양적으로 균형이 잡혀 있고, 우수한 영양소를 함유하고 있더라고 먹는 사람에게 받아들여지지 못한다면, 즉 기호에 맞지 않으면 음식으로서의 가치가 없어진다. 우리들은 식품을 먹음으로써 식욕을 충족시키고 쾌감도 느끼게 되므로 식품의 색깔, 냄새, 맛, 향기, 외형, 물성 등이 좋은 기호적 가치가 높은 것이 좋다. 식품의 기호적 가치는 관능적 품질 특성으로 사람의 시각, 촉각, 미각, 후각 등의 관능으로 판단한다. 음식에 대한 기호는 민족적 배경, 식습관, 자연환경, 사회적 환경, 경제적 환경, 교육, 종교, 경험 등에 의하여 형성되어 한번 굳어지면 쉽게 바뀌지 않는다. 즉, 어렸을 때의 음식 섭취 경험이 장래의 기호에 매우 중요한 영향을 미치므로, 어렸을 때 양육자의 식습관이나 합리적 식품에 대한 태도가 매우 중요하다.

(3) 위생 및 안전성

식품은 사람이 먹기에 안전함이 전제조건이다. 영양소를 얻기 위해 먹는 식품은 식중독을 일으킬 수 있는 병원균, 기생충, 중금속, 잔류 농약 및 발암성 성분 등 인체에 해를 줄 수 있는 성분이 함유되지 않고 위생적으로 안전하여야 한다. 최근 들어 위생에 대한 의식과 교육이 강화되어 위생수준이 많이 향상되어 식중독 발생 건수는 감소 추세이나 외식이나 급식으로 인한 발생규모는 대형화 추세이므로 주의를 기울여야 한다.

(4) 경제성과 실용성

앞에서 언급한 세 가지 조건을 갖추었다 하더라도 식품의 값이 너무 비싸면 경제적으로 섭취하기 어려우므로 가격이 적당하고 가공, 조리, 저장 및 운반 등을 쉽게 할 수 있는 실용적인 것이어야 한다. 경제적으로 합리적인 식품을 구매하려면 식품의 선정, 구입방법, 조리법, 좋은 분위기 조성 등 여러 가지를 종합적으로 고려하여야 한다.

(5) 기능성

식품의 기능을 3가지로 분류하여 1차적인 영양기능, 2차적인 감각기능에 더하여 식품의 새로운 기능으로 3차 기능이라 할 수 있는 생체조절기능을 들고 있다. 식품 중에는 수많은 생리활성물질이 존재하며, 이러한 물질들이 신경계·순환계·외분비계·내분비계의 조절, 세포의 분화유도, 면역계의 활성화 등 다양한 생리작용을 나타내는 것으로 생각된다. 생리활성 물질은 극히 미량으로 활성을 나타낸다는 점과 작용의 특이성으로 영양소와 구별될 수 있다.

1.5.3 식품자원의 중요성

(1) 식생활의 변화에 따른 영양의 불균형

건강은 한 개인이 처한 생활환경, 유전, 보건, 의료서비스, 생활방식 등 여러 요인에 따라 결정된다. 그러나 건강문제 전문가들은 현대인에게 사망을 일으키는 주요 원인 중 50% 이상이 식사, 운동, 스트레스, 수면 등의 생활방식과 관련되어 있으며 그 중 식사내용이 가장 큰 문제가 된다. 특히 현대에 이르러 인스턴트식품과 과다한 조미료의 사용, 육류의 지나친 섭취 등으로 인한 영양소의 불균형으로 말미암아 각종 질병이 발생하는 원인이 되고 있다.

(2) 생활습관병 발병률의 증가

오늘날 대부분의 사람이 특별한 질병의 상태도 아니면서 건강하지 않은 반쪽 건강상태에 있으며, 뇌졸중, 동맥경화증, 고혈압, 암, 당뇨병, 만성간질환, 만성위장병, 만성신장병 등 만성적 퇴행성 질환인 생활습관병의 발병률이 증가하여 주요 사망원인이 되고 있다. 영양소의 체내 역할은 다양하며 상호간에 유기적인 관계가 있으므로 한 가지 영양소라도 과다 또는 부족하면 영양균형이 깨어져 건강에 해를 미치는 것이다. 따라서 올바른 식품과 영양에 대한 지식이 일상의 식생활에 적극적으로 반영된다면 많은 사람이 생활습관 병을 예방할 수 있으며 건강을 유지할 수 있다. 건강한 식품의 섭취, 적절한 운동 등으로 질병예방에 효과를 얻게 된다면 기하급수적으로 늘어만 가는 의료비를 억제하고 국민건강유지와 증진을 할 수 있어 국가 경제에 크게 기여할 수 있다.

(3) 초고령화 사회의 진입

우리나라 사람의 기대수명(평균수명)은 1971년 평균 62.3세에서 2015년 82.5세로 증가하였으며, 앞으로 더욱 증가할 전망인데, 이는 생활수준의 향상으로 인하여 충분한 영양이 공급되었기 때문이며, 의학기술의 발달로 먹지 못해 생기는 웬만한 질병은 치료가 가능하고, 의약품의 다양한 개발로 병에 대한 치료 및 예방이 가능해졌기 때문이다. 그럼에도 불구하고 노인의 전반적인 영양섭취 실태는 영양권장량에 많이 미달하여 특히 지질, 칼슘, 리보플라빈, 니아신, 비타민 A 섭취가 부족한 것으로 보고되고 있다. 노인의 영양 상태는 노인 여자가 남자보다, 빈곤층이 소득수준이 높은 층에 비해, 독거노인이 비독거노인보다 더 불량하였다. 이는 고령친화식품 발달을 촉구하는 계기가 되었으며 2018년 식품의약품안전처는 고령친화식품의 제조기준 · 규격을 신설하는 '식품의 기준 및 규격 개정안'을 행정 예고하였다. 고령친화식품이란 어르신들이 먹기 편하게 만든 식품을 말한다.

(4) 국민건강에 대한 의식의 변화

사회가 경제적으로 성장하고 선진국형 식생활 패턴으로 변화하여 감에 따라 영양 과잉과 편중, 환경오염, 운동부족 등으로 인한 성인병의 만연이 중요한 사회문제로 제기되기 시작하였으며 평균수명의 증가로 노령화 사회로 진입하면서 건강증진을 위한 소비자의 욕구가 크게 증대하고 있다.

사회가 발달함에 따라 기대 수명이 점점 더 증가함에 따라 건강수명 연장에 대한 기대와 삶의 질 향상에 대한 욕구가 증가하고 있다. 무병장수에 대한 인간의 욕구를 만족시키기 위해 시스템은 보다 지능화 되어가고 있다. 이러한 사회, 문화적 이유로 인하여 건강기능식품 분야에 대한 관심 및 시장 증대되고 있다. 고령화로 진입하면서 건강한 삶을 추구하는 사회적 경향이 기능성식품의 꾸준한 성장세로 이어질 것으로 분석되고 있다.

(5) 낮아지는 식품자급률

우리나라는 1970년대 이후 산업의 발달과 함께 농촌인구가 도시로 대거 이동하게 되고 농업국가에서 산업국가로 변화되었다. 농촌인구 감소와 함께 농지도 줄게 도면서 식품이 자급자족되지 못하고 식품의 수입의존도가 높아지고 있다.

한국농촌경제연구원에서 발행한 식품수급표에 의한 1990년과 2010년 식품군별 자급률은 〈표 1.1〉과 같다. 이에 의하면 해조류를 제외하고 모두 감소하였으며, 특히 종실류, 우유류, 어패류의 자급률이 매우 큰 폭으로 감소하였다.

곡류 중에서는 쌀을 제외한 밀가루, 옥수수와 같은 기타 주곡의 자급 비율은 매우 낮아 거의 전량 수입에 의존하고 있다. 우리나라에서 밀은 1.7%만이 자급될 뿐이며 소비되는 대부분의 밀가루는 미국, 캐나다, 호주에서 수입하고 있다. 식량자급률이 낮으면 사회적 문제를 일으킬 수 있다. 그 예로 2008년 전세계적인 원자재 가격 상승와 더불어 농산물 펀드로 투기 자본이 몰리면서 수개월 사이에 농산물 가격이 급격히 상승하는 애그리플레이션(Agriflation)이 발생하였다. 미국의 옥수수로 만드는 바이오 디젤이 한참 관심을 받고 있어서 많은 미국산 옥수수 물량이 바이오 디젤로 쏠리는 바람에 상황을 더 악화시켰다. 그 결과 당시 아프리카와 아시아 저소득 국가 30여개 나

표 1.1 식품군별 1990년과 2010년 식품자급률

(자료 : 한국농촌경제연구원, 식품수급표)

	1990년	2010년	증감
곡류	42.0	28.1	−13.9
서류	100.0	98.4	−1.6
두류	23.1	11.0	−12.1
종실류	85.0	30.7	−54.3
채소류	98.9	90.1	−8.8
과실류	100.0	81.0	−19.0
육류	92.5	78.6	−13.9
달걀류	100.0	99.7	−0.3
우유류	100.0	66.3	−33.7
어패류	88.6	68.1	−20.5
해조류	96.7	119.8	23.1
유지류	7.9	2.6	−5.3

라에서 식량폭동이 발생하였다. 또한 영양섭취의 저하를 가져 올 수 있다. 미국 과학 논문 소개 사이트인 유레칼러트(www.eurekalert.org)는 식량 및 영양과 관련 긴급조치를 취해줄 것을 촉구하는 내용의 논문을 소개하였다. 이 논문은 유럽과학자문위원회(EASAC)에서 발간한 것으로 식량, 영양, 건강, 환경, 기후변화, 농업 등과 관련된 정부 정책을 조언하는 내용으로 구성돼 있다. 많은 나라의 관련 대책이 부재하면서 많은 사람들이 심각한 영양실조(malnutrition) 사태에 직면해 있다고 경고하고 있다. 특히 온실가스 배출로 인한 기후변화로 인해 세계적으로 농작물 생산이 크게 줄어들 수 있다며, 가뭄 등을 해소할 수 있는 방안으로 식물육종혁신(Plant Breeding Innovation) 등 스마트 농법을 정책적으로 서둘러 채택해줄 것을 촉구하고 있다.

1.6 통계분석을 위한 엑셀의 활용

이 책에서 설명하는 모든 자료의 통계분석은 엑셀(MS-Office Excel)을 이용하여 풀어 볼 것이다. 즉, 기초 통계분석에 필요한 통계학 이론을 학습하고 이를 해결하기 위하여 엑셀의 몇 가지 기능을 이용할 것이다. 엑셀은 그동안 수많은 기능이 추가되고 업그레이드되어 오피스 업무에 최적화된 소프트웨어로 자리 잡았다고 볼 수 있다. 다양한 엑셀의 각종 기능을 설명하는 전문서가 서점에 많이 출간되어 있기 때문에 엑셀의 고급 기능에 관심을 갖는 분들은 전문서적을 구입하여 별도로 학습하기 바란다.

이 책에서는 Office 365 버전에 포함된 Excel을 이용하여 설명할 것이다. 그러나 이전 버전인 엑셀 2010 이후의 버전을 이용해도 문제없이 분석할 수 있을 것이다. 다음은 Microsoft 회사의 도움 사이트에 표시되어 있는 Office 365 버전을 설명하는 안내문이다.

> Office 365는 Microsoft에서 항상 최신 도구를 사용할 수 있도록 해주는 구독 서비스입니다. Office 365 요금제에는 홈 및 개인용, 중소기업, 대기업, 학교 및 비영리용이 있습니다.
>
> 가정 및 개인용의 모든 Office 365 요금제에는 Word, PowerPoint, Excel 등의 완전히 설치되는 익숙한 Office 응용 프로그램을 제공하는 Office 2016과 온라인 저장소 및 지속적인 기술 지원 등이 추가 비용 없이 포함됩니다. 구독 요금을 월 또는 연 단위로 지불할 수 있으며 Office 365 Home 요금제를 선택하여 최대 4명의 가족 구성원과 구독을 공유할 수 있습니다.
>
> (이하 생략)

다음 〈그림 1.1〉은 엑셀 프로그램을 실행한 이후 표시되는 화면이다.

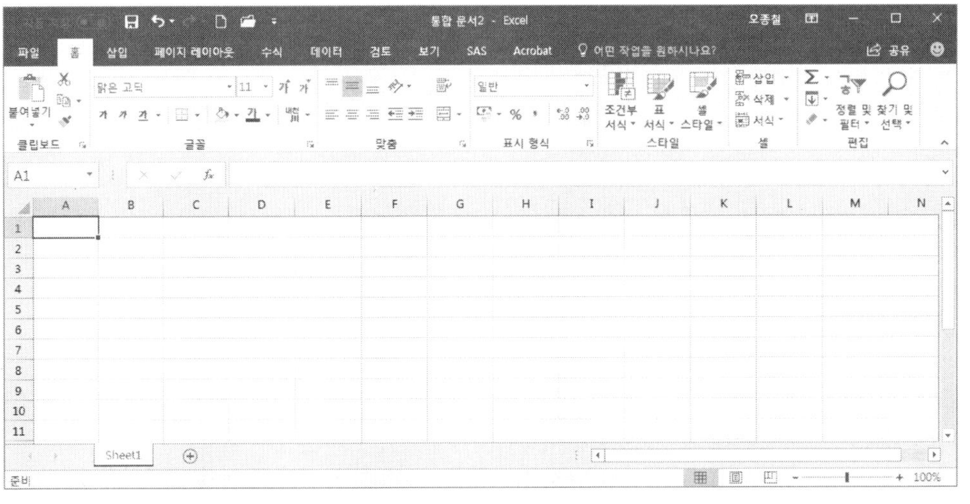

그림 1.1 엑셀 초기 화면

〈그림 1.1〉의 화면에서 자료를 입력할 수 있는 공간을 시트(Sheet)라고 하며 현재 커서가 위치하고 있는 곳을 셀이라고 한다. 셀의 각각에 이름을 붙일 수 있는데 각 셀의 이름은 열과 행의 조합으로 이루어진다. 이때 열은 알파벳을 순차적으로 붙여 표시되며, 행은 숫자 1부터 순차적으로 표시되고 있다. 예를 들어 현재 사각형으로 표시되어 있는 셀은 A열 1행이므로 이 셀의 이름은 A1으로 정의된다.

이 책에서 다루고자 하는 대부분의 기초 통계분석은 엑셀의 기본적인 기능을 잘 활용하여 실시할 수 있지만, 책의 후편에 있는 다소 복잡한 통계분석은 엑셀의 단순 기능만을 이용하기에는 불편한 점이 있다. 엑셀에도 통계분석을 위한 [데이터 분석] 메뉴가 존재한다. 그러나 이 메뉴는 일반인들이 거의 사용하지 않기 때문에 기존의 메뉴에 표시되지 않고 사용자가 나중에 따로 추가하여야 한다. 먼저 다음 〈그림 1.2〉와 같이 〈그림 1.1〉의 [파일] 메뉴를 선택한 후 표시되는 [옵션] 메뉴를 클릭한다.

그림 1.2 파일–옵션 메뉴 선택

이때 〈그림 1.3〉과 같이 나타나는 [Excel 옵션] 창의 [추가 기능]을 클릭한 후 표시되는 '분석 도구'를 선택하고 이어서 [이동] 버튼을 누르면 〈그림 1.4〉와 같이 [추가 기능] 창이 새로이 나타난다. 이 창에 표시된 사용 가능한 추가 기능 중에서 분석 도구를 선택하고 확인을 누르면 통계분석을 위한 분석 도구가 〈그림 1.1〉의 데이터 메뉴 하부에 나타난다.

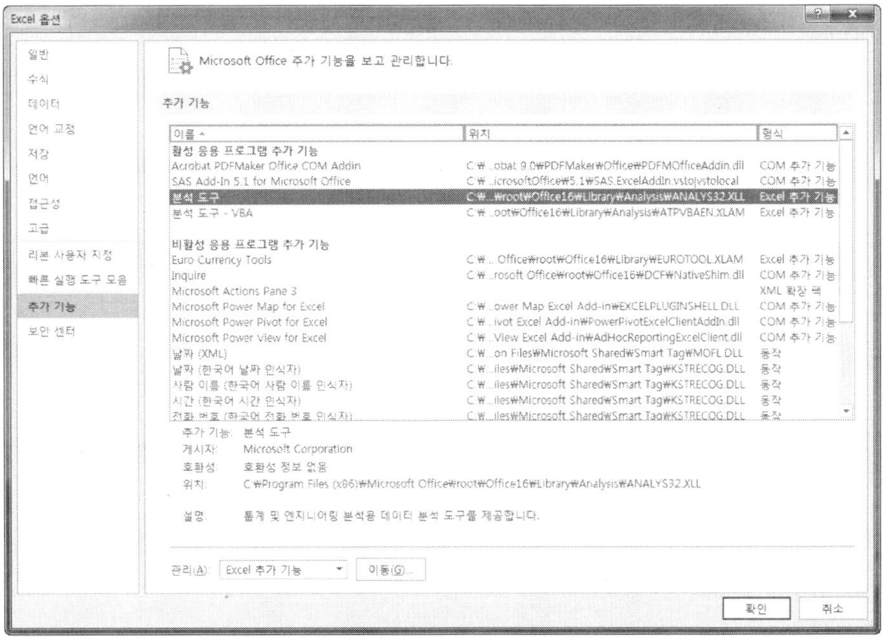

그림 1.3 분석 도구 선택하고 [이동] 버튼 클릭

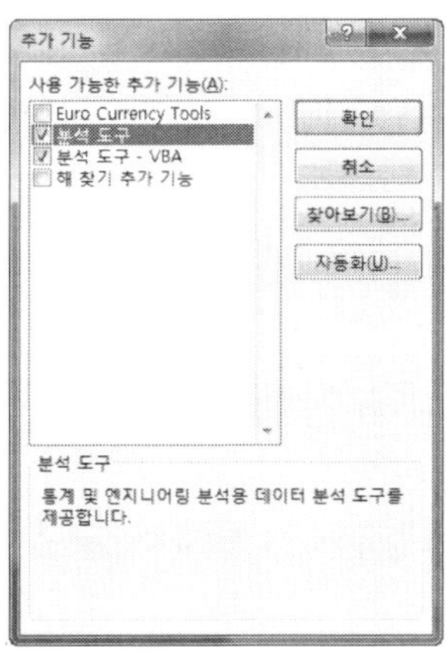

그림 1.4 분석 도구 선택–확인

〈그림 1.5〉는 엑셀의 메인 화면에서 [데이터]–[데이터 분석] 메뉴를 클릭하여 나타나는 [통계 데이터 분석] 창의 모습을 표시한 것이다. 이 창에 표시된 통계분석법은 총 19가지로서 t–검정과 분산분석, 회귀분석 등 기본적으로 수행할 수 있는 다양한 기초 통계분석법이 제시되어 있다. 그러나 엑셀에서 제시하는 통계분석법은 다소 제한적이

며 여러 가지로 미진한 부분이 있다. 보다 전문적인 통계분석을 하기 위해서는 SAS나 SPSS, Minitab, 또는 R과 같이 통계분석에 전문적인 소프트웨어를 이용하는 것이 바람직하다.

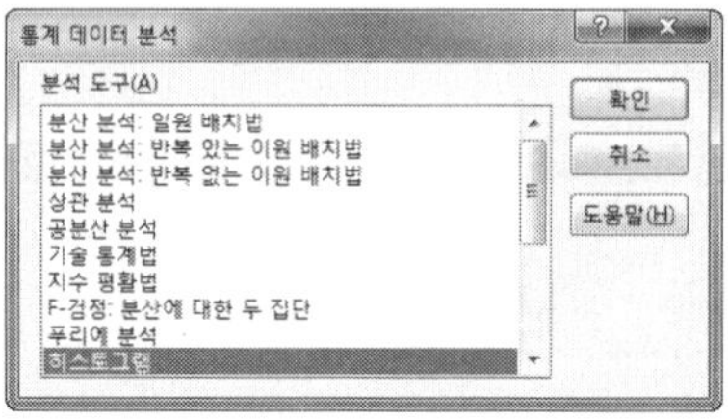

그림 1.5 데이터 분석을 위한 분석 도구 창

II

자료의 정리와 요약

2.1 자료의 형태

2.1.1 척도

다양한 연구 목적을 위하여 수집된 통계 자료는 이 자료를 채집하는 측정 방법에 따라 서로 다른 속성을 갖는다. 여기서 측정(measurement)이란 관측하고자 하는 개체의 추상적 개념을 구체적이고 경험적인 개념으로 표현하여 값을 지정하는 것을 의미한다. 하나의 속성을 표현한 자료의 모임을 변수(변인)라고 하는데 하나의 변수로 기록된 일련의 통계 자료는 측정 방법과 측정 수준(level)에 따라 보통 다음과 같이 네 가지의 측정 척도로 분류할 수 있다.

- 명목척도(nomial scale, 명명척도, 분류척도)
- 순서척도(ordinal scale, 서열척도)
- 구간척도(interval scale)
- 비율척도(ratio scale)

명목척도는 가장 단순한 측정 척도로서 관측 개체를 일정한 수준에 따라 단순히 분류한 척도를 말한다. 명목척도로 측정된 변수(변인)는 관측 자료로 이름, 숫자, 기호 등을 사용한다. 예를 들어 관측 개체의 성별을 0(남성, M) 또는 1(여성, F)로 분류하는 경우이다. 여기서 사용된 숫자 0이나 1은 논리적 순서나 크기를 나타내는 것이 아니라 단순히 분류하기 위한 수단일 따름이기 때문에 이렇게 저장된 성별 변수 내의 자료들은 명목척도로 측정된 자료이다. 따라서 명목척도로 측정된 자료들은 상호 배타적으로 분류되는 속성을 갖는다. 관측 개체의 혈액형, 종교, 출신학교, 직업, 지지 정당명, 결혼 유무 등을 조사하여 하나의 변수로 저장할 때 이 변수의 자료들은 명목척도로 측정된 자료의 예라고 할 수 있다.

순서척도의 자료는 명목척도와 달리 논리적 순서의 속성을 갖고 있다. 일례로 각 개체의 학점, 소득수준, 만족도 등의 자료가 순서척도를 갖는 변수로 지정할 수 있다. 명목척도와 마찬가지로 각 개체의 자료는 상호 배타적이어야 한다. 그리고 순서척도의 자료는 대소 관계보다 순서에 의미를 부여하므로 명목척도와 더불어 비수량적인 특성을 갖는다고 말할 수 있다. 예를 들어, “강의 내용은 여러분에게 유익하며, 또 실용적이라고 생각하십니까?"라는 질문에 5='매우 그렇다', 4='그렇다', 3='보통이다', 2='그렇지 않다', 1='전혀 그렇지 않다'와 같이 5가지 수준으로 표현할 경우 4는 3보다 더 만족스럽다는 순서적이고 비수량적인 의미만 부여할 뿐 수치적인 절댓값의 의미는 부여하지 않는다.

구간척도는 순서척도가 갖는 순서의 특성 외에 관측된 두 자료의 차이를 비교할 수 있는 특성을 갖고 있다. 예를 들어 섭씨(℃)를 이용한 온도 측정 자료는 구간척도로 얻어진다. 즉, 이때 관측되는 섭씨온도의 관측값은 0 ℃보다 5 ℃가 더 큰 값이라는 순서의 특성과 0 ℃와 10 ℃의 온도 차이는 20 ℃와 30 ℃의 온도 차이와 같다는 차이 비교의 특성을 갖고 있다.

비율척도로 얻어지는 관측 자료들은 명확히 정의된 수학적 속성을 갖고 있어 산술 연산이 가능하다. 이 척도에는 무게, 길이, 시간, 부피, 나이, GNP, 그리고 섭씨온도와 비교되는 화씨온도(℉) 등을 예로 들 수 있다.

2.1.2 자료의 종류

모집단의 여러 개체들의 동일한 속성을 관측하여 측정한 자료들을 모아 놓은 자료 집합을 변수(variable)라고 한다. 변수의 측정 척도가 명목척도나 순서척도일 경우 측정된 자료는 모집단을 분류하는 형태로 표현되는데 이러한 변수를 범주형 변수(categorical variable)라고 한다. 특히 명목척도로 측정된 범주형 변수의 자료는 수치적인 자료가 아닐 수도 있다. 순서척도로 측정된 자료나 형제, 직원, 기계의 수, 교통사고 건수, 불량품의 수 등을 나타내는 자료들을 특별히 계수자료(counting data)라고 하며, 이 자료들로 구성된 변수를 범주형 변수와 함께 이산형 변수(discrete variable)라고 한다.

이산형 변수에 대응되는 개념으로 주로 구간척도나 비율척도로 측정된 수량 자료로 구성된 변수를 연속형 변수(continuous variable)라고 한다. 연속형 변수의 관측값으로 주로 연속적인 값을 갖는 키, 몸무게, 성적 등을 들 수 있다. 분석하고자 변수가 이산형인지 연속형인지에 따라 서로 다른 통계분석 방법이 적용되므로 통계분석을 성공적으로 수행하기 위해서는 변수의 적절한 분류를 인지하고 있어야 한다.

2.2 표 또는 그림을 통한 자료의 요약

2.2.1 도수분포표

범주형 변수는 도수분포표 등의 표 또는 막대그래프 등의 그림으로 요약하여 분석할 수 있다. 도수분포표(frequency distribution table)란 어떤 일정한 기준에 의하여 전체 자료가 포함된 구간을 여러 개의 계급구간으로 나누고, 각 계급구간에 속하는 관측값의 개수(도수, frequency) 또는 상대도수 등을 일목요연하게 만들어 놓은 표를 말한다. 이산형 변수 중에서 범주형 변수의 경우에는 각 범주에 포함된 도수가 명확하므로 각 범주에서 전체 도수에 대한 상대도수를 구할 수 있다. 이렇게 구한 각 범주의 도수와 상대도수를 하나의 표로 표시한 것이 도수분포표이다.

연속형 변수의 경우에는 관측값이 일정치 않으면서 다양하게 나타나므로 범주형 변수와 같이 쉽게 도수분포표를 작성할 수 없다. 그 대신 전체 자료집합을 몇 개의 계급(class)으로 나눈 후, 각 계급에 속하는 자료들의 수를 도수로 구하여 표로 작성한다. 이때 계급의 수는 보통 5개에서 15개 정도 되도록 연구자가 판단하여 정한다. 연속형 변수의 자료를 이용하여 도수분포표를 작성하는 자세한 방법은 『공학도를 위한 통계학』(김진경외 5인, 자유아카데미)의 1.2절을 참고하자. 그러나 요즘 SAS, SPSS, R 등 통계분석용 소프트웨어가 우수하여 통계분석을 위한 표나 그림을 자동으로 그려주기 때문에 도수분포표를 그리는 방법을 따로 숙지할 필요는 없다.

예제 2.1 다음은 어린잎 적양무 가루 첨가 쿠키를 제조한 후 이 중에서 36개의 쿠키를 랜덤으로 추출하여 관능검사를 실시하여 얻은 자료이다. 각 쿠키에 대한 관능검사자의 기호도, 외관, 향, 맛의 값을 7점 척도로 하여 측정하였으므로 기호도, 외관, 향, 맛의 자료들은 모두 순서척도로 측정한 변수들이다.

표 2.1 어린잎 적양무 가루 첨가 쿠키의 관능검사 자료

번호	1	2	3	4	5	6	7	8	9	10	11	12
기호도	5	5	4	4	4	4	3	3	3	4	5	5
외관	6	5	5	5	4	3	6	4	3	4	5	4
향	4	4	4	4	5	5	6	4	2	3	5	5
맛	6	5	4	5	3	7	4	5	4	3	4	6

표 2.1 (계속)

번호	13	14	15	16	17	18	19	20	21	22	23	24
기호도	5	4	5	5	3	4	6	3	3	2	4	6
외관	6	4	2	5	4	3	5	3	5	2	4	6
향	6	4	2	4	5	5	6	3	5	2	4	5
맛	6	3	3	4	5	3	7	1	3	1	3	7
번호	**25**	**26**	**27**	**28**	**29**	**30**	**31**	**32**	**33**	**34**	**35**	**36**
기호도	5	5	6	5	4	7	6	4	2	1	6	5
외관	5	5	6	6	3	5	5	2	3	2	5	5
향	5	4	5	5	7	5	5	6	4	2	6	4
맛	5	6	6	5	5	6	7	5	2	1	6	6

엑셀활용 통계 함수 COUNTIF( )를 사용하면, 고객 목록에 특정 도시가 표시되는 횟수 계산 등과 같이 특정한 계산 기준을 충족하는 셀의 개수를 계산할 수 있다. COUNTIF 함수의 형식은 다음과 같다.

```
=COUNTIF(range, criteria)
```

```
예.    =COUNTIF(A2:A5,"런던")
       =COUNTIF(A2:A5, A4)
```

다음 〈그림 2.1〉은 엑셀에 저장된 〈표 2.1〉의 기호도 변수에 대한 도수분포표를 작성하는 COUNTIF 함수의 예를 표시한 것이다. 기호도 변수의 각 수준(값)에 대응하는 도수를 구하기 위해 다음과 같이 함수를 작성한다. 여기서 셀의 이름에 표시된 $ 기호는 이 함수를 복사하여 다른 셀의 값을 구하는 경우 참조 셀의 위치를 변경하지 않도록 하는 기능을 수행한다. $ 기호를 사용하지 않고 실행해 보면 그 의미를 짐작할 수 있을 것이다.

```
=COUNTIF(B$2:B$37, G3)
```

도수분포표의 상대도수는 각 수준의 도수를 전체 도수로 나눈 비율을 의미하며, 보통 이 비율에 100을 곱하여 %로 표시한다. 다음 식은 엑셀에서 상대도수를 구하는 수식을 표현한 것이다. 이 식에서도 합계를 의미하는 36의 값은 상대도수의 각 셀을 계

그림 2.1 함수 COUNTIF의 활용

산하는 과정에서 항상 상수로 고정되어 있어야 하므로 $ 기호를 셀의 이름에 같이 표시하여야 한다.

```
=H3 / H$10 * 100
```

다음은 이렇게 계산된 기호도 변수의 도수분포표를 표시한 것이다. 이 도수분포표에서 기호도 점수가 5인 범주의 도수가 11로 가장 많으며 상대도수는 30.55556%임을 알 수 있다.

기호도	도수	상대도수
1	1	2.777778
2	2	5.555556
3	6	16.66667
4	10	27.77778
5	11	30.55556
6	5	13.88889
7	1	2.777778
합계	36	100

백분율로 표시된 수치의 해석에 소숫점 3자리 이하의 정보는 큰 의미가 없는 경우가 많다. 특히 도수분포표 등에 표시된 백분율은 보통 소수점 2자리까지만 제시하는

것이 좋다. 엑셀을 이용하여 계산된 수치의 소수 자릿수를 지정할 경우에는 〈그림 2.2〉와 같이 [셀 서식] 창을 이용하여 표시 형식 탭의 [범주(C)–숫자]에서 소수 자릿수를 2로 지정한다. 다음 표는 백분율 수치의 소수 자릿수를 2로 지정한 이후 얻어진 기호도 변수의 도수분포표를 표시한 것이다.

기호도	도수	상대도수
1	1	2.78
2	2	5.56
3	6	16.67
4	10	27.78
5	11	30.56
6	5	13.89
7	1	2.78
합계	36	100

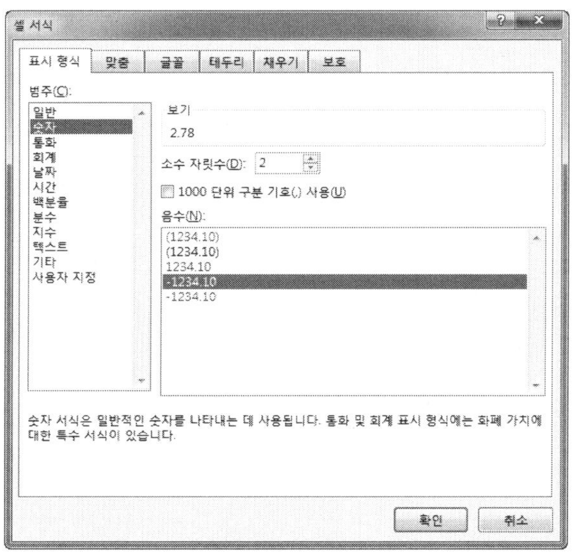

그림 2.2 수치 자료의 소수 자릿수 지정하기

예제 2.2 다음은 어린잎 적양무 가루를 첨가한 쿠키를 제조하는 과정에서 첨가된 설탕의 양에 따른 쿠키의 경도(hardness)를 측정한 자료이다. 쿠키의 경도를 측정하여 얻어진 다음 50개 자료의 도수분포표를 구하시오.

표 2.2 어린잎 적양무 가루 첨가 쿠키의 설탕의 양에 따른 경도

설탕(g)	경도(hardness)
20	0.96, 0.76, 0.95, 1.17, 1.34, 1.17, 0.78, 0.86, 0.88, 1.14, 1.04, 1.14
40	1.72, 1.71, 1.79, 1.10, 1.11, 1.30, 1.32, 1.21, 1.10, 1.35, 1.22, 1.30, 1.32, 1.25, 1.10, 1.36, 1.21, 1.30, 1.28, 1.21, 1.22, 1.40, 1.21, 1.44, 1.45, 1.44,
60	1.44, 1.45, 1.44, 1.58, 1.57, 1.60, 1.02, 1.09, 1.11, 1.23, 1.29, 1.28

엑셀활용 경도와 같이 연속형 변수의 자료를 이용하여 도수분포표를 작성할 때에는 먼저 계급의 개수와 계급구간의 폭을 결정하여야 한다. 계급의 수는 5 ~ 15 사이에 있으면 적당하므로 이 문제의 경우는 계급의 수를 7로 잡도록 하자. 계급구간의 폭을 구하기 위해 먼저 쿠키 경도의 최댓값과 최솟값을 구하자. 주어진 자료의 최댓값과 최솟값은 통계함수 MAX( )와 MIN( )을 사용한다. MAX 함수와 MIN 함수의 사용 형식은 다음과 같다.

```
=MAX(number1, [number2], ...)
=MIN(number1, [number2], ...)
```

〈그림 2.3〉은 쿠키의 경도 자료에 대한 최댓값과 최솟값을 MAX와 MIN 함수를 이용하여 구한 결과이다. 즉, 제조된 쿠키의 경도 자료의 최댓값은 1.79이고 최솟값은 0.76이다. 산포도를 측정하는 통계량의 하나로 범위(range)가 있는데 범위는 최댓값과 최솟값을 뺀 값을 말한다. 즉, 주어진 자료의 범위는 다음과 같이 구한다.

$$\text{범위(Range)} = \text{최댓값} - \text{최솟값}$$

따라서 〈표 2.2〉 자료에 표시된 쿠키 경도에 대한 50개 자료의 범위는 〈그림 2.3〉의 결과로부터 $1.79 - 0.76 = 1.03$임을 알 수 있다. 쿠키 경도 자료의 범위 1.03을 계급의 수 7로 나누면 0.147이 되고 이를 기준으로 계급의 폭을 어림잡으면 0.15로 설정할 수 있다. 또한 계급 시작점을 0.755로 잡고 엑셀을 이용하여 도수분포표를 작성하면 〈그림 2.4〉의 결과를 얻을 수 있다.

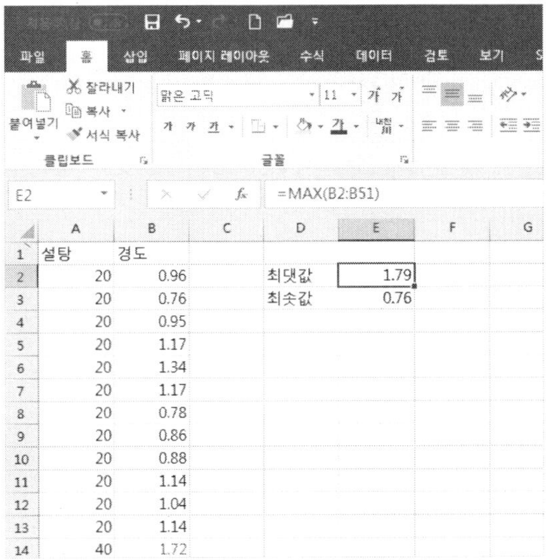

그림 2.3 MAX 함수와 MIN 함수의 활용

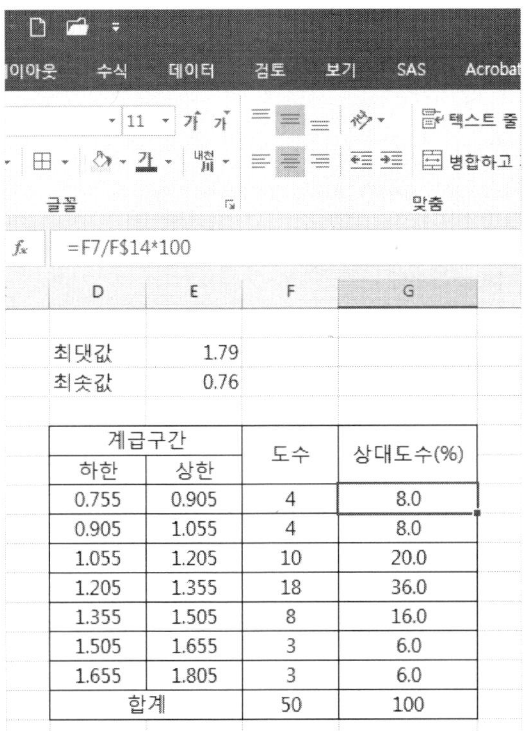

그림 2.4 쿠키 경도에 대한 도수분포표

참고로 〈그림 2.4〉에 표시된 도수분포표에서 각 계급구간의 도수는 엑셀의 통계 함수 COUNTIF를 응용하여 구할 수 있다. 예를 들어 첫 번째 계급구간에 포함된 자료의 도수 4는 다음과 같이 두 개의 COUNTIF 함수를 사용한다.

```
=COUNTIF(B$2:B$51, ">="&D7) - COUNTIF(B$2:B$51, ">"&E7)
```

즉, 전체 자료 중에서 계급의 하한인 0.755 (D7)보다 크거나 같은 자료의 수에서 계급의 상한인 0.905 (E7)보다 큰 자료의 수를 빼면 이 계급구간에 속하는 도수를 구할 수 있다. COUNTIF 함수의 range(찾으려는 영역)에 표시된 B$2:B$51은 경도 자료가 저장된 영역이다. 여기에서 $ 기호는 다른 계급구간에도 같은 수식을 적용하기 위하여 찾으려는 영역을 고정하는 역할을 한다. criteria(찾으려는 항목)에 ">=0.755"라고 표시하면 찾으려는 영역의 자료 중에서 0.755 보다 크거나 같은 자료의 수를 구할 수 있다. 그러나 숫자 0.755 대신 이 숫자가 저장된 셀을 지정하기 위하여 ">=D7"로 지정하면 잘못된 연산을 수행하게 된다. 옳은 방식은 앰퍼샌드(&) 기호와 연산자(>=)를 셀의 이름인 D7을 병합하는 것이다. 즉, ">=D7" 대신 ">="&D7과 같이 연산자와 셀 이름을 병합하여 표시한다.

마지막으로 각 계급구간에서 구한 도수들의 합을 엑셀 함수인 SUM을 이용하여 계산한다. SUM 함수의 사용 형식은 다음과 같다.

```
=SUM(number1, [number2], ...)

예.    =SUM(F7:F13)
       =SUM(A2:A10, C2:C10)
```

2.2.2 막대그래프: 이산형 자료

도수분포표를 작성하면 각 계급이나 수준에 속한 자료들의 빈도수나 상대도수(비율) 등을 파악할 수 있다는 장점이 있다. 이렇게 작성된 도수분포표의 각 계급에 대한 빈도수나 상대도수(%) 등이 내포하고 있는 이 자료의 특성과 분포 모양을 시각적으로 나타낸 그림이 막대그래프와 히스토그램이다. 막대그래프는 이산형 변수의 분포 모양을 표현하고자 할 때 사용하며, 히스토그램은 연속형 변수의 분포 모양을 표현하고자 할 때 사용하는 그림이다.

예제 2.3 〈예제 2.1〉에서 구한 쿠키의 기호도에 대한 도수분포표를 이용하여 막대그래프를 작성하시오.

엑셀활용 〈예제 2.1〉에서 작성한 도수분포표의 기호도와 도수 영역을 지정하고 [삽입]-[추천 차트]를 클릭하면 〈그림 2.5〉와 같이 [차트 삽입] 대화상자가 열린다. 여기에서 추천 차트에 제시된 그래프를 선택하거나 모든 차트 탭을 통해서 제시되는 다양한 그래프 중에서 사용자가 원하는 그래프를 선택하면 된다. 〈그림 2.5〉의 경우에는 묶은 세로 막대형 그림을 선택한 후, 몇 가지 수정 작업을 거쳐 〈그림 2.6〉과 같이 기호도 변수에 대한 막대그래프를 그릴 수 있다.

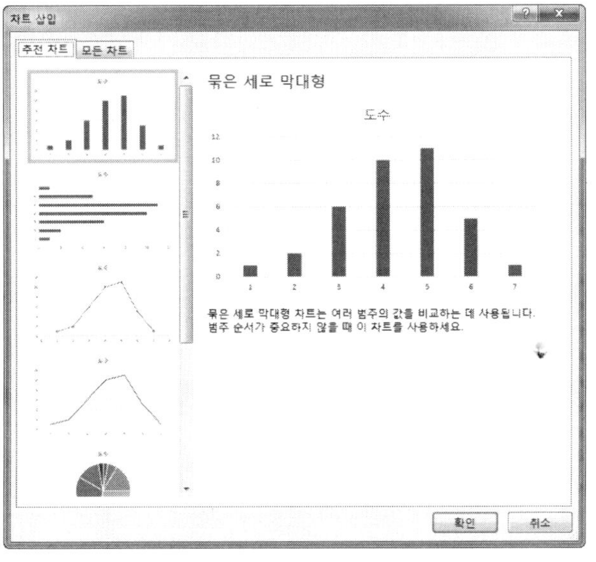

그림 2.5 차트 삽입 대화상자

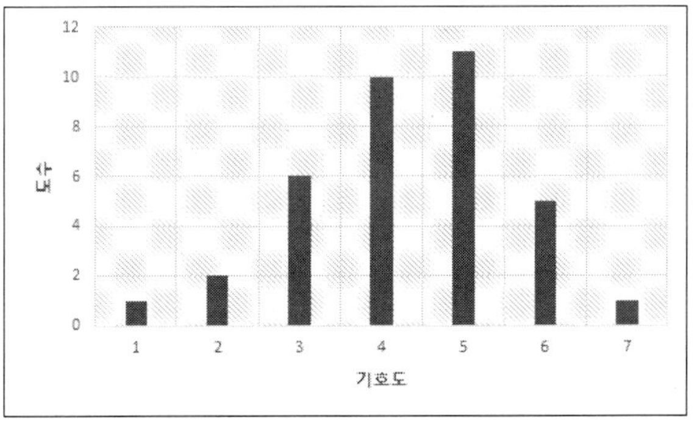

그림 2.6 기호도 변수에 대한 막대그래프

〈그림 2.7〉은 기호도 변수의 도수분포표의 상대도수 수치를 이용하여 상대도수 막대그래프를 작성한 예를 표시한 것이다. 물론 처음 얻어진 그래프에서 축 서식과 차트 요소 및 차트영역 서식을 일부분 수정하여 얻어진 막대그래프이다.

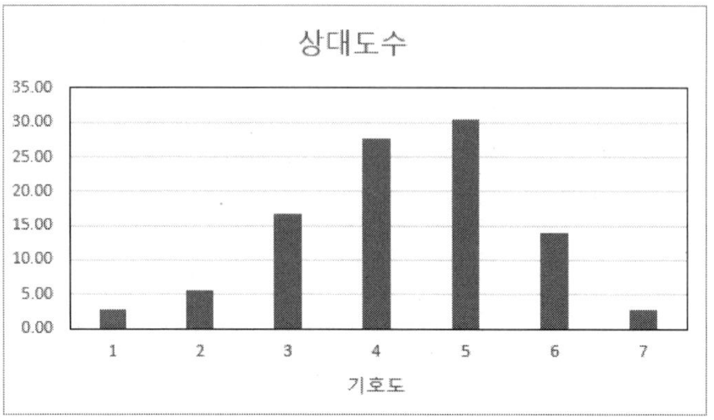

그림 2.7 기호도 변수에 대한 상대도수 막대그래프

2.2.3 원형 차트: 이산형 자료

원형 차트는 이산형 변수의 각 수준에 대하여 전체에서 차지하는 비율을 그래프에 표시하는 그래프이다. 원형 차트를 이용하면 각 범주 또는 이산형 변수의 각 수준이 전체에서 차지하는 비율 정보를 한 눈에 파악하기 쉽다는 장점이 있다. 그러나 변수의 수준 또는 범주의 수가 많을 경우에는 이 차트를 사용하지 않는 것이 좋다.

예제 2.4 쿠키의 기호도에 대한 도수분포표를 이용하여 원형 차트를 작성하시오.

엑셀활용 〈예제 2.1〉에서 작성한 도수분포표의 기호도와 상대도수 영역을 지정하고 [삽입]-[추천 차트]를 클릭하여 표시되는 [차트 삽입] 대화상자에서 원형 차트를 선택한 후, 몇 가지 사소한 수정 작업을 거쳐 〈그림 2.8〉과 같이 기호도 변수에 대한 상대도수 원형 차트를 얻을 수 있다.

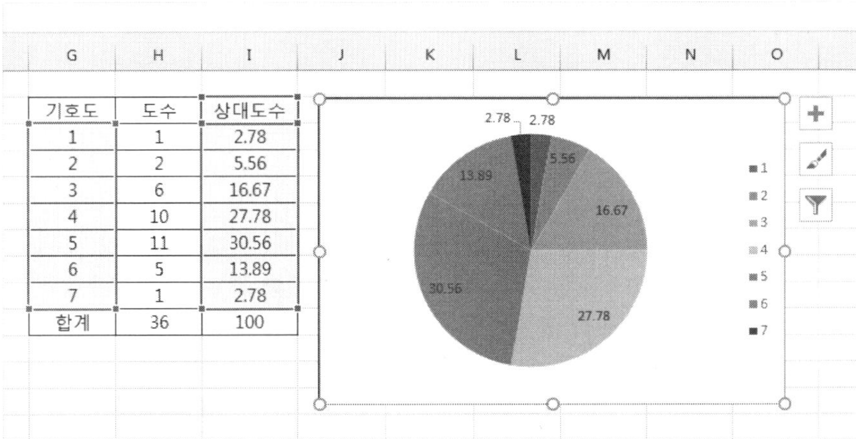

기호도	도수	상대도수
1	1	2.78
2	2	5.56
3	6	16.67
4	10	27.78
5	11	30.56
6	5	13.89
7	1	2.78
합계	36	100

그림 2.8 기호도 변수에 대한 상대도수 원형차트

2.2.4 히스토그램: 연속형 자료

연속형 자료에 대한 도수분포표의 내용(계급구간과 도수 또는 계급구간과 상대도수)을 2차원 그림으로 표현한 그래프가 히스토그램(histogram)이다. 즉, 히스토그램은 서로 분할되어 있는 각 계급구간에 속한 도수 또는 상대도수를 수직축에 표시한다. 똑같은 자료를 이용하여 히스토그램을 그리더라도 각 계급의 크기나 시작점이 얼마로 주어지느냐에 따라 히스토그램의 모양이 달리 보일 수 있으므로 주의해야 한다. 이렇게 그려진 히스토그램의 모양이 연구하고자 하는 모집단의 분포 모양을 대변한다고 볼 수 있으므로 잘못 그려진 히스토그램은 통계 추정을 잘못되게 할 수 있다.

엑셀을 이용하여 연속형 자료에 대한 히스토그램을 작성하는 방법은 직접 영역을 지정한 후 추천 차트 메뉴를 이용하여 히스토그램을 얻는 방법과 옵션에서 추가 기능으로 도입한 [데이터 분석] 메뉴를 이용하는 방법이 있다.

예제 2.5 〈예제 2.2〉에서 구한 쿠키의 경도에 대한 자료를 이용하여 히스토그램을 작성하시오.

엑셀활용 〈예제 2.2〉에서 입력된 쿠키 경도 자료의 영역을 설정하고 [삽입]–[추천 차트]를 클릭하여 표시되는 〈그림 2.5〉와 같은 [차트 삽입] 대화상자에서 [모든 차트] 탭을 선택한 후, 표시되는 그래프 리스트 중에서 [히스토그램]을 선택한다. 이때 출력된 히스토그램을 적절히 수정하면 다음과 같이 경도 자료의 히스토그램을 얻을 수 있다.

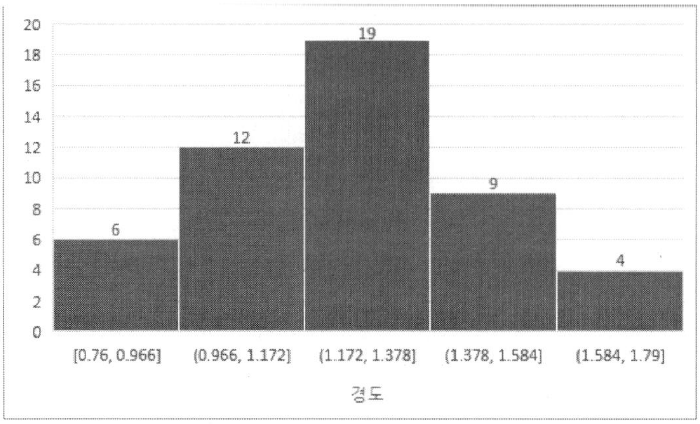

이렇게 구한 히스토그램의 계급구간의 수를 사용자의 목적에 맞도록 지정하고 싶다면 [데이터]-[데이터 분석] 메뉴를 이용한다. 〈그림 2.9〉는 [데이터 분석]을 클릭한 이후 나타나는 [통계 데이터 분석] 대화상자의 모습이다.

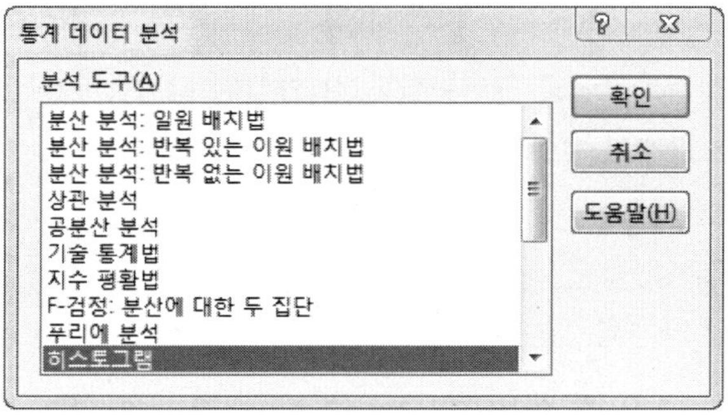

그림 2.9 데이터 분석 대화상자

〈그림 2.9〉에 표시된 분석 도구 리스트 중에서 히스토그램을 선택하면 〈그림 2.10〉에 표시된 바와 같이 히스토그램을 작성하고자 하는 자료의 입력 범위와 출력 옵션, 그리고 히스토그램 차트의 출력 여부를 체크하는 [히스토그램] 대화상자가 열린다. 여기서 반드시 지정해야 부분은 계급구간이다. 〈그림 2.10〉에 표시된 것처럼 H7:H13 영역에 입력하는 방법으로 각 계급구간의 중앙값을 계급구간으로 지정한다.

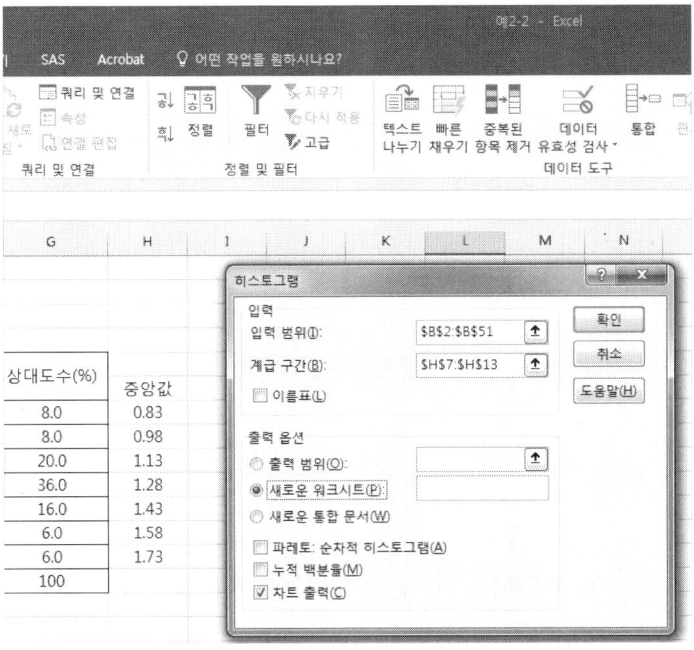

그림 2.10 데이터 분석 메뉴를 이용한 히스토그램 작성 방법

다음 표와 그림은 데이터 분석 메뉴를 이용하여 구한 쿠키 경도 자료의 히스토그램을 조금 수정하여 표시한 것이다. 참고로 기본적으로 출력되는 히스토그램의 막대와 막대 사이가 틈이 벌어져 있다. 이 틈을 없애기 위하여 막대를 선택한 후 마우스 오른쪽 버튼을 누르고 표시되는 [데이터 계열 서식(F)...]을 클릭하면 데이터 계열 서식을 수정할 수 있다. 이 중에서 계열 옵션의 간격 너비를 0%로 지정하면 막대와 막대 사이의 틈을 없앨 수 있다.

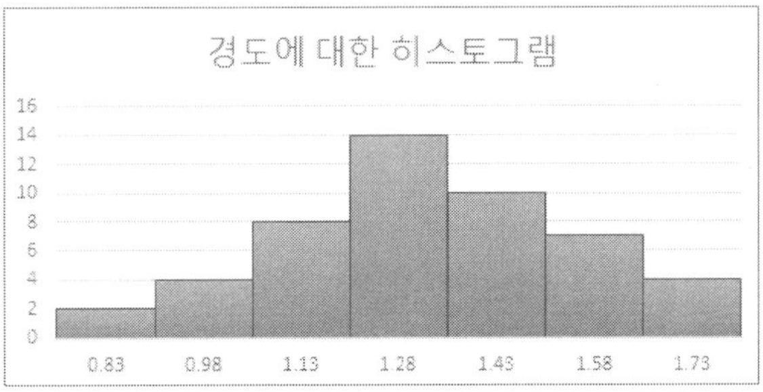

히스토그램에서 각 직사각형의 윗변의 중점을 차례로 선분으로 연결하여 그림을 그릴 수 있는데, 이 그래프를 도수다각형이라고 한다. 도수다각형은 연속형 자료가 속한

모집단의 분포의 모양(확률밀도함수)을 예측하는 하나의 도구로 사용된다.

예제 2.6 〈예제 2.2〉에서 구한 쿠키의 경도에 대한 자료를 이용하여 도수다각형을 작성하시오.

엑셀활용 〈예제 2.5〉에서 [데이터 분석] 메뉴를 이용한 히스토그램을 선택한 후 마우스 오른쪽 버튼을 누른 후 나타나는 리스트 중에서 [차트 종류 변경(Y)...]을 선택한다. 이때 차트 종류 중에서 꺾은선형을 선택한 후 [확인]을 클릭하면 다음과 같이 도수다각형을 얻을 수 있다.

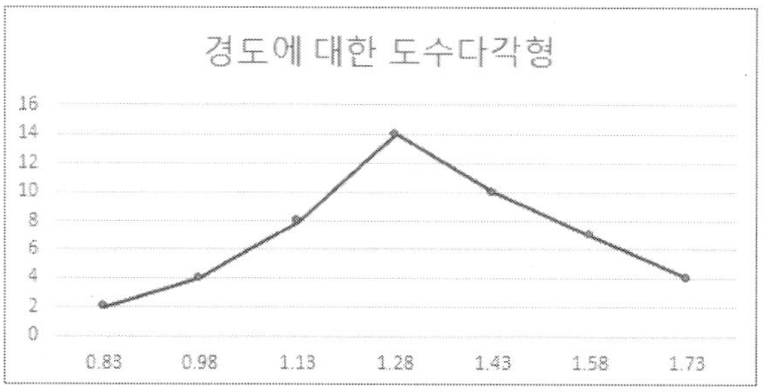

2.2.5 줄기-잎 그림

연속적인 자료를 표현하는 데 사용되는 히스토그램은 이 그림을 그리는 데 사용되는 몇몇 설정값에 따라 같은 자료의 분포가 다르게 보일 수 있다는 단점을 갖고 있다. 이 단점을 보안하기 위하여 줄기-잎 그림(stem-leaf displays)을 이용한다. 히스토그램은 각 계급구간에 속하는 도수를 막대의 높이로 표시하기 때문에 이 계급구간에 속하는 자료의 정보를 자세히 알지 못하지만, 줄기-잎 그림은 자료의 줄기를 먼저 설정하고 이 줄기에 붙어 있는 잎을 가로로 그려 넣도록 그려진 그림이다. 예를 들어 자료들이 두 자리 수로 이루어져 있을 때 십의 자리는 줄기로, 일의 자리는 잎으로 하여 먼저 줄기값의 크기에 따라 세로로 순서대로 나열한다. 그런 다음 각 줄기에 해당하는 잎의 값을 가로로 표시하면 줄기-잎 그림이 그려진다. 줄기 부분은 반드시 오름차순으로 기록하고, 잎 부분은 순서대로 표기할 필요는 없다. 그러나 줄기-잎 그림을 그려주는 대부분의 통계분석 소프트웨어는 잎의 자료를 자동으로 정렬하여 보여준다.

엑셀 프로그램은 줄기-잎 그림을 출력해주지 않기 때문에 엑셀을 활용하여 줄기-잎 그림을 생성하기 위해서는 사용자가 직접 줄기-잎 그림을 작성하여야 한다.

예제 2.7 〈표 2.2〉의 쿠키의 경도에 대한 자료를 이용하여 쿠키 경도에 대한 줄기-잎 그림을 작성하시오.

엑셀활용 〈예제 2.2〉의 경도 자료에 대한 줄기-잎 그림을 작성하기 위하여 먼저 경도 자료를 크기순으로 정렬한다. 엑셀에 입력된 자료를 크기순으로 정렬하기 위해서는 먼저 정렬하고자 하는 자료를 영역으로 지정한 후, 〈그림 2.11〉에 표시된 바와 같이 [정렬 및 필터] 메뉴 중에서 〈사용자 지정 정렬〉을 클릭한다.

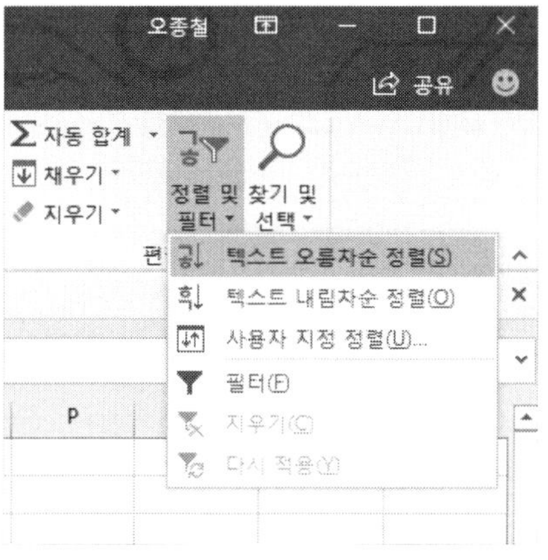

그림 2.11 자료의 정렬

〈그림 2.2〉에 표시된 바와 같이 입력된 변수는 설탕과 경도이다. 두 변수의 자료를 모두 영역 설정한 후, 〈사용자 지정 정렬〉을 클릭하면 〈그림 2.12〉와 같은 [정렬] 대

그림 2.12 사용자 지정 정렬 대화상자

화상자가 나타난다. 이 대화상자의 정렬 기준을 경도로 하고 오름차순으로 정렬하도록 설정하면 설정된 영역의 자료들이 경도 변수 기준으로 정렬된다.

〈그림 2.13〉의 왼쪽 자료가 경도 변수의 값에 따라 정렬된 모습이다. 이제 줄기-잎 그림을 그리기 위하여 줄기를 소숫점 첫째 자리인 0.1 수준으로 설정하면 줄기는 0.7 부터 1.7까지 분포하게 된다. 줄기가 0.1 수준이므로 잎은 0.01 수준으로 정하면 된다. 줄기와 잎 그림의 기본적인 정보는 줄기를 세로로 그린 후 각 줄기에 해당하는 잎을 그린다. 마지막으로 각 줄기에 포함된 잎의 도수를 줄기의 왼쪽에 표시한다.

〈그림 2.13〉은 쿠키 경도의 50개 자료에 대한 줄기-잎 그림을 그린 것이다. 잎의 개수가 가장 많은 줄기는 1.2임을 알 수 있으며 이 그림은 계급의 수가 11인 히스토그램과 유사한 그림이라고 할 수 있을 것이다. 줄기-잎 그림을 통하여 전체 자료의 분포 모양을 추정할 수도 있으며, 각종 기술통계량의 값도 구할 수 있다. 예를 들어, 산포도의 한 측정도구인 범위를 구하기 한 이 자료의 최댓값이 1.79, 최솟값이 0.76 이라는 사실을 바로 알 수 있다. 이와 같이 줄기-잎 그림은 히스토그램보다 그리기 쉽고 자료의 값을 일일이 확인할 수 있는 장점이 있어서 통계학에서 많이 사용되고 있다.

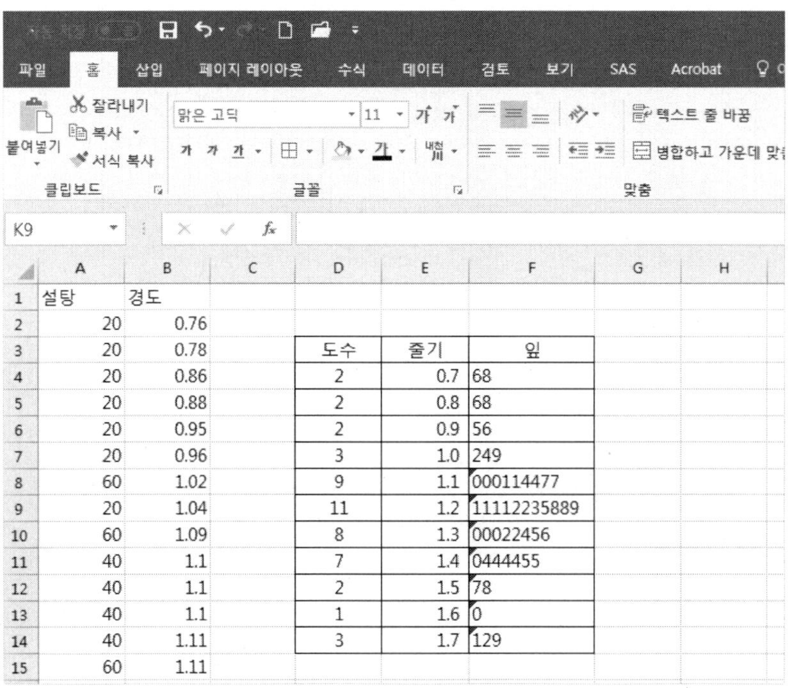

	A	B	C	D	E	F
1	설탕	경도				
2	20	0.76				
3	20	0.78		도수	줄기	잎
4	20	0.86		2	0.7	68
5	20	0.88		2	0.8	68
6	20	0.95		2	0.9	56
7	20	0.96		3	1.0	249
8	60	1.02		9	1.1	000114477
9	20	1.04		11	1.2	11112235889
10	60	1.09		8	1.3	00022456
11	40	1.1		7	1.4	0444455
12	40	1.1		2	1.5	78
13	40	1.1		1	1.6	0
14	40	1.11		3	1.7	129
15	60	1.11				

그림 2.13 줄기와 잎 그림

2.3 통계량을 이용한 자료의 요약

자료들의 특성을 시각적으로 쉽게 파악하기 위하여 표나 그래프를 사용하였다. 그러나 관찰 수집된 자료의 특성을 분석하여 비교, 평가하는 데 있어서 자료의 특징을 파악할 수 있는 객관적인 수치, 즉 하나의 측도(measure)가 주어진다면 더욱 의미가 있을 것이다. 자료의 수치적 측도를 재는 방법에는 대푯값이라고 하는 중심위치의 측도 방법과 산포도의 측도 방법, 그리고 자료의 분포 상태를 파악할 수 있는 비대칭도의 측도 방법 등이 많이 사용된다.

2.3.1 중심위치

중심위치의 측도인 대푯값은 주어진 자료들이 어떤 값을 중심으로 분포되어 있는 가를 수치로 표현한 것이다. 대푯값을 나타내는 중요한 측도로 평균(mean), 중앙값(median), 최빈값(mode), 절삭평균(trimmed mean) 등이 있다.

- 평균(mean)
- 중앙값(median)
- 최빈값(mode)
- 절삭평균(trimmed mean)

통계학에서 일반적으로 가장 많이 이용되는 대푯값은 평균(mean, average)이다. 수학적으로 평균의 종류는 산술평균, 기하평균, 조화평균이 있으나 대푯값으로 주로 산술평균을 사용한다. 표본으로 추출된 n 개의 자료 $x_1, x_2 \cdots, x_n$ 에 대하여 산술평균[1] $\overline{x}$ 는 다음과 같이 모든 자료를 더한 후, 자료의 개수 n 으로 나눈 값이다.

$$\overline{x} = \frac{1}{n}(x_1 + x_2 + \cdots + x_n) = \frac{1}{n}\sum_{i=1}^{n} x_i$$

예제 2.8 〈표 2.2〉의 구한 쿠키의 경도에 대한 자료의 (산술)평균을 구하시오.

1) $\overline{x}$는 엑스 바라고 읽는다.

엑셀활용 〈표 2.2〉의 경도 자료의 평균을 구하기 위하여 엑셀 함수 AVERAGE( )를 이용한다. AVERAGE 함수의 사용 형식은 다음과 같다.

```
=AVERAGE(number1, [number2], ...)
```

```
예.  =AVERAGE(B2:B51)
```

참고로 AVERAGEIF 함수를 사용하면 특정 조건에 부합하는 자료들만의 평균을 구할 수 있다. 예를 들어 경도 자료 중 쿠키의 경도가 1 이상인 자료들의 평균은 AVERAGEIF(B2:B51, ">=1.0")와 같이 구하면 된다.

```
=AVERAGEIF(range, criteria, [average_range])
```

```
예.    =AVERAGEIF(B2:B51, ">=1.0")
       =AVERAGEIF(A2:A51, "=20", B2:B51)
```

예로 표시된 AVERAGEIF(A2:A51, "=20", B2:B51)은 A2:A51의 영역에 포함된 자료 중에서 값이 20인 자료에 한하여 이에 대응되는 영역 B2:B51의 값들에 대한 평균을 계산한다.

〈그림 2.14〉는 쿠키 경도 50개 자료에 대한 평균을 구한 결과와 쿠키를 제조하는 과정에서 첨가된 설탕의 양(20 g, 40 g, 60 g)에 따른 쿠키 경도의 평균을 각각 구한 결과이다.

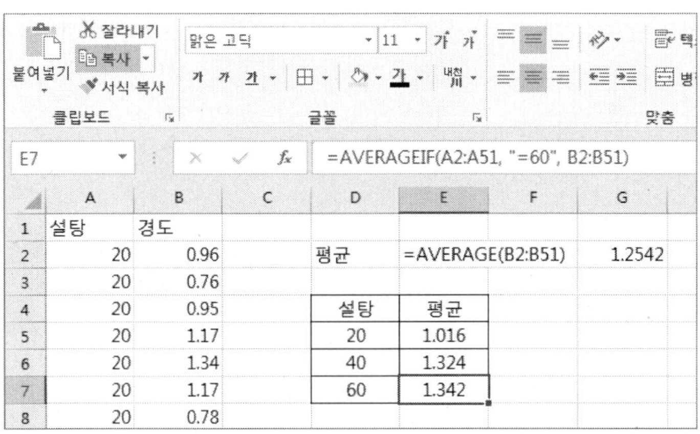

그림 2.14 (산술)평균의 계산

대푯값으로 사용하는 중앙값(median, 중위수)은 표본으로 추출된 자료를 크기순으로 나열할 때 가운데에 위치한 값을 의미한다. 자료의 개수(n)가 홀수이면 제일 가운데에 놓인 자료가 중앙값이 되며 이는 순서상으로 $(n+1)/2$번째 위치한 자료이다. 반면에 n이 짝수이면 가운데에 위치한 값은 순서상으로 $n/2$번째 자료와 $(n/2+1)$번째 놓인 2개의 자료이다. 이때 중앙값은 이 둘의 평균으로 정의하고 있다. 자료 중에 극단값이 존재할 경우 평균을 이용하여 대푯값을 추정하는 것보다 중앙값을 이용하는 것이 더 적합할 수 있다.

최빈값(mode)은 수집된 자료가 이산형 자료일 경우 주로 사용하는 대푯값이다. 예를 들어 옷가게를 운영하는 매니저가 내일 판매해야 될 옷의 사이즈를 분석한다고 할 때 가장 유의미한 대푯값은 아마 최빈값일 것이다. 즉, 오늘까지 가장 많이 판매된 옷의 사이즈를 분석하여 가장 많이 팔린 옷의 사이즈를 먼저 준비해야 된다. 이와 같이 추출된 자료 중에서 빈도수가 가장 많은 관측값을 최빈값이라고 한다. 도수분포표가 주어진 연속형 자료일 경우에는 도수가 가장 많은 계급의 중앙값을 최빈값으로 정의하기도 한다. 단, 추출된 자료 중에서 빈도수가 가장 큰 관측값이 두 개 이상일 수도 있으므로 최빈값은 유일하지 않을 수 있다.

예제 2.9 〈표 2.2〉에서 구한 쿠키의 경도에 대한 자료의 중앙값과 최빈값을 각각 구하시오.

엑셀활용 추출된 자료의 중앙값을 구하는 엑셀 함수는 MEDIAN( )이며 사용 형식은 다음과 같다.

```
=MEDIAN(number1, [number2], ...)

예.    =MEDIAN(B2:B51)
```

중앙값을 〈그림 2.13〉의 줄기-잎 그림을 이용하여 직접 구할 수도 있다. 전체 자료의 수가 50개이므로 중앙값은 25번째 자료와 26번째 자료의 평균이고, 줄기-잎 그림에서 25번째 자료는 1.23이고 26번째 자료는 1.25임을 알 수 있으므로 이 자료의 중앙값은 $(1.23+1.25)/2$, 즉 1.24이다.

최빈값을 구하는 엑셀 함수는 MODE.SNGL( ) 또는 최빈값이 2개 이상일 경우 사용하는 MODE.MULT( )이다. 다음은 1개의 최빈값을 구하는 MODE.SNGL 함수의 사용 형식이다. 최빈값이 여러 개 존재하는 경우 MODE.SNGL 함수에 의하여 출력되는 최빈값은 가장 작은 값이다.

```
=MODE.SNGL(number1,[number2],...)

예.      =MODE.SNGL(B2:B51)
```

MODE.MULT 함수를 사용하기 위해서는 이 함수의 출력 위치를 다중 셀로 영역 지정하고 엑셀의 수식 란에 =MODE.MULT(B2:B51)를 입력한 후 다음 3개의 키(Key)를 한꺼번에 입력하면 된다.

[Ctrl] + [Shift] + [Enter]

중앙값의 계산과 마찬가지로 최빈값도 〈그림 2.13〉의 줄기-잎 그림을 이용하여 직접 구할 수 있다. 줄기-잎 그림의 각 줄기의 잎에 대한 빈도 중에서 가장 많은 빈도를 갖는 자료는 줄기가 1.2인 경우 잎이 1인 경우와 줄기가 1.4인 경우 잎이 4인 경우이다. 따라서 이 자료의 최빈값은 1.21과 1.44이다.

〈그림 2.15〉는 쿠키의 경도 자료에 대한 중앙값과 최빈값을 구하기 위해 엑셀 함수 MEDIAN, MODE.SNGL, MODE.MULT를 이용하는 모습을 표시한 것이다.

일반적으로 자료의 분포가 한 점을 중심으로 좌우 대칭이면 평균과 중앙값이 일치할 것이다. 그러나 분포가 왼쪽으로 심하게 치우친 경우에는 평균보다 중앙값이 더 작

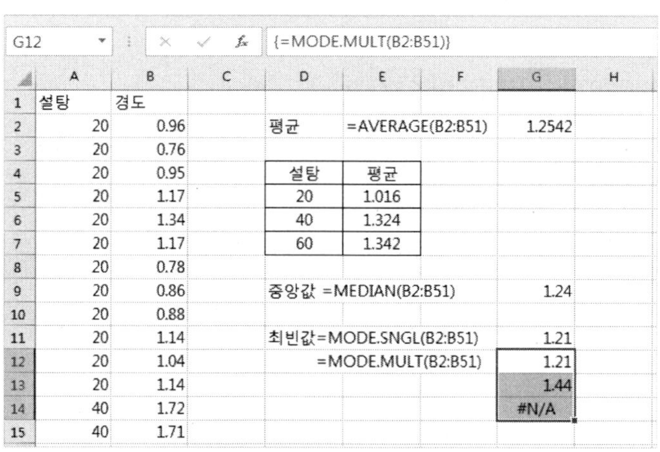

그림 2.15 중앙값과 최빈값

으며, 반대로 오른쪽으로 치우쳐 있는 분포는 중앙값이 평균보다 큰 값을 갖는다. 이러한 비대칭의 분포를 갖는 자료의 대푯값의 추정은 평균보다 중앙값이 더 의미가 있을 것이다. 그러나 중앙값의 표본분포가 통계학적으로 다루기가 무척 어렵기 때문에 어느 정도의 대칭성을 만족하면 대푯값으로 평균을 많이 선호하는 편이다.

마지막으로 대푯값으로의 절삭평균(trimmed mean)은 자료의 양쪽 자료 일부분을 제거한 이후 얻어진 평균을 의미한다. 자료 중에 극단적인 이상점이 있으면 중심위치 측도로서의 산술 평균값이 이 극단값으로 인해 왜곡된다. 이 단점을 해결하기 위하여 정의된 절삭평균은 극단적인 이상점의 영향을 줄이기 위하여 양쪽에서 일정 부분을 제거한다. $100\alpha\%$ 절삭평균이란 자료의 양쪽에서 일정비율 $100\alpha\%$의 값을 제거한 후 남겨진 나머지 자료들의 평균을 말한다. 절삭평균은 발표자의 점수를 심사위원으로부터 객관화하기 위하여 심사위원의 최고점과 최저점을 제거한 나머지 점수의 평균을 이용하여 발표자를 평점하는 데 사용된다.

예제 2.10 〈표 2.2〉에서 구한 쿠키의 경도에 대한 자료의 10% 절삭평균을 구하시오.

엑셀활용 추출된 자료의 절삭평균을 구하는 엑셀 함수는 TRIMMEAN( )이며 사용 형식은 다음과 같다. TRIMMEAN 함수는 데이터 집합의 위, 아래 끝에 있는 데이터 요소의 일정 비율(n*percent)만큼을 제외하고 평균을 계산한다. 여기서 percent는 0과 1 사이의 값으로 지정한다.

```
=TRIMMEAN(array, percent)

예.    =TRIMMEAN(B2;B51, 0.2)
```

쿠키의 경도 자료로부터 10% 절삭평균을 구하기 위해서 즉 쿠키 경도 자료 50개의 양쪽으로 10%씩 5개의 자료를 각각 제거한다는 의미는 양쪽 합해서 20%를 제거하는 것이기 때문에 TRIMMEAN 함수의 percent 인자로 0.2를 입력한다. 다음 〈그림 2.16〉에 표시된 바와 같이 쿠키 경도 자료의 10% 절삭평균은 1.252임을 알 수 있다.

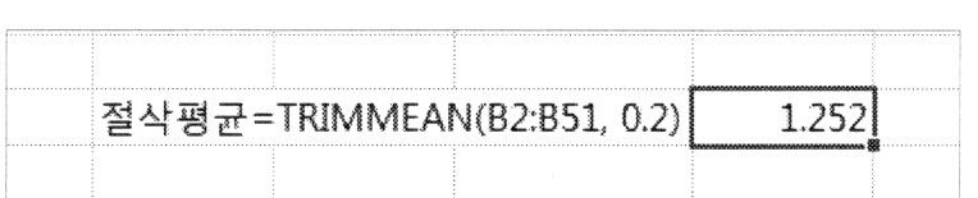

그림 2.16 10% 절삭평균

2.3.2 산포도

대푯값은 자료 집단이 갖는 중심성향을 의미한다. 대푯값은 자료의 분포를 추정하고자 할 때 분포의 중심위치를 파악할 수 있는 중요한 요소이다. 중심성향 척도인 대푯값과 더불어 분포 추정의 또 다른 중요 요소로서 산포도가 있다. 산포도는 각 자료들이 대푯값, 특히 평균으로부터 얼마나 흩어져 있는지의 퍼짐 정도를 측량하는 측도이다.

예제 2.11 다음은 박대의 소비 실태 분석을 위해 일반소비자 중에서 무작위로 남녀 10명을 추출하여 조사한 박대의 선호도 자료이다. 박대 또는 박대요리를 얼마나 좋아하는지의 여부를 7점 척도(1점=매우 싫어함, 7점=매우 좋아함)로 조사하였다. 성별에 따른 박대의 선호도의 평균을 각각 구하시오.

성별	선호도									
남(=1)	5	6	3	2	4	7	5	4	3	6
여(=2)	3	4	5	6	5	4	4	5	5	4

엑셀활용 박대 선호도 자료를 엑셀에 입력한 후 각 집단별로 AVERAGE 함수를 이용하거나 또는 AVERAGEIF 함수를 이용하여 남녀별 선호도 평균을 구할 수 있다. 집단별 평균을 구하기 위한 두 함수의 사용 예는 다음과 같다.

```
=AVERAGE(B2:B11)
=AVERAGE(B12:B21)
=AVERAGEIF(A2:A21, "=1", B2:B21)
=AVERAGEIF(A2:A21, "=2", B2:B21)
```

〈그림 2.17〉에 표시된 바와 같이 두 집단의 대푯값인 평균이 모두 4.5로 동일함을 알 수 있다.

다음 두 집단의 선호도에 대한 막대그래프를 살펴보면 여 집단의 선호도 분포가 남 집단의 선호도 분포보다 평균값을 중심으로 더 밀집되어 있음을 알 수 있다. 즉, 연구 집단의 분포를 파악하기 위해서는 평균값의 추정만으론 부족하며 분포의 퍼짐 정도를 측정할 수 있는 측도가 필요하다.

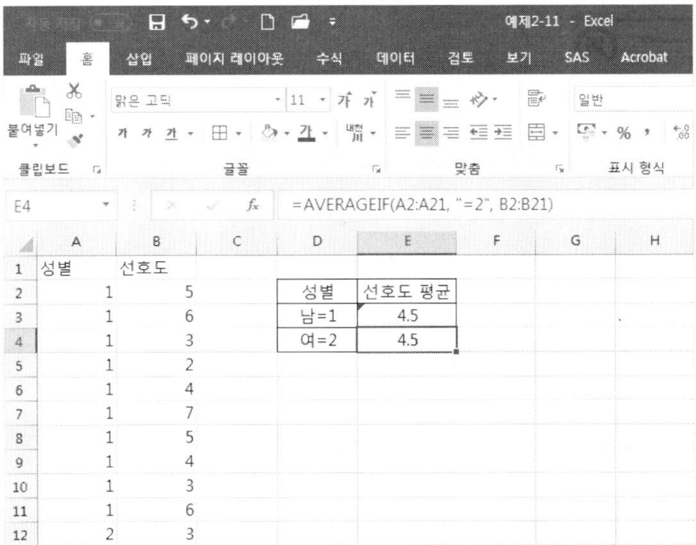

그림 2.17　집단별 평균이 동일한 경우

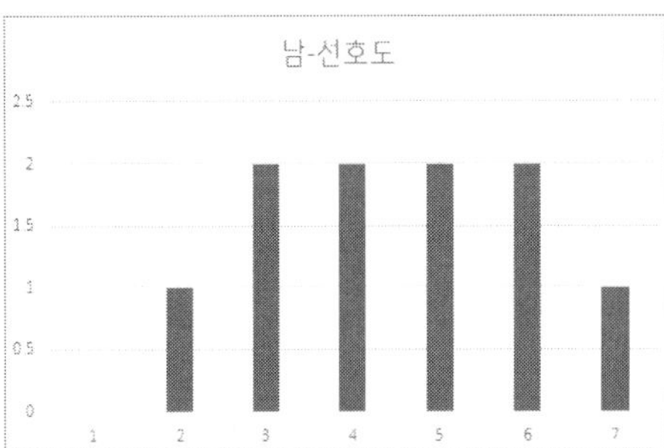

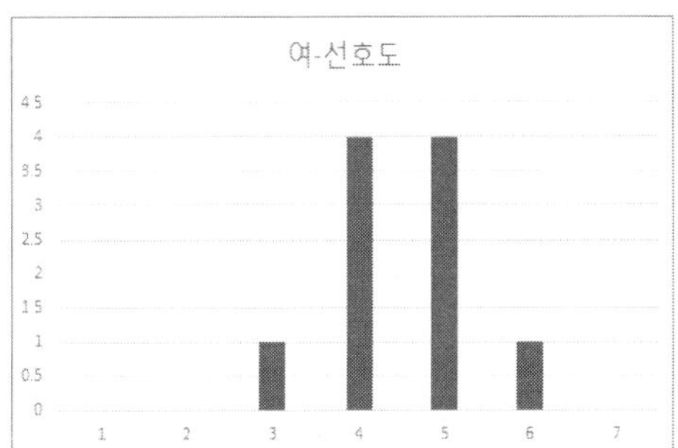

표집된 자료들의 퍼짐 정도를 측량하는 산포도 측도로서 범위, 분산, 표준편차, 변동계수 등이 많이 이용된다.

- 범위(range)
- 분산(variance)
- 표준편차(standard deviation)
- 변동계수(coefficient of variation)

산포도의 값이 크면 자료들이 대푯값(특히 평균)을 중심으로 넓게 퍼져 있으며, 반대로 산포도의 값이 작으면 대푯값 주변으로 자료들이 밀집되어 있음을 의미한다. 또한 산포도는 항상 양의 값을 가지며, 표집된 모든 자료가 같은 값일 때 계산되는 모든 산포도의 측도는 0이다.

먼저 산포도의 가장 간단한 측도인 범위(R)는 추출된 자료들의 최댓값에서 최솟값을 뺀 값으로 정의된다. 엑셀에서 범위의 계산은 〈예제 2.2〉를 참조하자.

다음으로 통계학에서 가장 많이 사용되는 산포도의 측도는 분산이다. 산포도의 가장 간단한 측도인 범위는 계산은 간단하지만 극단값이 존재할 경우 모집단의 산포 추정을 어렵게 하고 따라서 분포의 퍼짐 정도를 정확히 추정하지 못한다. 산포도의 한 측도인 분산은 편차의 제곱들의 평균이라고 말할 수 있다.

편차(deviation)란 각 관측값들이 평균값으로부터 떨어져 있는 거리를 말한다. 따라서 어떤 자료의 편차의 절댓값이 크다면 이 자료는 평균에서 멀리 떨어져 있다는 것을 의미한다. 이 편차를 이용하면 산포도를 측정할 수 있다. 그러나 어떤 표본이든지 이 표본에 속하는 모든 자료의 편차들의 합은 항상 0이 되므로 이 합을 산포도의 한 측도로 사용하기엔 불가능하다. 자료의 편차가 음수일 경우 이 값을 양의 값으로 바꾸는 방법은 편차의 절댓값을 취하는 방법과 편차를 제곱하는 방법이 있다. 이때 편차의 절댓값들의 평균을 평균편차라고 하고, 편차들을 제곱한 후 이 편차제곱들의 평균을 구한 것을 분산이라고 한다. 두 값 모두 산포도의 측도로 적절히 사용할 수 있지만, 평균편차는 미분이 불가능한 점이 있어서 수학적으로 다루기 어렵기 때문에 미분이 가능한 분산을 산포도의 측도로 많이 사용한다.

표본으로 추출한 n개의 자료 $x_1, x_2, \cdots, x_n$에 대하여 평균을 $\overline{x}$라고 할 때, 각 자료 x_i에 대한 편차 $(x_i - \overline{x})$를 제곱하여 합한 편차제곱합은 다음과 같이 계산된다.

$$
\begin{aligned}
\text{편차제곱합} &= \sum_{i=1}^{n}(x_i - \overline{x})^2 \\
&= \sum_{i=1}^{n} x_i^2 - n(\overline{x})^2 \\
&= \sum_{i=1}^{n} x_i^2 - \frac{1}{n}\Big(\sum_{i=1}^{n} x_i\Big)^2
\end{aligned}
$$

편차들의 제곱의 평균을 (표본)분산(variance)이라고 정의하고 보통 S^2으로 표현한다. 이때 편차들의 개수는 n개이지만 분산을 계산할 때 평균을 구하기 위해 사용되는 분모의 값은 $n-1$이다. 이 값을 이 분산의 자유도(degree of freedom)라고 한다.

$$분산 = S^2 = \frac{1}{n-1}\sum_{i=1}^{n}(x_i - \overline{x})^2$$

산포도의 측도인 표준편차(standard deviation)는 분산의 양의 제곱근으로 정의한다. 즉, (표본)표준편차는 $S = \sqrt{S^2}$ 으로 계산된다. 산포도의 측도로 표준편차를 정의한 이유는 중심경향의 측도와 산포도의 측도를 서로 가감할 필요가 있기 때문이다. 분산은 자료를 제곱한 것이기 때문에 평균의 단위와 다르다. 따라서 평균+분산의 계산이 불가능하다. 그러나 표준편차는 분산의 제곱근이므로 평균의 단위와 일치하여 평균+표준편차의 계산이 성립하는 것이다.

예제 2.12 〈예제 2.11〉에서 얻어진 남녀별 박대의 선호도 자료를 이용하여 남녀별 분산과 표준편차를 각각 구하시오.

엑셀활용 분산을 구하는 공식을 자료에 적용하면 〈그림 2.18〉과 같이 남자의 선호도에 대한 분산과 표준편차를 구할 수 있다.

C2 =B2-AVERAGE(B$2:B$11)

	A	B	C	D	E	F	G
1	성별	선호도	편차	편차제곱	분산	표준편차	
2	1	5	0.5	0.25	2.5	1.581139	
3	1	6	1.5	2.25			
4	1	3	-1.5	2.25			
5	1	2	-2.5	6.25			
6	1	4	-0.5	0.25			
7	1	7	2.5	6.25			
8	1	5	0.5	0.25			
9	1	4	-0.5	0.25			
10	1	3	-1.5	2.25			
11	1	6	1.5	2.25			
12	2	3					

그림 2.18 남자(=1) 집단의 자료에 대한 분산과 표준편차

〈그림 2.18〉에서 남자 집단의 첫 번째 선호도 자료 B2(=5)에 대한 편차는 다음 식으로 계산한다. 물론 자료의 평균을 구하는 함수는 AVERAGE를 이용한다.

편차 = B2 - AVERAGE(B$2:B$11)

이 편차를 이용하여 각 자료의 편차제곱을 구한 후, 이를 이용하여 분산, 표준편차를 구하는 식은 다음과 같다. 편차제곱을 구하는 사용된 기호 ^은 거듭제곱의 값을 구하는 산술연산자이다. 함수 SQRT는 입력되는 인수의 제곱근을 구하는 엑셀 함수이다.

```
편차제곱 = C2^2
분산 = SUM(D2:D11) / 9
표준편차 = SQRT(E2)
```

분산을 구하는 일련의 과정을 엑셀 함수 VAR.S( )가 간단히 대신할 수 있다. 분산을 구하는 VAR.S 함수와 표준편차를 구하는 STDEV.S 함수의 사용 형식은 다음과 같다. 참고로 VAR.S 함수는 인수를 모집단의 표본으로 간주한다. 데이터가 모집단 전체인 경우에는 VAR.P 함수를 사용하여 분산을 계산해야 한다. 마찬가지로 표준편차를 구하고자 하는 인수가 모집단 전체 자체를 뜻할 경우에는 STDEV.P 함수를 이용한다.

```
= VAR.S(number1, [number2],...)
= STDEV.S(number1, [number2],...)
```

〈그림 2.19〉는 여자 집단의 선호도 자료에 대한 분산과 표준편차를 구하는 엑셀 함수의 쓰임을 표시한 것이다.

12	2	3			
13	2	4		분산=VAR.S(B12:B21)	0.722222
14	2	5		표준편차=STDEV.S(B12:B21)	0.849837
15	2	6			
16	2	5			
17	2	4			
18	2	4			
19	2	5			
20	2	5			
21	2	4			

그림 2.19 여자(=2) 집단의 자료에 대한 분산과 표준편차

변동계수(coefficient of variation)는 상대적인 분산도의 측도로서 단위가 다른 두 종류의 자료에 대한 산포도를 비교하거나 자료값의 차이가 클 때 유용하게 쓰인다. 변동계수($c.v.$)는 일반적으로 표준편차에 대한 평균의 백분율로서 표준편차(S)를 평균

$(\bar{x})$으로 나눈 값에 100을 곱한 퍼센트 값으로 정의한다.

$$\text{변동계수 } (c.v.) = \frac{\text{표준편차}}{\text{평균}} \times 100 = \frac{S}{\bar{x}} \times 100\,(\%)$$

같은 자료라고 하더라도 단위를 다르게 측정하면 다른 자료로 착각할 수 있다. 예를 들어 X 변수의 자료가 cm 단위로 측정했을 경우 이 자료를 mm 단위로 변환한 Y=10X의 자료도 같은 자료임에는 틀림이 없다. 단위를 고려하지 않고 통계량을 구하면 전혀 다른 분포라고 착각할 수 있는데 변동계수가 서로 다른 단위 사이의 퍼짐 정도를 비교 분석하는 데 도움을 준다.

예제 2.13 다음 두 자료(X, Y)에 대하여 평균과 표준편차 및 변동계수를 각각 구하시오.

X	5	6	3	2	4	7	5	4	3	6
Y	50	60	30	20	40	70	50	40	30	60

엑셀활용 각 자료의 평균과 표준편차를 구한 후 이를 이용하여 변동계수를 구하면 〈그림 2.20〉과 같다. 즉 두 변수의 자료에 대한 변동계수가 35.13642로 동일한 값임을 확인할 수 있다.

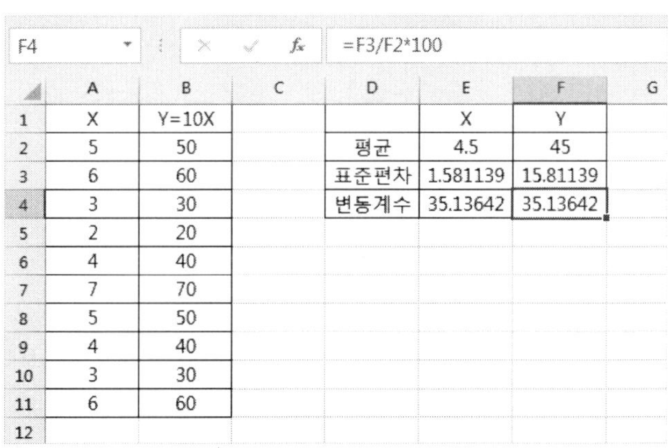
F4 =F3/F2*100

	A	B	C	D	E	F	G
1	X	Y=10X			X	Y	
2	5	50		평균	4.5	45	
3	6	60		표준편차	1.581139	15.81139	
4	3	30		변동계수	35.13642	35.13642	
5	2	20					
6	4	40					
7	7	70					
8	5	50					
9	4	40					
10	3	30					
11	6	60					
12							

그림 2.20 변동계수

2.3.3 사분위수와 상자그림

중심경향도인 평균과 산포도인 표준편차의 정보 대신 중앙값을 비롯한 사분위수의 정보를 이용하여 모집단의 분포를 어느 정도 예측할 수 있는 방법은 상자그림(box plot)을 이용하는 것이다. 상자그림(Box plot)은 사분위수 통계량과 최솟값, 최댓값을 이용하여 자료 분포의 형태를 표시한 도표로서 히스토그램으로 알 수 없는 정보와 극단적인 이상값이 존재할 경우 이를 표시해준다. 상자그림과 관련된 용어는 다음과 같다.

- 최솟값과 최댓값
- 사분위수(Q_1, Q_2, Q_3)
- IQR(사분위수범위, InterQuatile Range)
- 위쪽 이상판별기준값과 아래쪽 이상판별기준값

자료의 사분위수(quartile)를 구하기 전에 먼저 백분위수(percentile)를 설명하자. 예를 들어 전체 관측값을 크기순으로 나열할 때 x 보다 같거나 작은 관측값의 비율이 30%이고 또한 x 보다 크거나 같은 관측값들의 비율이 70%를 만족하는 값 x를 제 30 백분위수라고 한다. 따라서 앞에서 다루었던 중앙값은 제 50 백분위수임을 알 수 있다.

통계학에서 제 $100p$ 백분위수($0 < p < 1$)를 구하는 여러 가지 방법이 제시되어 있지만, 가장 많이 쓰이는 백분위수를 구하는 공식은 다음과 같다. 여기서 $x_{(r)}$은 총 자료수가 n인 자료를 크기순으로 배열했을 때 r번째 순위에 있는 값이다.

$$\text{제 } 100p \text{ 백분위수} = (1-a)x_{(r)} + a x_{(r+1)} \quad (\text{단, } (n+1)p = r + a,\ 0 \le a < 1)$$

예를 들어, 〈예제 2.2〉의 자료의 총 자료수가 50개이므로 쿠키 경도 변수에 대한 제 10 백분위수를 구하기 위해 먼저 $(50+1)\times 0.1 = 5.1 = 5 + 0.1 = r + a$를 계산한다. 그 결과 $r = 5$, $a = 0.1$이므로 추출된 경도 변수의 5번째 자료와 6번째 자료를 〈예제 2.7〉의 줄기-잎 그림을 통하여 구한다. 즉, $x_{(5)} = 0.95$, $x_{(6)} = 0.96$이다. 이 정보를 이용하여 쿠키 경도 변수의 제 10 백분위수를 구하면 다음과 같다.

$$(1-a)x_{(r)} + a x_{(r+1)} = (1-0.1)\times 0.95 + 0.1 \times 0.96 = 0.951$$

백분위수 중에서 제 25 백분위수를 제 1 사분위수라고 하며 보통 Q_1으로 표시한다. 즉, 제 1 사분위수보다 작거나 같은 비율은 전체 자료의 25%임을 알 수 있다. 또한 중앙값인 제 50 백분위수를 제 2 사분위수(Q_2), 제 75 백분위수를 제 3 사분위수(Q_3)라고 한다. 사분위수(제 25, 50, 75 백분위수)를 사용하면 전체 관측 표본을 대략 비슷한 크기의 네 집단으로 나눌 수 있다.

사분위수범위(InterQuatile Range, IQR)는 제 3 사분위수(Q3)에서 제 1 사분위수(Q1) 값을 뺀 것으로 정의한다. 따라서 사분위수범위도 범위와 마찬가지로 자료의 퍼짐 정도를 측정하는 하나의 산포도 측도로 활용할 수 있으며, 범위와 달리 극단값의 영향을 덜 받는 측도임을 알 수 있다.

$$IQR = Q_3 - Q_1$$

예제 2.14 어린잎 적양무 가루를 첨가한 쿠키를 제조하는 과정에서 얻어진 쿠키의 경도(hardness)를 측정한 〈표 2.2〉의 자료로부터 제 10 백분위수와 제 70 백분위수, 그리고 사분위수를 각각 구하고 이를 이용하여 사분위수범위를 구하시오.

엑셀활용 백분위수를 구하는 공식을 이용하여 직접 백분위수를 구할 수도 있으나, 백분위수를 구하는 엑셀 함수 PERCENTILE.EXC( )를 이용하여 구해 보자. 백분위수 함수 PERCENTILE.EXC의 사용 형식은 다음과 같다.

```
=PERCENTILE.EXC(array, k)
```

여기서 array는 백분위수를 구하고자 하는 자료의 영역이며, k는 0과 1 사이의 실수값이다. 예를 들어 B2:B51 영역에 입력된 자료의 제 10 백분위수를 구하고자 한다면 엑셀에서 다음과 같이 입력하면 된다.

```
=PERCENTILE.EXC(B2:B51, 0.1)
```

PERCENTILE.EXC 함수를 이용하여 사분위수를 구하기 위해서는 k의 값으로 0.25, 0.5, 0.75를 각각 입력하면 된다. 그러나 별도로 사분위수를 구하는 함수가 엑셀에 내장되어 있다. 사분위수를 구하는 엑셀 함수는 QUARTILE.EXC( )이며 이 함수의 사용형식은 다음과 같다.

제 1 사분위수	=QUARTILE.EXC(array, 1)
제 2 사분위수	=QUARTILE.EXC(array, 2)
제 3 사분위수	=QUARTILE.EXC(array, 3)

〈그림 2.21〉은 엑셀을 이용하여 제 10 백분위수와 제 70 백분위수, 그리고 사분위수를 각각 구하고 이를 이용하여 IQR 값을 구한 모습을 표시한 것이다.

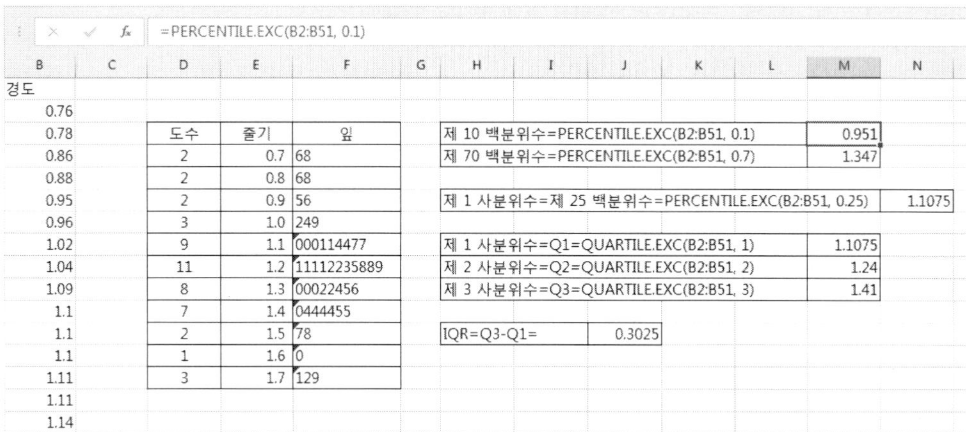

그림 2.21 백분위수, 사분위수

다음 그림과 같이 관측 자료의 상자도표를 구하기 위하여 먼저 사분위수 Q_1, Q_2, Q_3 을 구하여야 한다. 이후 Q_1 과 Q_3 을 윗변과 아랫변으로 하는 사각형을 그리고 이 사각형에 중앙값인 Q_2 를 지나는 선분을 그려 넣는다.

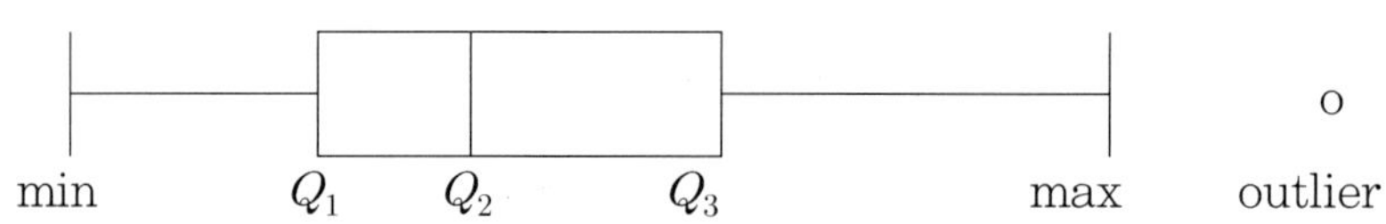

다음 단계로 사분위수범위인 IQR을 구하여 위쪽 이상판별기준값(A)과 아래쪽 이상판별기준값(B)을 각각 구한다.

$$\text{위쪽 이상판별기준값} = A = Q_3 + 1.5 \times IQR$$

$$\text{아래쪽 이상판별기준값} = B = Q_1 - 1.5 \times IQR$$

아직 미완성인 상자그림에서 A보다 작은 관측값 중에서 최댓값을 구하고 이 값의 위치를 선분으로 표시한 후 이 선분의 중심과 이미 그려진 사각형을 선으로 연결한다. 마찬가지로 B보다 큰 관측값 중의 최솟값의 위치를 선분으로 표시한 후 이 선분의 중심을 사각형과 선으로 연결한다. 이때 A보다 크거나 B보다 작은 자료가 존재할 경우 그 값의 위치를 * 기호 또는 o 기호로 표시한다. 즉, 이상판별기준값을 벗어나는 자료가 존재하면 이를 * 기호로 표시하고 극단값 또는 이상값(outlier)으로 분석한다.

예제 2.15 어린잎 적양무 가루를 첨가한 쿠키를 제조하는 과정에서 얻어진 쿠키의 경도(hardness)를 측정한 〈표 2.2〉의 자료로부터 경도 자료의 상자그림을 작성하시오.

엑셀활용 〈예제 2.14〉의 결과로부터 경도 변수에 대한 이상판별기준값 A, B를 각각 계산하면 다음과 같다. 이 값을 벗어나는 자료가 존재하지 않으므로 경도 변수의 자료는 이상값이 존재한다고 볼 수 없다.

위쪽 이상판별기준값 = $A = Q_3 + 1.5 \times IQR = 1.41 + 1.5 \times 0.3025 = 1.86375$

아래쪽 이상판별기준값 = $B = Q_1 - 1.5 \times IQR = 1.1075 - 1.5 \times 0.3025 = 0.65375$

엑셀에서 상자그림을 그리기 위해서는 먼저 자료의 영역을 설정한 후 [삽입]-[추천 차트]를 클릭하여 표시되는 [차트 삽입] 대화상자의 [모든 차트] 탭을 통해 나열된 그림 리스트 중에서 [상자 수염 그림]을 선택하면 된다. 다음은 〈예제 2.2〉의 경도 자료에 대한 상자그림을 출력한 것이다.

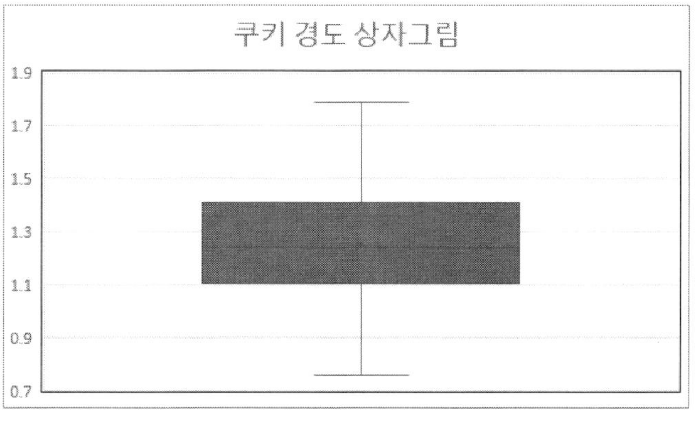

그림 2.22 상자그림

이 상자그림을 살펴보면 가운데 전체 자료의 50%가 들어있는 상자가 거의 중심에 위치해 있고 Q_1에서 Q_2까지의 길이와 Q_2에서 Q_3까지의 길이가 거의 비슷하기 때문에 이 관측값들로 대변되는 모집단의 분포는 대략 대칭적인 분포라고 추측할 수 있다.

2.3.4 비대칭도

분포의 형상에 대한 측도, 즉 분포의 형태와 대칭성을 측정하는 통계량으로 첨도와 왜도가 있다. 비대칭도를 논하기에 앞서 자료의 평균($\bar{x}$)과 중앙값(M), 최빈값(m)의 관계를 살펴볼 수 있는 근사식을 구할 수 있다. 일반적으로 피어슨의 실험식이라 부르는 이 식은 평균과 최빈값의 차이가 평균과 중앙값의 차이의 3배 정도 된다는 의미이다.

$$\text{피어슨(Pearson)의 실험식 :} \quad |\bar{x} - m| \approx 3|\bar{x} - M|$$

비대칭도는 분포의 형상을 묘사하는 측도이다. 이는 수집된 자료의 분포가 대칭인지, 아니면 어느 한 쪽으로 치우쳐 있는지를 재는 왜도(skewness)와 중심부분이 뾰족하게 보이는 분포인지, 아니면 꼬리부분에 자료들이 많이 모여 완만한 분포를 이루는지를 재는 첨도(kurtosis)로 나눌 수 있다.

왜도(skewness)는 분포가 어느 한쪽으로 치우쳐진 정도를 수치로 표현한 측도이다. 측정 자료가 평균을 중심으로 왼쪽으로 편중되어 있으면 즉, 오른쪽으로 긴 꼬리를 갖는 우향왜곡 분포이면 피어슨의 실험식으로 비추어 보아 {최빈값 〈 중앙값 〈 평균}의 순으로 위치할 것이다. 이때 계산되는 왜도의 값은 양수이다. 자료값들이 왼쪽으로 편중되어 있어 양의 왜도의 값을 가지는 우 비대칭(skewed to the right) 분포는 오른쪽으로 긴 꼬리 모양의 분포를 갖는다는 의미와 상통한다. 반대로 자료의 분포가 오른쪽으로 편중되어 있으면 음의 왜도값을 갖는다. 분포의 모양이 정규분포와 같이 정확히 좌우대칭이면 계산되는 왜도의 값은 0이다. 참고로 다음 식은 엑셀에서 계산하는 왜도를 구하는 수식이다. 여기서 $\bar{x}$는 표본의 평균이고 s는 표본의 표준편차이다.

$$\text{왜도} \;=\; \frac{n}{(n-1)(n-2)}\sum\left(\frac{x_i - \bar{x}}{s}\right)^3$$

첨도(kurtosis)는 분포의 모양이 얼마나 뾰족한가의 정도를 잰 측도를 말한다. 연구자에 따라 첨도의 공식과 기준이 조금씩 다르지만 일반적으로 정규분포의 첨도를 0으로 하고 정규분포보다 중심에 데이터가 많이 몰려있는 뾰족한 분포의 첨도는 양수, 정규분포보다 좌우의 폭이 넓은 분포의 첨도는 음수로 정의하고 있다. 즉, 음의 첨도를 갖는 분포는 정규분포에 비해 관측값이 분포 중심에 덜 군집되어 있고 분포 극단값까지의 꼬리가 더 두껍다. 참고로 다음 식은 엑셀에서 계산하는 첨도를 구하는 수식이다. 여기서 $\overline{x}$는 표본의 평균이고 s는 표본의 표준편차이다.

$$\text{첨도} = \frac{n(n+1)}{(n-1)(n-2)(n-3)}\left\{\sum\left(\frac{x_i-\overline{x}}{s}\right)^4 - \frac{3(n-1)^3}{n(n+1)}\right\}$$

예제 2.16 어린잎 적양무 가루를 첨가한 쿠키를 제조하는 과정에서 얻어진 쿠키의 경도(hardness)를 측정한 〈표 2.2〉의 자료로부터 경도 자료의 왜도와 첨도를 각각 구하시오.

엑셀활용 왜도를 구하는 엑셀 함수 SKEW( )와 첨도를 구하는 KURT 함수의 사용 형식을 표시하면 각각 다음과 같다. 평균에 대한 분포의 비대칭 정도를 나타내는 왜도는 분포의 비대칭 꼬리가 양의 값 쪽으로 치우치면 양수의 값을 가지며, 반대로 왜도가 음수이면 분포의 비대칭 꼬리가 음의 값 쪽으로 치우친다.

```
=SKEW(number1, [number2], ...)
=KURT(number1, [number2], ...)
```

다음 결과는 엑셀을 이용하여 쿠키 경도 변수의 왜도와 첨도를 구한 것이다.

왜도=SKEW(B2:B51)	0.10916
첨도=KURT(B2:B51)	0.16603

왜도의 값이 양수이므로 오른쪽으로 긴 꼬리를 갖는 우향왜곡 분포의 모양을 갖는 것으로 추정되고, 첨도의 값도 양수이므로 정규분포보다 좀 더 중심에 자료들이 몰려 있다고 추정할 수 있다.

마지막으로 엑셀의 [데이터]-[데이터 분석] 메뉴를 통해 나타나는 [통계 데이터 분석] 대화상자의 분석 도구 리스트 중에서 [기술 통계법] 도구를 이용하면 입력 범위의 데이터에 대한 일변량 통계 보고서를 만들어 데이터의 중심 추세와 변동성에 대한 정보를 얻을 수 있다.

예제 2.17 쿠키의 경도(hardness)를 측정한 〈표 2.2〉의 자료에 대한 일변량 통계 보고서를 작성하시오.

엑셀활용 〈그림 2.23〉과 같이 [통계 데이터 분석] 대화상자의 분석 도구 리스트 중에서 [기술 통계법]을 선택하고 확인한다.

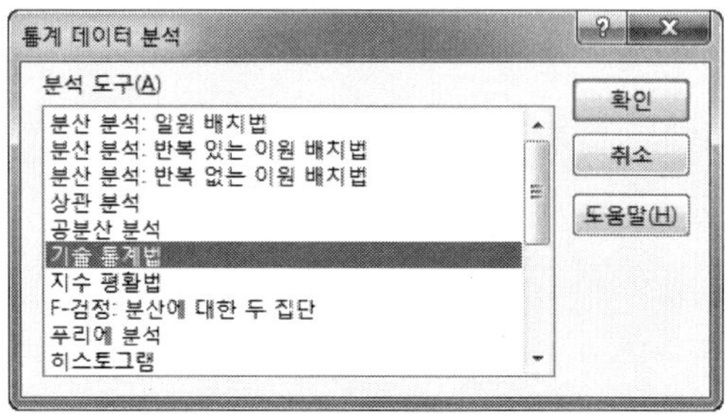

그림 2.23 기술 통계법 분석 도구

이때 〈그림 2.24〉와 같이 분석하고자 하는 자료의 영역을 입력 범위에 지정하고 요약 통계량, K번째 큰 값과 작은 값 등을 클릭해주면 출력 옵션으로 자동 지정된 새로운 워크시트에 여러 일변량 통계량이 출력된다.

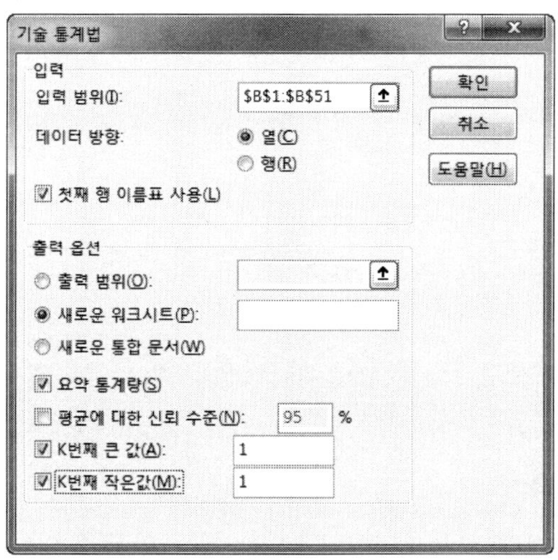

그림 2.24 기술 통계법 대화상자

다음 〈그림 2.25〉는 기술 통계법 분석 도구를 통해 얻어진 일변량 통계량의 요약

보고서이다.

	A	B	C	D
1	경도			
2				
3	평균	1.2542		
4	표준 오차	0.032286		
5	중앙값	1.24		
6	최빈값	1.21		
7	표준 편차	0.228295		
8	분산	0.052119		
9	첨도	0.166032		
10	왜도	0.10916		
11	범위	1.03		
12	최소값	0.76		
13	최대값	1.79		
14	합	62.71		
15	관측수	50		
16	가장 큰 값(1)	1.79		
17	가장 작은 값(1)	0.76		
18				

그림 2.25 일변량 통계량의 요약 보고서

연습문제

[2.1] 〈표 2.1〉에 표시된 다음 각 변수의 도수분포표를 작성하시오.

(1) 어린잎 적양무 가루를 첨가한 쿠키의 외관 변수에 대한 도수분포표

(2) 어린잎 적양무 가루를 첨가한 쿠키의 향 변수에 대한 도수분포표

(3) 어린잎 적양무 가루를 첨가한 쿠키의 맛 변수에 대한 도수분포표

[2.2] 〈표 2.2〉의 설탕이 40 g 들어간 쿠키의 경도에 대한 도수분포표를 작성하시오.

(1) 계급의 수가 5인 도수분포표

(2) 계급의 수가 7인 도수분포표

[2.3] 〈표 2.1〉에 표시된 다음 각 변수의 원형 차트를 작성하시오.

(1) 어린잎 적양무 가루를 첨가한 쿠키의 외관 변수에 대한 원형 차트

(2) 어린잎 적양무 가루를 첨가한 쿠키의 향 변수에 대한 원형 차트

(3) 어린잎 적양무 가루를 첨가한 쿠키의 맛 변수에 대한 원형 차트

[2.4] 〈표 2.2〉에서 설탕이 40 g 들어간 쿠키의 경도에 대한 줄기-잎 그림을 작성시오.

[2.5] 〈예제 2.11〉에 표시된 박대의 선호도 자료로부터 남녀 두 집단의 막대그래프를 각각 그리기 위한 도수분포표를 각각 작성하시오.

[2.6] 〈표 2.2〉에서 설탕이 40 g 들어간 쿠키의 경도에 대한 다음 통계량을 각각 구하시오.

(1) 평균, 중앙값, 최빈값

(2) 범위, 분산, 표준편차, 변동계수

(3) 왜도, 첨도

(4) 사분위수

(5) 상자그림

[2.7] 어린잎 채소를 세척 후 절단한 상태에서 검사한 g당 대장균수를 조사하였다. 총 40회의 어린잎 채소 농산물에서 임의로 채집하여 다음 결과를 얻었다.

8	7	10	4	6	4	9	10	9	8
9	5	9	9	2	7	4	8	7	11
6	8	8	8	11	9	11	7	8	6
9	10	7	7	7	9	9	6	5	8

(1) 대장균수 자료에 대한 도수분포표를 작성하시오.

(2) 막대그래프를 그리시오.

(3) 최빈값, 중앙값, 평균을 구하시오.

(4) 범위, 분산, 표준편차와 변동계수를 구하시오.

(5) 사분위수를 구한 후, 상자도표를 그리시오.

[2.8] 어느 식품 회사의 냉장 시스템이 고장이 날 때마다 두 고장 사이의 시간을 순서대로 조사하였다. 나중 시간 간격이 처음 고장 시간 간격보다 짧은지를 조사하기 위하여 처음 15개와 나중 15개로 두 집단으로 분류하여 다음과 같은 자료를 얻었다. (단위는 시간)

집단 Ⅰ :	23	261	87	7	120	14	62	47	225
집단 Ⅱ :	12	120	11	3	14	71	11	14	11

(1) 각 집단별로 최솟값, 최댓값과 범위를 구하시오.

(2) 각 집단의 평균과 분산, 전체의 평균과 분산을 각각 구하시오.

(3) 각 집단의 상자도표를 각각 작성하여 두 집단의 분포를 설명하시오.

[2.9] K지역 특산물인 박대 생선에 대한 인식을 묻는 15 개의 문항 중 요인분석을 통하여 긍정적인 요인에 대한 5 개 문항과 위생과 안전에 대한 5 개 문항, 부정적인 요인에 대한 5 개 문항으로 구분하여 자료를 정리하였다. 총 응답자 60 명의 박대 생선 또는 박대요리에 대한 선호도를 같이 조사하였으며 인구사회적 변인으로 성별과 연령대를 함께 응답하도록 하였다. 〈표 2.3〉은 60 명의 응답자 중 여성 34 명의 응답 자료를 별도로 정리한 것이며, 〈표 2.4〉는 남성 26 명의 응답 자료를 따로 정리한 것이다.

〈표 2.3〉과 〈표 2.4〉에 표시된 긍정항목 변인은 "박대는 맛이 있다.", "박대는 건강 식품이다."와 같은 5 문항의 응답치의 평균이며, 위생 변인은 "박대는 위생적인 식품이다.", "박대는 보관이 용이하다." 등 5 문항의 평균값이다. 부정항목 변인은 "박대는 가시나 뼈가 있어 먹기 불편하다.", "박대는 비린내가 난다." 등 부정적인 5 문항의 응답치의 평균값으로 정리한 것이다. 마지막으로 박대의 선호도 변인은 응답자들의 박대 생선 또는 박대요리에 대한 선호도를 7점 리커트 척도로 평점을 매긴 값이다. 두 표에 표시된 연령대는 30대 이하는 0, 40대는 1, 그리고 50대 이상은 2 로 코딩한 변인이다.

(1) 〈표 2.3〉의 여성 응답자의 자료로부터 긍정항목 변인의 도수분포표를 작성하시오

(2) 〈표 2.3〉의 여성 응답자의 자료로부터 위생 변인의 도수분포표를 작성하시오

(3) 〈표 2.4〉의 남성 응답자의 자료로부터 부정항목 변인의 상자그림을 작성하시오.

(4) 〈표 2.4〉의 남성 응답자의 자료로부터 선호도 변인의 상자그림을 작성하시오.

(5) 〈표 2.3〉의 여성 응답자의 자료로부터 긍정항목 변인에 대한 일변량 통계 보고서를 작성하시오.

(6) 〈표 2.4〉의 남성 응답자의 자료로부터 선호도 변인에 대한 일변량 통계 보고서를 작성하시오.

표 2.3 여성 응답자의 자료

긍정항목	위생	부정항목	선호도	연령대
3.60	3.40	2.20	5	0
3.40	3.00	3.40	4	0
3.00	3.00	3.00	3	0
4.20	3.60	3.80	4	0
3.00	3.00	3.00	4	0
2.80	3.00	2.60	3	0
3.60	3.60	3.40	3	0
3.60	3.20	2.80	6	0
2.80	2.60	2.60	3	0
4.20	2.80	3.40	4	0
3.60	3.40	2.00	5	0
3.80	3.40	3.00	4	0
3.00	3.00	3.00	4	0
3.40	3.40	2.40	3	0
2.40	2.60	3.00	3	0
3.80	3.40	3.20	5	0
3.20	3.20	4.00	3	0
3.00	3.00	3.00	4	0
3.00	3.80	3.60	5	0
3.00	3.20	3.00	4	0
3.40	3.60	3.80	4	1
3.40	2.60	3.40	4	1
3.40	3.40	2.40	4	1
4.00	3.40	2.60	5	1
4.00	3.80	1.80	5	1
3.80	3.20	2.40	5	1
3.00	3.00	3.00	3	1
4.00	4.00	2.40	4	1
2.00	3.20	2.80	2	2
4.40	3.40	2.20	5	2
3.80	3.20	3.80	2	2
3.60	3.40	3.00	5	2
3.40	3.40	2.20	5	2
4.40	4.80	2.40	6	2

표 2.4 남성 응답자의 자료

긍정항목	위생	부정항목	선호도	연령대
3.60	3.40	2.40	4	0
3.00	3.00	4.00	1	0
4.40	4.40	3.80	4	0
3.00	3.00	4.00	3	0
3.00	3.20	3.40	3	0
3.00	3.20	2.60	3	0
3.20	3.60	1.60	6	0
4.60	3.40	1.00	7	0
3.80	4.40	1.80	6	0
3.00	3.00	3.00	4	0
3.00	3.20	4.20	1	0
3.60	4.20	2.00	4	0
4.00	4.60	4.40	6	1
3.00	3.40	3.60	3	1
3.80	2.80	2.40	5	1
3.20	3.20	1.80	6	1
3.80	3.80	2.60	6	1
3.00	3.20	4.20	2	1
4.00	3.20	3.00	6	1
3.40	3.00	3.60	4	2
4.60	3.20	1.00	6	2
3.80	3.00	2.20	7	2
2.60	2.40	3.20	4	2
3.00	3.00	3.00	4	2
3.00	2.80	3.20	4	2
3.40	3.00	3.00	4	2

III

확률과 확률분포

3.1 경우의 수

모집단으로부터 표본을 추출하고, 추출된 표본으로부터 적절한 통계량을 계산하여 모집단의 특성인 모수를 예측한다. 미지의 모집단으로부터 한 개의 자료를 추출할 때 어떤 특정한 결과가 나타날 가능성을 예측해 볼 수 있을 것이다. 모집단으로부터 자료를 추출하는 실험 또는 시행을 통해 얻어질 수 있는 모든 가능한 자료들의 집합을 표본공간이라고 하며, 이 표본공간의 부분집합을 사건이라고 한다. 표본공간에 포함되는 임의의 사건에 대하여 이 사건의 원소들의 개수를 찾는 문제는 바로 이 사건의 확률을 구하는 문제와 직결된다. 따라서 어떤 사건의 확률을 구하기 위하여 표본공간의 개수 또는 특정 사건의 개수를 구하는 문제를 해결하여야 한다. 특정 사건에 속해 있는 원소의 수를 계산하는 문제가 경우의 수를 구하는 것과 상통한다.

두 사건에 대하여 두 사건의 합사건의 경우의 수는 합의 법칙을, 두 사건의 곱사건에 대한 경우의 수는 곱의 법칙을 응용하는 것이다. 사건 A가 일어나는 경우의 수를 m, 사건 B가 일어나는 경우의 수를 n이라고 할 때, 경우의 수에 대한 합의 법칙과 곱의 법칙을 간략히 설명하면 다음과 같다.

- 합의 법칙: 사건 A, B가 동시에 일어나지 않을 때, 사건 A 또는 사건 B가 일어나는 경우의 수는 $m+n$가지
- 곱의 법칙: 사건 A와 사건 B가 동시에 일어나는 경우의 수는 mn가지

예제 3.1 K대학의 학생회 주최로 등반 대회를 개최하였다. 산행을 하기로 한 산의 입구에서 ㉮ 지점으로 가는 길은 세 갈래의 길이 있으며, ㉮ 지점에서 산 정상까지 가는 길은 네 갈래의 길이 있다. 또한 산 입구에서 ㉮ 지점을 거치지 않고 바로 산 정상으로 올라가는 길은 두 갈래의 길이 있을 때, 이 산의 입구에서 정상에 이르는 길은 모두 몇 가지인가?

풀이 산의 입구에서 정상으로 오르는 길은 ㉮ 지점을 지나는 사건 A와 ㉮ 지점을 지나지 않는 사건 B로 나눌 수 있다. 사건 A가 일어나는 경우의 수는 곱의 법칙에 의하여 산 입구에서 ㉮ 지점으로 올라가는 길의 수 3에 ㉮ 지점에서 산 정상으로 올라가는 길의 수 4를 곱하면 된다. 즉, ㉮ 지점을 거쳐 산 정상으로 올라가는 산행 길은 12가지가 된다. 사건 A와 사건 B가 동시에 일어나지 않는 사건이므로 합의 법칙을 적용하면

산 입구에서 정상으로 오를 수 있는 서로 다른 산행 길은 12+2=14가지의 경우의 수가 있다.

사건에 대한 경우의 수를 구하기 위하여 때로는 수형도를 이용하는 것이 정확하게 경우의 수를 구하는 데 도움이 된다. ■

예제 3.2 A, B, C, D 네 사람이 각각 선물을 한 개씩 준비하고, 다른 사람이 준비한 선물 중에서 하나를 받기로 할 때, 가능한 경우를 표(수형도)로 나타내시오.

풀이 이 사건에 대한 가능한 경우를 표로 표시하면 다음과 같다.

A 선물	B 선물	C 선물	D 선물
B	A	D	C
	C	D	A
	D	A	C
C	A	D	B
	D	A	B
	D	B	A
D	A	B	C
	C	A	B
	C	B	A

따라서 다른 사람이 준비한 선물 중에서 하나를 받는 가능한 모든 경우의 수는 9가지이다. ■

3.1.1 순열

서로 다른 숫자나 물건을 순서를 고려하면서 일렬로 배열하는 것을 순열이라고 한다. 일반적으로 서로 다른 n개의 원소를 갖는 집합에서 r개의 원소를 택하여 순서를 정하여 일렬로 배열하는 것을 n개에서 r개를 택하는 순열(permutation)이라고 하고, 이 순열의 수를 ${}_{n}P_{r}$ 이라고 표현한다. 예를 들어 순열에서는 3개 문자 A, B, C의 배열인 ABC와 BCA는 서로 다른 경우이다.

예제 3.3 네 개의 숫자 1, 2, 3, 4를 모두 이용하여 네 자리 자연수를 만들 수 있는 경우의 수를 구하시오.

풀이 숫자 1, 2, 3, 4를 모두 이용하여 네 자리 자연수를 만들 수 있는 경우의 수를 수형도로 이용하여 구하면 먼저 천의 자리에 1이 오는 경우는 다음 6가지 경우이다.

1234
1243
1324
1342
1423
1432

따라서 숫자 1, 2, 3, 4를 모두 이용하여 네 자리 자연수를 만들 수 있는 모든 경우의 수는 24가지이다. ■

〈예제 3.3〉의 풀이 방법을 다르게 해석하면 숫자 1, 2, 3, 4를 모두 이용하여 네 자리 자연수를 만들 경우 천의 자리에 올 수 있는 숫자의 개수가 4이다. 천의 자리의 숫자가 결정되면 백의 자리에 올 수 있는 숫자는 천의 자리에 이미 배치된 숫자를 제외한 3가지이다. 같은 이유로 십의 자리에 올 수 있는 숫자의 개수는 2개이며 마지막으로 남은 숫자가 일의 자리에 들어가게 된다. 따라서 곱의 법칙에 의하여 구하고자 하는 네 자리 자연수의 개수는 $4 \times 3 \times 2 \times 1 = 24$개가 된다. 이 값은 서로 다른 물건 4개를 일렬로 배열하는 경우의 수와 같다. 이러한 풀이를 일반화하면 순열의 수 ${}_{\mathrm{n}}\mathrm{P}_{\mathrm{r}}$를 계산하는 다음 공식을 얻을 수 있다.

$${}_nP_r = n(n-1)(n-2)\cdots(n-r+1), \qquad {}_nP_0 = 1$$

이 공식을 적용하면 서로 다른 n개의 물건들을 일렬로 배열하는 방법의 수는 다음과 같이 계산된다. 이때 이 순열의 값을 n의 계승(factorial)이라고 하고 기호로 $n!$으로 표시한다.

$${}_nP_n = n(n-1)(n-2)\cdots 2 \cdot 1 = n!$$

예 $_5P_3 = 5 \cdot 4 \cdot 3 = 60$

$_7P_3 = 7 \cdot 6 \cdot 5 = 210$

$_7P_1 = 7$

$_6P_0 = 1$

예제 3.4 네 가지 숫자 1, 2, 3, 4 중에서 서로 다른 두 개를 택하여 두 자리 자연수를 만들 때 만들 수 있는 자연수의 개수를 구하시오.

엑셀활용 숫자 1, 2, 3, 4 중에서 서로 다른 두 개를 택하여 두 자리 자연수를 만들 때 만들 수 있는 자연수의 개수는 순열의 수 $_4P_2 = 4 \cdot 3 = 12$와 같다. 엑셀 함수 PERMUT( )를 이용하여 순열의 수를 구할 수 있다. PERMUT 함수의 사용 형식은 다음과 같다.

```
=PERMUT(number, number_chosen)
```

〈그림 3.1〉은 PERMUT 함수를 이용하여 몇 가지 순열의 수를 구한 모습을 표시한 것이다.

그림 3.1 순열의 수

3.1.2 중복순열

서로 다른 n개의 원소를 갖는 집합에서 중복을 허용하여 r개의 원소를 택하고 이후 순서를 고려하면서 r개의 원소를 일렬로 배열하는 것을 n개에서 r개를 택하는 중복순열이라고 한다. 일반적으로 중복순열의 수를 ${}_{\mathrm{n}}\Pi_{\mathrm{r}}$ 이라고 표현한다.

예제 3.5 숫자 1, 2, 3, 4를 이용하여 세 자리의 자연수를 만들 수 있는 경우의 수를 구하시오. 단 각 자리의 중복을 허용한다.

풀이 네 가지 숫자 1, 2, 3, 4들을 중복을 허용하여 세 자리의 자연수를 만들 수 있는 방법의 수는 먼저 백의 자리에 올 수 있는 숫자의 개수 4개이다. 중복을 허용하기 때문에 십의 자리, 그리고 일의 자리에 올 수 있는 숫자의 개수도 모두 4개이다. 따라서 곱의 법칙을 통해 만들 수 있는 세 자리의 자연수의 개수는 64개이다. ■

〈예제 3.5〉의 풀이를 일반화하면 중복순열의 수 ${}_{\mathrm{n}}\Pi_{\mathrm{r}}$ 를 계산할 수 있는 다음 공식을 얻을 수 있다. 즉, 중복순열의 수는 n을 r번 거듭 제곱하면 된다.

$${}_{n}\Pi_{r} = n \times n \times \cdots \times n = n^{r}$$

3.1.3 같은 것이 있는 순열

배열하고자 하는 문자 중에서 같은 것이 있을 때 이들을 일렬로 배열하는 방법의 수는 ${}_{\mathrm{n}}\mathrm{P}_{\mathrm{r}}$ 의 값과 같지 않다. 예를 들어 서로 다른 세 개의 문자 a, b, c를 일렬로 배열하는 방법의 수는 ${}_{3}\mathrm{P}_{3} = 3!$으로서 6가지이다. 이를 모두 표시하면 다음과 같다.

a b c	b a c	c a b
a c b	b c a	c b a

이때 두 문자 a와 b가 같은 문자라면 즉, b가 a이라면 a, a, c를 일렬로 배열하는 경우의 수는 다음 그림의 오른쪽과 같이 a와 b가 서로 다른 6가지 경우 중에서 2개씩 같은 경우가 발생한다. 같은 경우가 2개씩 발생하는 이유는 a, b가 다를 경우 두 문자를 일렬로 배열하는 경우의 수 2!의 값만큼 중복되기 때문이다.

a b c	$\mapsto$	a a c
b a c	$\mapsto$	a a c
a c b	$\mapsto$	a c a

b c a $\mapsto$ a c a

c a b $\mapsto$ c a a

c b a $\mapsto$ c a a

따라서 세 문자 a, a, c를 일렬로 배열하는 경우의 수는 세 문자가 모두 다를 경우의 순열의 수를 같은 문자들을 서로 다르다고 보고 일렬로 배열하는 경우의 수로 나누어주면 된다. 즉, 세 문자 a, a, c를 일렬로 배열하는 경우의 수는 $\frac{3!}{2!}=3$이다.

예제 3.6 coffee의 문자를 흩어놓고 다시 한 줄로 배열할 때 얻을 수 있는 단어의 수를 구하시오.

풀이 단어 coffee에 포함된 문자는 총 6개이지만 f 문자와 e 문자가 각각 2개씩 포함되어 있으므로 구하고자 하는 경우의 수는 $\frac{6!}{2!2!}=180$가지이다. ■

예제 3.7 7개의 문자 a, a, b, b, b, c, c를 모두 사용하여 일렬로 배열하여 얻을 수 있는 순열의 수를 구하시오.

풀이 서로 다른 일곱 개의 문자를 일렬로 배열하는 방법의 수는 7!이다. 그러나 a 문자가 2개, b 문자 3개, c 문자가 2개로 동일하므로 7개의 문자 a, a, b, b, b, c, c를 모두 사용하여 만들 수 있는 순열의 수는 210이다.

$$\frac{7!}{2!3!2!}=\frac{7\cdot6\cdot5\cdot4\cdot3\cdot2\cdot1}{2\cdot1\cdot3\cdot2\cdot1\cdot2\cdot1}=210$$ ■

3.1.4 조합

서로 다른 n개에서 순서를 고려하지 않고 r개를 뽑는 방법의 수를 조합의 수라고 한다. 일반적으로 조합(combination)의 수를 ${}_nC_r$ 이라고 표현한다. 예를 들어 숫자 1, 2, 3, 4 중에서 서로 다른 세 개의 숫자를 뽑아 세 자리 자연수를 만드는 순열의 수는 ${}_4P_3$ 임을 알 수 있다. 이 순열의 수(${}_4P_3$)를 구하는 과정을 들여다보면 먼저 배열하고자 하는 3개의 숫자를 순서 없이 선택한 후 선택된 3개의 숫자를 일렬로 배열하는 시행을 하면 된다. 이 시행 과정에서 배열하고자 하는 3개의 숫자를 순서 없이 선택하는 방법의 수가 조합의 수($_4C_3$)이고 선택된 3개의 숫자를 일렬로 배열하는 방법의 수가 계승(3!)이다. 따라서 순열과 조합을 연결하여 식으로 표현하면 다음 식을 얻을 수 있다.

$$_4P_3 = {}_4C_3 \times 3!$$

즉, 일반적으로 서로 다른 n개에서 순서를 생각하지 않고 r개를 뽑는 방법의 수 $_nC_r$은 다음과 같은 식으로 계산할 수 있다. 이때 $_nC_0 = 1$로 정의하자. 특히 서로 다른 n개에서 순서를 생각하지 않고 r개를 뽑는 방법의 수는 서로 다른 n개에서 순서를 생각하지 않고 n−r개를 남겨놓는 방법의 수와 같음을 알 수 있다.

$$_nC_r = \frac{_nP_r}{r!} = \frac{n(n-1)\cdots(n-r+1)}{r!} = \frac{n!}{r!(n-r)!} = {}_nC_{n-r}$$

예 $_5C_3 = \frac{5 \cdot 4 \cdot 3}{3 \cdot 2 \cdot 1} = 10 = {}_5C_2$

$_7C_3 = \frac{7!}{3!\,4!} = 35 = {}_7C_4$

$_7C_1 = 7$

$_6C_0 = 1$

예제 3.8 네 가지 숫자 1, 2, 3, 4 중에서 서로 다른 두 개를 택하는 조합의 수를 구하시오.

엑셀활용 숫자 1, 2, 3, 4 중에서 서로 다른 두 개를 택하는 조합의 수는 $_4C_2 = \frac{_4P_2}{2!} = \frac{4 \cdot 3}{2 \cdot 1} = 6$이다. 엑셀 함수 COMBIN( )를 이용하여 조합의 수를 구할 수 있다. COMBIN 함수의 사용형식은 다음과 같다.

```
=COMBIN(number, number_chosen)
```

〈그림 3.2〉는 COMBIN 함수를 이용하여 몇 가지 조합의 수를 구한 모습을 표시한

것이다.

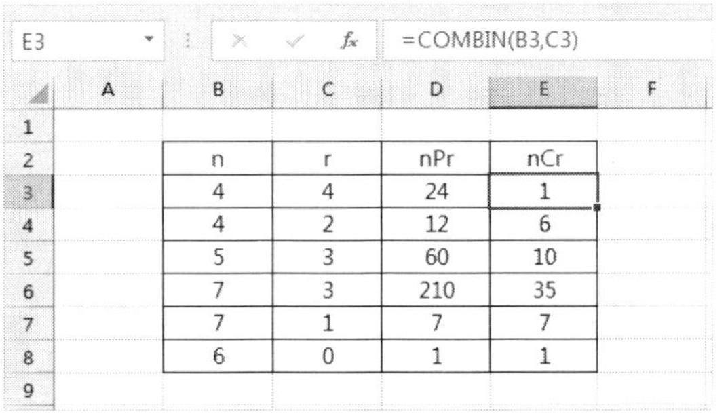

E3 =COMBIN(B3,C3)

n	r	nPr	nCr
4	4	24	1
4	2	12	6
5	3	60	10
7	3	210	35
7	1	7	7
6	0	1	1

그림 3.2 조합의 수

3.2 확률

3.2.1 수학적 확률

K대학교 학생들의 영양지식이나 식습관 등 특정 사회 현상을 분석하기 위해서는 먼저 실험이나 관측을 통해 자료를 수집하여야 한다. 통계학에서는 동일한 조건하에서 반복할 수 있는 이러한 실험이나 관측을 시행이라고 한다. 특정한 시행을 통하여 얻을 수 있는 모든 가능한 결과들을 모아 놓은 집합을 표본공간(sample space)이라고 한다.

예제 3.9 한 개의 주사위를 던지는 시행을 할 때 얻어지는 표본공간 S를 구하시오.

풀이 한 개의 주사위를 던지는 시행을 할 때 윗면에 적힌 숫자를 관측하면 언제나 1, 2, 3, 4, 5, 6의 값 중의 하나를 얻을 수 있다. 따라서 한 개의 주사위를 던지는 시행에서 얻어지는 모든 가능한 결과들의 집합인 표본공간 S는 다음과 같다.

$$S = \{1, 2, 3, 4, 5, 6\}$$ ■

표본공간이 주어졌을 때, 이 표본공간의 부분집합을 사건(event)이라고 한다. 표본공간의 부분집합 중에서 공집합 $\varnothing$을 공사건, 전체집합인 표본공간 자체를 전사건이라고 하며, 원소가 1개인 사건을 근원사건이라고 한다. 따라서 사건은 근원사건들의 합집합으로 정의할 수 있다.

예를 들어 한 개의 주사위를 던지는 시행에서 다음 사건들은 모두 근원사건이다.

$$\{1\},\quad \{2\},\quad \{3\},\quad \{4\},\quad \{5\},\quad \{6\}$$

따라서 사건 $\{2, 3\}$은 근원사건 $\{2\}$와 $\{3\}$의 합집합이다.

두 사건 A, B에 대하여 사건 A 또는 사건 B가 일어나는 사건 $A \cup B$를 A와 B의 합사건, A와 B가 동시에 일어나는 사건 $A \cap B$를 A와 B의 곱사건이라고 한다. 사건 A가 일어나지 않는 사건을 A의 여사건이라고 하며, A^c로 표기한다.

예제 3.10 한 개의 주사위를 던지는 시행에서 사건 A를 짝수의 눈이 나오는 사건, 사건 B를 3의 배수의 눈이 나오는 사건이라고 하면, A와 B의 합사건과 곱사건을 각각 구하시오.

풀이 한 개의 주사위를 던지는 시행에서의 표본공간은 $S = \{1, 2, 3, 4, 5, 6\}$이고 이 집합의 부분집합으로 짝수의 눈이 나오는 사건은 $A = \{2, 4, 6\}$, 3의 배수의 눈이 나오는 사건은 $B = \{3, 6\}$임을 알 수 있다. 따라서 두 사건의 합사건과 곱사건은 다음과 같다.

$$A \cup B = \{2, 3, 4, 6\}$$
$$A \cap B = \{6\}$$

■

두 사건 A, B가 동시에 일어나지 않을 때, A와 B는 서로 배반사건(상호 배타적)이라고 한다. 즉, 두 사건 A, B의 곱사건 $A \cap B$가 공사건이 될 때 A와 B는 서로 배반사건이라고 한다. 예를 들어 한 개의 주사위를 던지는 시행에서 짝수의 눈이 나오는 사건 $\{2, 4, 6\}$과 1의 눈이 나오는 사건 $\{1\}$은 서로 배반이다. 또한 임의의 사건 A와 A의 여사건 A^c은 언제나 서로 배반이다.

표본공간의 부분집합인 임의의 사건 A에 대하여 다음과 같이 정의된 확률 $P(A)$를 수학적 확률이라고 한다. 즉, 사건 A가 일어날 확률 $P(A)$는 사건 A가 일어날 경우의 수를 전사건이 일어날 모든 경우의 수로 나눈 값이다.

$$P(A) = \frac{n(A)}{n(S)}$$

표본공간 S 위에서 일어나는 임의의 사건 A, B 에 대하여 확률을 정의하기 위해서는 반드시 다음 세 가지 조건을 만족하여야 한다. 이를 확률의 공리적 정의라고 한다. 앞에서 정의한 수학적 확률의 경우 다음 3가지 공리가 만족한다는 사실을 쉽게 보일 수 있다.

(1) $A \subset S \Rightarrow 0 \le P(A) \le 1$
(2) $P(S) = 1$
(3) A, B : 서로 배반 $\Rightarrow P(A \cup B) = P(A) + P(B)$

예제 3.11 한 개의 주사위를 던지는 시행에서 사건 A를 짝수의 눈이 나오는 사건, 사건 C를 1의 눈이 나오는 사건이라고 할 때, 확률의 공리적 정의를 이용하여 A와 C의 합사건을 구하시오.

풀이 한 개의 주사위를 던지는 시행에서 사건 A와 C는 서로 배반사건이므로, 확률의 공리적 정의 (3)을 이용할 수 있다. 즉,

$$P(A \cup C) = P(A) + P(C) = \frac{1}{2} + \frac{1}{6} = \frac{2}{3}$$ ■

그러나 사건 B를 3의 배수의 눈이 나오는 사건이라고 하면 두 사건 A, B는 서로 배반이 아니다. 따라서 확률의 공리적 정의 (3)을 적용할 수 없기 때문에 합사건의 확률 $P(A \cup B)$가 두 확률의 합 $P(A) + P(B)$와 같다고 볼 수 없다.

$$P(A \cup B) = \frac{4}{6} = \frac{2}{3} \ne P(A) + P(B) = \frac{1}{2} + \frac{1}{3} = \frac{5}{6}$$

표본공간 상에서 일어나는 임의의 사건 A, B 에 대하여 확률의 공리적 정의를 만족하도록 확률을 정의하면 다음과 같이 몇 가지 성질을 만족한다.

(1) $P(A \cup B) = P(A) + P(B) - P(A \cap B)$
(2) $P(A^c) = 1 - P(A)$
(3) $A \subset B \Rightarrow P(A) \le P(B)$

예제 3.12 한 개의 주사위를 던지는 시행에서 사건 A를 짝수의 눈이 나오는 사건, 사건 B를 3의 배수의 눈이 나오는 사건이라고 할 때, 확률의 성질을 이용하여 A와 B의 합사건의 확률과 B의 여사건의 확률을 구하시오.

풀이 두 사건 A와 B의 곱사건의 확률은 $P(A\cap B)=\frac{1}{6}$이므로 확률의 성질 (1)을 이용하면

$$P(A\cup B)=P(A)+P(B)-P(A\cap B)=\frac{3}{6}+\frac{2}{6}-\frac{1}{6}=\frac{4}{6}=\frac{2}{3}$$

이다. 또한 확률의 성질 (2)를 응용하면

$$P(B^c)=1-P(B)=1-\frac{2}{6}=\frac{2}{3}$$

임을 알 수 있다. ■

3.2.2 조건부확률

두 개 이상의 사건이 일어날 경우 한 사건의 결과가 다른 사건이 일어날 가능성, 즉 확률에 영향을 주는 경우가 종종 발생한다. 예를 들어 불량품(썩은 사과)이 3개 들어 있는 상자에서 2개의 사과를 랜덤으로 추출할 때 첫 번째 사과가 불량품일 사건은 두 번째 추출된 사과가 불량품이 나올 확률에 영향을 미치는 경우이다. 이와 같이 확률이 0이 아닌 두 사건 A, B에 대하여 사건 A가 일어났다고 가정했을 때, 사건 B가 일어날 확률을 사건 A가 일어났을 때 사건 B의 조건부확률이라고 한다. 두 사건 A, B에 대하여 사건 A에 대한 사건 B의 조건부확률을 $P(B\mid A)$로 표기한다.

예제 3.13 다음 표는 K대학생 145명을 대상으로 '아침 식사를 하는가?'라는 식습관에 대한 설문조사를 실시한 결과이다.

성별	Yes	No	계
남학생	20	45	65
여학생	30	50	80
계	50	95	145

(1) 이 설문조사에서 얻어지는 표본공간을 정의하고 이 표본에서 한 명의 학생을 뽑았을 때, 이 학생이 아침 식사를 거르는 여학생일 확률을 구하시오.

(2) 뽑힌 학생이 여학생일 때, 이 학생이 아침 식사를 거를 확률을 구하시오.

풀이 이 설문조사에서 표본으로 추출된 학생들을 다 모아 놓은 집합이 표본공간이며, 이 중에서 임의로 한 학생을 뽑았을 때, 이 학생이 여학생일 사건을 A, 아침식사를 거른다고 응답한 학생일 사건을 B라고 하자.

(1) 뽑힌 학생이 아침 식사를 거르는 여학생일 확률은 두 사건 A, B가 동시에 일어날 곱사건 $A \cap B$의 확률이다. 이 확률을 수학적 확률로 계산하면 다음과 같다.

$$P(A \cap B) = \frac{n(A \cap B)}{n(S)} = \frac{50}{145} = \frac{10}{29} = 0.3448$$

(2) 뽑힌 학생이 여학생일 때, 이 학생이 아침 식사를 거른다고 응답할 확률은 사건 A가 일어났을 때 사건 B의 조건부확률인 $P(B \mid A)$를 구하는 것이다. 이 확률은 여학생이라는 집단 내에서 '아침 식사를 거른다.'라는 응답을 한 비율이므로

$$P(B \mid A) = \frac{50}{80} = \frac{5}{8} = 0.625$$

으로 계산되어야 한다. 이 설문조사로부터 K대학생들의 아침 식사를 거르는 비율은

$$P(B) = \frac{95}{145} = \frac{19}{29} = 0.6552$$

이지만 여학생이라는 정보를 알고 난 이후 이 학생들이 아침식사를 거르는 비율은 0.625로 작아짐을 알 수 있다. 즉, 여학생이라는 사건과 아침식사를 거르는지에 대한 사건은 서로 영향을 미치는 것으로 분석된다. ■

〈예제 3.13〉에서 구한 조건부확률을 좀 더 분석해 보면 다음과 같은 사실을 유도할 수 있다.

$$P(B \mid A) = \frac{50}{80} = \frac{\frac{50}{145}}{\frac{80}{145}} = \frac{P(A \cap B)}{P(A)}$$

따라서 사건 A가 일어났을 때 사건 B의 조건부확률 $P(B \mid A)$을 정의하는 식을 일반화하면 다음과 같다.

$$P(B \mid A) = \frac{P(A \cap B)}{P(A)} \quad (\text{단, } P(A) > 0)$$

조건부확률을 계산하는 식으로부터 두 사건의 곱사건의 확률을 구하는 식을 정리할 수 있는데 이 식을 확률의 곱셈법칙이라고 한다.

$$P(A) > 0,\ P(B) > 0 \quad \Rightarrow \quad P(A \cap B) = P(A)P(B \mid A) = P(B)P(A \mid B)$$

예제 3.14 (가) 상자에는 빨간 공이 7개, 흰 공이 3개가 들어 있고, (나) 상자에는 빨간 공이 2개, 파란 공이 3개가 들어 있다.

(1) 두 상자 중에서 임의로 한 상자를 선택한 후 이 상자 속의 공을 한 개를 꺼냈을 때, 그 공이 빨간 공일 사건을 구하시오.
(2) 어느 상자에서 뽑힌 사실을 모르는 공이 빨간 공일 때, 이 공이 (가) 상자에서 뽑혔을 확률을 구하시오.

풀이 (1) 상자에서 공을 꺼내기 위해 먼저 상자를 선택하는 시행을 한다. (가) 상자를 선택하는 사건을 A, (나) 상자를 선택하는 사건을 B라고 하고, 꺼낸 공이 빨간 공일 사건을 D라고 하면,

$$P(A) = P(B) = \frac{1}{2}$$

$$P(D \mid A) = \frac{7}{10}, \quad P(D \mid B) = \frac{2}{5}$$

따라서 꺼낸 공이 빨간 공일 확률 $P(D)$는

$$P(D) = P(A \cap D) + P(B \cap D) = P(A)P(D \mid A) + P(B)P(D \mid B)$$
$$= \frac{1}{2} \cdot \frac{7}{10} + \frac{1}{2} \cdot \frac{2}{5} = \frac{11}{20}$$

(2) 어느 상자에서 뽑혔는지 모르는 공이 빨간 공일 때, 이 공이 (가) 상자에서 뽑혔을 확률은 사건 D 가 일어났을 때 사건 A의 조건부확률 $P(A\mid D)$임을 알 수 있다. 즉, 조건부확률의 일반적 정의로부터 다음과 같은 확률을 얻을 수 있다.

$$P(A\mid D)=\frac{P(A\cap D)}{P(D)}=\frac{\frac{7}{20}}{\frac{11}{20}}=\frac{7}{11}$$ ■

예제 3.15 K대학교 학생 중에서 커피를 즐기는 식습관을 갖는 비율을 조사하였더니 남학생의 55%, 그리고 여학생의 40%가 커피를 즐겨 마신다고 응답하였다. 이 설문조사에 응답한 남학생은 65명이며, 여학생은 80명이었다. 설문조사에 응답한 학생들 중 한 명을 무작위로 추출할 때 이 학생이 커피를 즐기는 학생일 확률은 얼마인가?

풀이 K대학교 학생 중에서 설문조사에 응답한 한 명을 뽑았을 때, 이 학생이 남학생일 사건을 A라고 하면 반대로 여학생일 사건은 A^c이다. 이때 뽑힌 이 학생이 커피를 즐기는 학생일 사건을 B 라고 하면 예제의 답은 확률 $P(B)$를 구하는 것이다. 먼저 주어진 조건으로부터 다음과 같이 각 조건부확률을 정의할 수 있다.

$$P(B\mid A)=0.55,\quad P(B\mid A^c)=0.4$$

이제 뽑힌 학생이 남학생이면서 커피를 즐기는 학생의 비율을 구해 보자. 이 비율은 두 사건 A와 B 의 곱사건의 확률이므로 다음과 같이 확률의 곱셈법칙을 이용한다.

$$P(A\cap B)=P(A)P(B\mid A)=\frac{65}{145}\times\frac{55}{100}=0.2466$$

$$P(A^c\cap B)=P(A^c)P(B\mid A^c)=\frac{80}{145}\times\frac{4}{10}=0.2207$$

마지막으로 임의로 뽑힌 학생이 커피를 즐기는 학생일 확률 $P(B)$를 구해 보자. 사건 $A\cap B$와 사건 $A^c\cap B$는 서로 배반이므로 확률의 공리적 정의 (3)을 이용하면 확률 $P(B)$를 다음과 같이 계산할 수 있다. 즉 K대학생들의 약 46.73%가 커피를 즐기는 것으로 추정할 수 있다.

$$P(B)=P(A\cap B)+P(A^c\cap B)=0.2466+0.2207=0.4673$$ ■

예제 3.16 〈예제 3.15〉의 설문조사를 이행한 학생 중에서 임의로 한명을 인터뷰하였더니 평소 커피를 즐기는 것으로 조사되었다. 이때 이 학생이 여학생일 확률을 구하시오.

풀이 〈예제 3.15〉의 풀이에서 정의한 사건들을 이용하면 이 예제의 답은 조건부확률 $P(A^c \mid B)$를 구하는 것임을 알 수 있다. 조건부확률을 계산하는 일반적 정의를 이용하면 다음 조건부확률을 쉽게 구할 수 있다.

$$P(A^c \mid B) = \frac{P(A^c \cap B)}{P(B)} = \frac{0.2207}{0.4673} = 0.4723$$

참고로 이 집단에서 한 학생을 추출할 때, 이 학생에 대한 정보가 없을 경우에는 이 학생이 여학생이라고 추정할 확률은 $\frac{80}{145} = 0.5517$이지만 이 학생이 커피를 즐긴다는 정보를 알고 난 이후에는 이 학생을 여학생이라고 추정할 확률이 0.4723으로 떨어진다. 따라서 어떤 학생이 커피를 즐긴다는 정보를 알고 난 이후에는 이 학생이 남학생이라고 추정하는 것이 확률적으로 더 높다고 볼 수 있다. ■

3.2.3 통계적 독립

주사위를 두 번 던질 때, 첫 번째 주사위가 1의 눈이 나오는 사건과 두 번째 주사위가 1의 눈이 나오는 사건은 서로 영향을 주지 않는다. 이와 같이 통계적 시행을 통해 나타나는 두 사건이 서로 아무런 영향이 없을 때, 즉, 각 사건의 확률을 구하는 데 서로 영향을 주지 않을 때, 두 사건을 서로 독립이라고 한다. 반대로 두 사건이 서로 독립이 아닐 경우 두 사건은 서로 종속이라고 한다.

이전에 언급했던 사건 A가 일어났을 때 사건 B의 조건부확률 $P(B \mid A)$은 사건 A가 사건 B에 영향을 줄 경우 확률 $P(B)$와 같지 않을 것이다. 그러나 반대로 사건 A와 사건 B가 서로 독립이면 즉, 사건 A가 사건 B에 영향을 주지 않으면 사건 A가 일어났을 때 사건 B의 조건부확률 $P(B \mid A)$은 확률 $P(B)$와 같다. 이러한 사실을 곱셈법칙에 적용하면 두 사건이 서로 독립일 때 다음과 같은 사실을 받아들일 수 있다.

사건 A, B가 서로 독립 $\Leftrightarrow P(A \mid B) = P(A)$ 또는 $P(B \mid A) = P(B)$ $\Leftrightarrow P(A \cap B) = P(A)P(B)$

예제 3.17 〈예제 3.13〉의 설문조사에 응답한 K대학생 145명 중에서 임의로 한 명을 선택할 때 이 학생이 여학생일 사건과 이 학생이 아침식사를 거르는 사건이 서로 독립인지 확인하시오.

풀이 이 학생이 여학생일 사건을 A, 아침식사를 거른다고 응답한 학생일 사건을 B라고 할 때, 다음 사실을 알 수 있다.

$$P(A \cap B) = 0.3448 \neq P(A) \times P(B) = \frac{80}{145} \times \frac{95}{145} = 0.3615$$

따라서 임의로 뽑힌 학생이 여학생일 사건과 이 학생이 아침식사를 거르는 사건은 서로 독립이 아니다. ■

예제 3.18 40대 이상의 우리나라 사람 중에서 55%는 과체중, 13%는 고혈압, 60%는 과체중 또는 고혈압이라고 한다. 과체중과 고혈압은 서로 독립인가?

풀이 40대 이상 중에서 한 사람을 선택할 때, 이 사람이 과체중인 사건을 A, 고혈압을 가진 사람일 사건을 B라고 하면 다음과 같은 확률의 성질을 이용하여 두 사건의 곱사건 확률을 구할 수 있으며 이는 독립사건의 정리를 만족하지 않는다.

$$0.6 = P(A \cup B) = P(A) + P(B) - P(A \cap B) = 0.55 + 0.13 - P(A \cap B)$$
$$P(A \cap B) = 0.68 - 0.6 = 0.08 \neq 0.55 \times 0.13 = 0.0715$$

따라서 두 사건은 서로 독립이 아니다. ■

예제 3.19 한 개의 주사위를 던져서 홀수의 눈이 나오는 사건을 A, 3 또는 4의 눈이 나오는 사건을 B라고 할 때, 두 사건 A, B는 서로 독립인 사건인가?

풀이 사건 A, B, $A \cap B$는 각각 다음과 같이 표본공간 $\{1, 2, 3, 4, 5, 6\}$의 부분집합으로 표현된다.

$$A = \{1, 3, 5\}, \quad B = \{3, 4\}, \quad A \cap B = \{3\}$$

두 사건 A, B에 대하여 독립사건의 정리에 적용하면

$$P(A \cap B) = \frac{1}{6} = \frac{1}{2} \times \frac{1}{3} = P(A)P(B)$$

이 성립함을 알 수 있다. 따라서 두 사건 A, B는 서로 독립이다. ■

흰 공 3개, 검은 공 5개가 들어 있는 상자에서 공을 1개씩 두 번 꺼낸다고 하자. 처음 1개의 공을 뽑는 시행을 하고 난 이후, 두 번째 공을 뽑는 시행을 할 때, 처음 뽑은 공을 다시 상자에 넣느냐, 넣지 않느냐에 따라 두 번째에 흰 공이 뽑힐 확률이 달라짐을 알 수 있다. 예를 들어 처음 뽑힌 공을 상자에 다시 넣을 경우 두 번째 뽑히는 공의 색이 흰 공일 확률은 항상 $\frac{3}{8}$이며, 이 확률은 첫 번째 시행에서 얻어진 공의 색의 영향을 전혀 받지 않는다. 이와 같이 두 번째 시행의 환경을 처음 시행의 상황과 똑같이 만들어주는 추출 방식을 복원추출 방식이라고 한다.

그러나 복원추출 방식과 다르게 처음 뽑힌 공을 상자에 다시 넣지 않으면 두 번째 뽑힌 공이 흰 공 또는 검은 공일 확률이 첫 번째 공의 결과에 따라 영향을 받게 된다. 예를 들어 첫 번째 공이 흰 공일 때, 두 번째 공이 흰 공일 확률은 $\frac{2}{7}$이다. 그러나 첫 번째 공이 검은 공일 때, 두 번째 공이 흰 공일 확률은 $\frac{3}{7}$으로 두 번째 시행의 상황이 첫 번째 시행의 상황에 영향을 받고 있다. 이와 같은 추출 방식을 비복원추출 방식이라고 한다.

예제 3.20 흰 공 3개, 검은 공 5개가 들어 있는 상자에서 공을 1개씩 두 번 꺼낸다고 하자. 첫 번째 흰 공이 나올 사건을 A, 두 번째 흰 공이 나올 사건을 B라고 할 때, 확률 $P(A)$와 $P(B)$를 각각 구하시오.

풀이 8개의 공이 들어 있는 상자에서 두 개의 공을 복원추출과 비복원추출 방식으로 꺼낼 때 두 확률 $P(A)$와 $P(B)$를 구하는 표를 작성하면 다음과 같다.

	복원추출	비복원추출
첫 번째 흰 공이 나올 확률	$P(A) = \frac{3}{8}$	$P(A) = \frac{3}{8}$
두 번 모두 흰 공이 나올 확률	$P(A \cap B) = P(A) \cdot P(B) = \frac{3}{8} \times \frac{3}{8} = \frac{9}{64}$	$P(A \cap B) = P(A) \cdot P(B \mid A) = \frac{3}{8} \times \frac{2}{7} = \frac{3}{28}$
첫 번째 흰 공, 두 번째 검은 공이 나올 확률	$P(A \cap B^c) = P(A) \cdot P(B^c) = \frac{3}{8} \times \frac{5}{8} = \frac{15}{64}$	$P(A \cap B^c) = P(A) \cdot P(B^c \mid A) = \frac{3}{8} \times \frac{5}{7} = \frac{15}{56}$
두 번째 흰 공이 나올 확률	$P(B) = P(A \cap B) + P(A^c \cap B) = P(A)\,P(B) + P(A^c)\,P(B) = \frac{3}{8} \times \frac{3}{8} + \frac{5}{8} \times \frac{3}{8} = \frac{3}{8}$	$P(B) = P(A \cap B) + P(A^c \cap B) = P(A)\,P(B \mid A) + P(A^c)\,P(B \mid A^c) = \frac{3}{8} \times \frac{2}{7} + \frac{5}{8} \times \frac{3}{7} = \frac{21}{56} = \frac{3}{8}$

이 결과로부터 알 수 있는 사실은 복원추출이든 비복원추출이든 첫 번째로 흰 공이 뽑힐 확률이나 첫 번째의 결과와 상관없이 두 번째로 흰 공이 뽑힐 확률은 동일하다는 것이다. 쉽게 생각하면 상자 속에 들어 있는 제비 중에서 당첨 제비를 뽑는 문제에서 언제 제비를 뽑느냐에 상관없이 당첨 제비를 뽑을 확률은 똑같다는 것이다. ■

예제 3.21 불량품(상한 사과) 8개가 포함된 사과 50개가 하나의 상자에 포장되어 있다. 이 상자에서 4개의 사과를 임의로 추출할 때 이 중에서 상한 사과가 x개 포함될 확률을 구하여 다음 표를 완성하시오. 단, 이 상자에서 비복원추출로 사과를 추출한다.

x	0	1	2	3	4
확률					

엑셀활용 조합의 수를 이용하여 확률을 계산할 수 있다. 예를 들어 50개의 사과 중에서 4개의 사과를 추출하는 총 경우의 수(표본공간의 원소의 수)는 ${}_{50}C_4$이고, 이 중에 상한 사과가 1개 포함될 경우의 수는 ${}_{8}C_1 \times {}_{42}C_3$이다. 따라서 4개의 사과를 임의로 추출할 때 이 중에서 상한 사과가 1개 포함될 확률은 다음 식으로 표현되며, 엑셀에서 조합의 수를 구하는 COMBIN 함수를 이용하여 구한다. 즉, COMBIN(8, 1), COMBIN(42, 3), COMBIN(50, 4)의 값을 계산한 후 다음 식에 대입하면 된다.

$$\frac{{}_{8}C_1 \times {}_{42}C_3}{{}_{50}C_4} = \frac{8 \times 11480}{230300} = 0.3988$$

다음 〈그림 3.3〉은 COMBIN 함수를 이용하여 추출된 4개의 사과 중에 상한 사과가 x개 포함될 확률을 표시한 것이다. 참고로 이 사과 상자에서 복원추출 방식으로 4개의 사과를 꺼냈을 때, 이 중 3개가 상한 사과일 확률은 $\left(\frac{8}{50}\right)^3\left(\frac{42}{50}\right)^1 = 0.003441$이다.

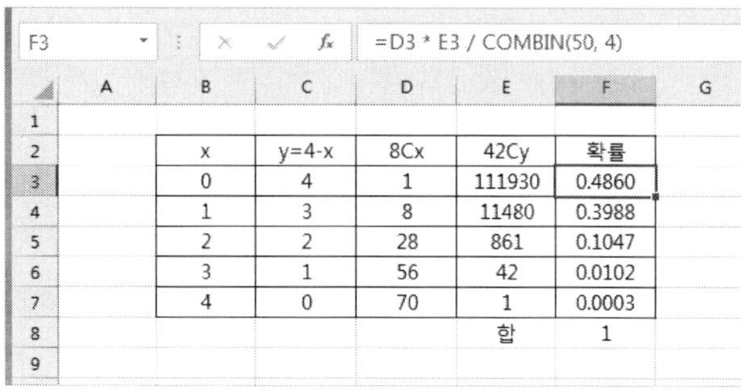

F3 =D3 * E3 / COMBIN(50, 4)

x	y=4-x	8Cx	42Cy	확률
0	4	1	111930	0.4860
1	3	8	11480	0.3988
2	2	28	861	0.1047
3	1	56	42	0.0102
4	0	70	1	0.0003
			합	1

그림 3.3 조합의 수를 이용한 확률

3.2.4 독립시행

동전이나 주사위를 여러 번 반복하여 던지는 시행을 할 경우 매회 일어나는 특정 사건은 서로 독립이다. 예를 들어 동전을 10번 던지는 시행을 할 때, 첫 번째 시행에서 앞면이 나오는 사건과 두 번째 시행에서 앞면이 나오는 사건은 서로 독립이다. 마찬가지로 각 시행에서 앞면이 나오는 사건은 모두 서로 독립이 된다. 이와 같이 어떤 시행을 반복하는 경우 매회 일어나는 특정한 사건이 서로 독립일 때, 이러한 시행을 독립시행이라고 한다.

1회의 시행에서 특정 사건 A가 일어날 확률을 p라고 할 때, n회의 독립시행에서 특정 사건 A가 r회 일어날 확률은 다음과 같다.

$${}_{\mathrm{n}}\mathrm{C}_r\, p^r\,(1-p)^{n-r}$$

예제 3.22 한 개의 주사위를 5번 던질 때, 눈의 수가 3인 경우가 r번 나올 확률을 구하여 다음 표를 완성하시오.

r	${}_5C_r$	${}_5C_r\left(\frac{1}{6}\right)^r\left(\frac{5}{6}\right)^{5-r}$
0	1	
1	5	
2	10	
3	10	
4	5	
5	1	

엑셀활용 독립시행의 확률에 적용하기 위한 $n=5$이고, 주사위를 1번 던지는 시행에서 3의 눈이 나올 사건의 확률은 $p=\frac{1}{6}$이다. ${}_5\mathrm{C}_\mathrm{r}$의 값은 함수 COMBIN(5, r)의 형식으로 실행하면 얻을 수 있다. 〈그림 3.4〉는 엑셀을 활용하여 독립시행의 확률을 구한 결과를 표시한 것이다. 예를 들어 한 개의 주사위를 5번 던지는 독립시행을 할 때 5번의 시행 중 3의 눈이 2번 나올 확률은 약 0.1608이다. 1회의 시행에서 3의 눈이 나올 확률이 $\frac{1}{6}$이므로 5번 시행으로는 3의 눈이 평균 1번도 나오지 않음을 추정할 수 있다.

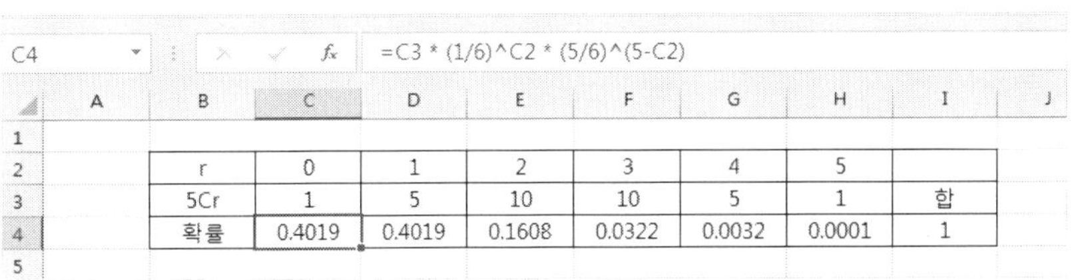
C4 =C3 * (1/6)^C2 * (5/6)^(5-C2)

r	0	1	2	3	4	5	
5Cr	1	5	10	10	5	1	합
확률	0.4019	0.4019	0.1608	0.0322	0.0032	0.0001	1

그림 3.4 독립시행의 확률

참고로 독립시행에서 얻어지는 모든 확률들의 합은 언제나 1이 되어야 한다. 즉, 다음 식이 반드시 성립하여야 한다.

$$\sum_{r=0}^{n} {}_\mathrm{n}\mathrm{C}_\mathrm{r}\,\mathrm{p}^\mathrm{r}\,(1-\mathrm{p})^{\mathrm{n}-\mathrm{r}} = 1$$

예제 3.23 설문조사 결과 K대학교 학생들의 흡연율은 32%라고 한다. K대학교 학생 중에서 임의로 5명을 뽑을 때, 다음 확률을 독립시행의 확률로 적용하여 구하시오.

(1) 5명 중 2명만이 흡연을 하고 있을 확률을 구하시오.

(2) 5명 모두 흡연을 하고 있지 않을 확률을 구하시오.

풀이 이 문제를 독립시행의 확률에 적용하면, K대학교 학생들 중 임의로 한 학생을 뽑았을 때 이 학생이 흡연을 하고 있을 확률은 $p = 0.32$ 이다. 이러한 시행을 5번 독립시행하는 것으로 간주하여 각 학생이 흡연할 확률을 적용한다.

(1) 2명 모두 흡연을 하고 있을 확률은 5번의 독립시행 중 $r = 2$ 인 경우의 확률과 같다. 따라서

$${}_5C_2\,(0.32)^2\,(0.68)^3 = 0.3220$$

(2) 뽑힌 5명 중 누구도 흡연을 하고 있지 않을 확률은 $r = 0$ 의 경우이므로

$${}_5\mathrm{C}_0\,(0.32)^0\,(0.68)^5 = 0.1454$$ ■

3.3 확률변수와 기댓값

3.3.1 확률변수

어떤 현상을 분석하기 위하여 통계적 시행을 할 때 가능한 모든 결과들의 집합을 표본공간이라고 하였다. 예를 들어 동전을 두 번 던지는 독립시행을 할 때 얻을 수 있는 모든 예상 가능한 결과를 집합으로 표현한 표본공간 S 은

$$S = \{(\mathrm{H}, \mathrm{H}),\ (\mathrm{H}, \mathrm{T}),\ (\mathrm{T}, \mathrm{H}),\ (\mathrm{T}, \mathrm{T})\}$$

이다. 여기서 H는 동전의 앞면을 T는 동전의 뒷면을 의미한다. 이때 표본공간의 부분집합을 사건이라고 하였으며 임의의 사건에 대한 확률을 정의한 바 있다.

실험이나 관측 등의 통계적 시행을 한 이후 얻어지는 표본공간의 각 원소들을 미리 정해진 규칙에 따라 하나의 실수값으로 대응시켜 얻어진 변수를 확률변수(random variable)라고 한다. 따라서 확률변수는 확률과 더불어 하나의 수학적인 함수이다.

예를 들어 동전을 두 번 던지는 시행을 통해 얻어진 표본공간 S 의 각 원소들을 하

나의 실수값(=앞면이 나오는 횟수)으로 다음 그림과 같이 대응시켜 보자. 이때 대응되는 표본공간과 실수의 대응 관계인 함수 X가 바로 확률변수이다. 이 확률변수가 취하는 값은 0, 1, 2뿐이다.

$$\begin{array}{ccc} & & X \\ (H,H) & \mapsto & 2 \\ (H,T) & \mapsto & 1 \\ (T,H) & \mapsto & 1 \\ (T,T) & \mapsto & 0 \end{array}$$

또 다른 예로 주사위 2개를 동시에 던지는 시행을 해 보자. 이때 얻어지는 표본공간 S를 다음과 같이 순서쌍으로 표현해 보면 이 표본공간의 총 원소의 개수는 36개임을 알 수 있다.

$$S=\{(1,1),\ (1,2),\ (1,3),\ \cdots,\ (6,5),\ (6,6)\}$$

이제 이 표본공간위에서 실수로의 대응 Y를 두 주사위의 눈의 합으로 정의하면, 이 대응 관계가 수학적 함수이므로 Y는 하나의 확률변수가 된다. 이 확률변수 Y가 가지는 값은 최소 2에서 최대 12의 정수가 되며, 그 밖의 실수값을 갖지 않는다. 확률변수는 표본공간의 한 원소에 실수값을 대응시켜 얻어지는 수학적 함수이지만 수학에서 널리 쓰이는 $f(x)$, $g(x)$ 등의 기호를 사용하지 않고 단순히 X, Y, Z와 같이 표시한다.

확률변수는 이산확률변수와 연속확률변수로 구분할 수 있다. 앞의 예에서 동전을 2번 던지는 경우 앞면이 나오는 횟수로 정의된 확률변수 X가 취하는 값이나 주사위 2개를 던지는 시행에서 두 주사위 눈의 합으로 정의된 확률변수 Y가 취하는 값은 모두 유한개이다. 이와 같이 확률변수를 정의할 때 이 확률변수가 취하는 값이 유한개이거나 셀 수 있는 경우, 이러한 확률변수를 이산확률변수(discrete random variable)라고 한다.

반면에 표본공간의 한 원소의 특성인 무게, 길이 등을 확률변수로 정의할 때, 그 값들은 실수의 어느 구간에 속하는 모든 값을 취하게 된다. 예를 들어 어느 식당에 반입된 식품이 상할 때까지 걸리는 시간을 확률변수 X로 정의하면 X가 취하는 값은 0 이상의 모든 실수값일 것이다. 실수의 임의의 구간에 속하는 모든 값을 취할 수 있는 확률변수를 연속확률변수(continuous random variable)라고 한다.

예제 3.24 다음과 같이 정의되는 각 확률변수가 이산확률변수인지 연속확률변수인지 구분하시오.

(1) 성별을 조사하여 남자면 0, 여자면 1로 정의
(2) 제품이 들어 있는 4개의 제품을 꺼낼 때 이 중 불량품의 개수
(3) 동전을 5번 던질 때 앞면이 나온 횟수
(4) 임의의 시간에 관측한 시계의 초침이 가리키는 눈금

풀이 (1), (2), (3)의 경우는 이산확률변수이고 (4)의 확률변수는 연속확률변수이다. ■

3.3.2 확률분포

동전을 두 번 던지는 통계적 시행에서 앞면이 나오는 횟수를 확률변수 X라고 정의할 때, X가 취할 수 있는 각 실수값에 대응되는 사건을 구하고, 이 사건에 대한 확률을 구해 보자. 표본공간 S의 부분집합인 사건에 대하여 확률을 정의할 수 있기 때문에 먼저 확률변수 X가 가질 수 있는 값 x에 대응되는 사건을 수학적으로 표시하면 다음과 같다.

$$\{\omega \in S \mid X(\omega) = x\} \subset S$$

일반적으로 이 집합을 간단히 $\{X = x\}$으로 표기하고 이 사건에 대한 확률을 $P(X = x)$으로 표기하자. 다음 표는 확률변수 X가 취하는 각 값에 대하여 이에 대응되는 사건, 확률, 확률표기법 등을 차례로 표시한 것이다.

X	대응되는 사건	확률	확률표기법
0	$\{(\mathrm{T},\mathrm{T})\}$	$\frac{1}{4}$	$P(X=0)$
1	$\{(\mathrm{H},\mathrm{T}),(\mathrm{T},\mathrm{H})\}$	$\frac{1}{2}$	$P(X=1)$
2	$\{(\mathrm{H},\mathrm{H})\}$	$\frac{1}{4}$	$P(X=2)$

이산확률변수 X가 취하는 모든 값에 대한 확률을 식이나 표 또는 그래프로 나타낸

것을 X의 이산확률분포라고 한다.

예제 3.25 동전을 두 번 던지는 독립시행에서 앞면이 나오는 횟수를 확률변수 X 라고 정의할 때, X 의 이산확률분포를 표로 나타내시오.

풀이 X 의 이산확률분포는 X 의 값과 이에 대응하는 확률을 표로 나타내면 된다.

X	0	1	2	합계
$P(X=x)$	$\frac{1}{4}$	$\frac{1}{2}$	$\frac{1}{4}$	1

예제 3.26 주사위 두 번 던지는 독립시행에서 1의 눈이 나온 횟수를 확률변수 X 로 정의할 때, X 의 이산확률분포를 표로 나타내시오.

풀이 확률변수 X 의 이산확률분포는 다음 표와 같다. 예를 들어 X 가 1인 사건은 $\{(1,2),(1,3),(1,4),(1,5),(1,6),(2,1),(3,1),(4,1),(5,1),(6,1)\}$ 으로 표현될 수 있으므로 이 사건 $\{X=1\}$ 에 대응되는 확률은 $\frac{10}{36}$ 이다.

X	0	1	2	합계
$P(X=x)$	$\frac{25}{36}$	$\frac{10}{36}$	$\frac{1}{36}$	1

확률변수 X 가 a 이상 b 이하의 값을 취할 확률 $P(a \le X \le b)$ 을 구할 수 있다. 확률변수가 이산확률변수의 경우에는 이산확률분포표로부터 이 범위에 속하는 확률변수의 값의 확률들을 모두 더하면 된다. 연속확률변수의 경우에는 확률밀도함수와 x 축, 그리고 해당 범위로 둘러싸인 도형의 넓이를 이용하여 확률을 계산한다.

예제 3.27 동전을 두 번 던지는 독립시행에서 앞면이 나오는 횟수를 확률변수 X라고 정의할 때, 확률분포표를 이용하여 다음 각 확률을 구하시오.

(1) $P(1 \le X \le 2)$

(2) $P(X \le 1)$

(3) $P(0 < X < 2)$

(4) $P(1 < X \le 2)$

풀이 〈예제 3.25〉에서 구한 확률분포표를 이용한다.

(1) $P(1 \le X \le 2) = P(X=1) + P(X=2) = \frac{1}{2} + \frac{1}{4} = \frac{3}{4}$

(2) $P(X \le 1) = P(X=0) + P(X=1) = \frac{3}{4}$

(3) $P(0 < X < 2) = P(X=1) = \frac{1}{2}$

(4) $P(1 < X \le 2) = P(X=2) = \frac{1}{4}$ ■

확률분포는 확률변수의 분포를 파악할 수 있는 정보를 제공한다. 이 정보로부터 다음과 같이 정의되는 누적확률(cumulative probability)을 구하면 확률변수의 다양한 분석을 할 수 있다. 이렇게 정의된 $F(x)$ 함수를 (누적)분포함수라고 한다.

$$F(x) = P(X \le x)$$

예제 3.28 동전을 두 번 던지는 독립시행에서 앞면이 나오는 횟수를 확률변수 X라고 정의할 때, X의 누적분포함수 $F(x)$를 구하시오.

풀이 예를 들어 $F(1.3)$의 값은 확률변수 X의 값이 1.3 보다 작거나 같을 확률을 구하는 문제이므로 다음과 같이 계산될 것이다.

$$F(1.3) = P(X \le 1.3) = P(X \le 1) = \frac{3}{4}$$

따라서 $1 \le x < 2$를 만족하는 모든 x의 값에 대하여 $F(x) = \frac{3}{4}$이다. 즉, X의 누적분포함수 $F(x)$는 다음과 같다.

$$F(x)=\begin{cases}0, & x<0 \\ \frac{1}{4}, & 0\le x<1 \\ \frac{3}{4}, & 1\le x<2 \\ 1, & x\ge 2\end{cases}$$

참고로 확률변수의 특성을 표현할 수 있는 확률분포를 조금 변형하여 〈예제 3.27〉의 (4)번 확률을 다음과 같이 분포함수를 이용하여 쉽게 해결할 수 있다.

$$P(1<X\le 2)=P(X\le 2)-P(X\le 1)=F(2)-F(1)=1-\frac{3}{4}=\frac{1}{4}$$ ■

3.3.3 기댓값과 분산

3.3.3.1 기댓값

이산확률변수 X 의 확률분포표가 다음과 같다고 하자.

X	x_1	x_2	$\cdots$	x_n	합
$P(X=x_i)$	p_1	p_2	$\cdots$	p_n	1

이때 X의 평균 또는 기댓값을 $E(X)$ 또는 μ로 표기하고 그 값을 다음과 같이 구한다. 이렇게 구한 X의 기댓값은 확률분포의 중심의 위치를 나타내는 수치이다.

$$\mu=E(X)=x_1p_1+x_2p_2+\cdots+x_np_n$$

예제 3.29 동전을 두 번 던지는 독립시행에서 앞면이 나오는 횟수를 확률변수 X라고 정의할 때, X 의 평균(기댓값) $\mu=E(X)$ 을 구하시오.

풀이 〈예제 3.25〉의 확률분포를 이용하면 X 의 평균(기댓값)은 다음과 같다.

$$\mu=E(X)=0\cdot\frac{1}{4}+1\cdot\frac{1}{2}+2\cdot\frac{1}{4}=1$$ ■

예제 3.30 K대학교 학생들의 생활 습관을 조사한 결과 하루에 마시는 커피의 양(잔)에 대하여 다음과 같은 확률분포를 얻었다. 이 대학교 학생들이 마시는 커피의 평균 양을 구하시오.

X	0	1	2	3	합
$P(X)$	0.53	0.36	0.07	0.04	1

엑셀활용 확률변수의 평균을 구하기 위하여 엑셀의 도움을 받을 수 있다. 〈그림 3.5〉는 엑셀을 이용하여 K대학교 학생들의 하루 마시는 커피의 양에 대한 평균을 표시한 것이다. 즉, 평균에 대한 다음 식을 구할 수 있다.

$$\mu = E(X) = 0 \times 0.53 + 1 \times 0.36 + 2 \times 0.07 + 3 \times 0.04 = 0.62$$

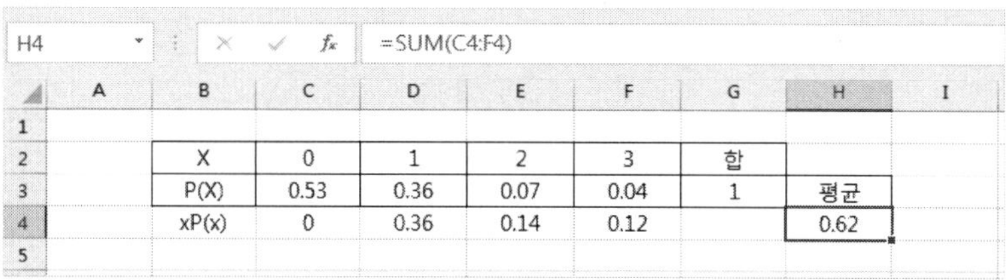
H4 =SUM(C4:F4)

	A	B	C	D	E	F	G	H	I
1									
2		X	0	1	2	3	합		
3		P(X)	0.53	0.36	0.07	0.04	1	평균	
4		xP(x)	0	0.36	0.14	0.12		0.62	
5									

그림 3.5 확률변수의 평균

참고로 확률변수의 기댓값에 대하여 몇 가지 성질을 정리할 수 있다. 예를 들어 상수 a, b 와 확률변수 X, Y 에 대하여 다음이 성립한다.

(1) $E(aX+b) = aE(X)+b$

(2) $E(aX \pm bY) = aE(X) \pm bE(Y)$

예를 들어 확률변수 X 에 대하여 $(X-2)^2$ 의 기댓값은 다음과 같이 선형함수 $(X-2)^2$ 를 간단히 변환하여 구할 수 있다.

$$E[(X-2)^2] = E[X^2 - 4X + 4] = E(X^2) - 4E(X) + 4$$

3.3.3.2 분산과 표준편차

확률변수의 평균(기댓값)을 중심으로 확률변수 값들의 퍼진 정도를 수치로 구한 값은 분산(variance)과 표준편차(standard deviation)이다. 통계량의 표준편차와 마찬가지로 확률변수의 표준편차도 분산의 양의 제곱근으로 정의된다. 먼저 이산확률변수 X의 확률분포표가 다음과 같다고 하자.

X	x_1	x_2	$\cdots$	x_n	합
$P(X=x_i)$	p_1	p_2	$\cdots$	p_n	1

이때 기댓값 $E[(X-\mu)^2]$의 값을 X의 분산($V(X)$ 또는 σ^2 으로 표기)이라고 한다.

$$\begin{aligned}\sigma^2 &= V(X) = E[(X-\mu)^2] = (x_1-\mu)^2 p_1 + (x_2-\mu)^2 p_2 + \cdots + (x_n-\mu)^2 p_n \\ &= (x_1^2 p_1 + x_2^2 p_2 + \cdots + x_n^2 p_n) - \mu^2 = E(X^2) - \mu^2\end{aligned}$$

여기서 $(x_1^2 p_1 + x_2^2 p_2 + \cdots + x_n^2 p_n)$의 값은 X^2의 기댓값 $E(X^2)$이다.

확률변수 X의 분산 $V(X)$의 제곱근 $\sqrt{\sigma^2}$ 을 X의 표준편차라고 하며, $\sigma(X)$ 또는 σ로 표기한다.

예제 3.31 동전을 두 번 던지는 독립시행에서 앞면이 나오는 횟수를 확률변수 X라고 정의할 때, X의 분산과 표준편차를 각각 구하시오.

풀이 동전을 두 번 던지는 독립시행에서 앞면이 나오는 횟수를 확률변수 X라고 정의할 때, X의 평균은 $\mu=1$이므로 〈예제 3.25〉에서 표시된 확률분포표를 이용하여 X의 분산을 구하면 다음과 같다.

$$V(X) = 0^2 \cdot \frac{1}{4} + 1^2 \cdot \frac{1}{2} + 2^2 \cdot \frac{1}{4} - \mu^2 = \frac{3}{2} - 1 = \frac{1}{2}$$

참고로 다음과 같이 계산되는 $E(X^2)$을 이용하여 확률변수의 분산을 쉽게 계산할 수 있다.

$$E(X^2) = 0^2 \cdot \frac{1}{4} + 1^2 \cdot \frac{1}{2} + 2^2 \cdot \frac{1}{4} = \frac{3}{2}$$

$$V(X) = E(X^2) - \mu^2 = \frac{3}{2} - 1 = \frac{1}{2}$$

따라서 X의 표준편차는 $\sqrt{\frac{1}{2}} = \frac{\sqrt{2}}{2}$이다. ■

예제 3.32 확률변수 X가 다음과 같은 확률분포를 갖는다고 할 때, X의 평균과 분산을 각각 구하시오. 단 p는 성공의 확률로서 $0 \le p \le 1$을 만족한다.

X	0	1	합
$P(X=x)$	$1-p$	p	1

풀이 이산확률변수의 평균과 분산을 구하는 식으로부터 X의 평균과 분산은 다음과 같다.

$$\mu = E(X) = 0 \cdot (1-p) + 1 \cdot p = p$$

$$\sigma^2 = V(X) = 0^2 \cdot (1-p) + 1^2 \cdot p - p^2 = p - p^2 = p(1-p)$$ ■

예제 3.33 K대학교 학생들의 하루에 마시는 커피의 양(잔)에 대한 〈예제 3.30〉의 확률분포로부터 이 대학교 학생들이 마시는 커피의 양에 대한 분산과 표준편차를 구하시오.

엑셀활용 〈그림 3.6〉은 엑셀을 이용하여 K대학교 학생들이 하루에 마시는 커피의 양에 대한 분산과 표준편차를 표시한 것이다. 여기에서는 분산을 구하기 위하여 다음 식을 적용하였다.

$$V(X) = E(X^2) - \mu^2$$

I4 =H5-H4^2

	A	B	C	D	E	F	G	H	I	J
1										
2		X	0	1	2	3	합			
3		P(X)	0.53	0.36	0.07	0.04	1	평균	분산	표준편차
4		xP(x)	0	0.36	0.14	0.12		0.62	0.6156	0.7846
5		x2P(x)	0	0.36	0.28	0.36		1		
6										

그림 3.6 확률변수의 분산과 표준편차

참고로 평균과 분산이 각각 $E(X)=\mu$, $V(X)=\sigma^2$인 확률변수 X에 대하여 변수 Y를 $Y=aX+b$ (a, b는 상수)으로 정의하면 Y도 확률변수가 된다. 이때 확률변수 Y의 평균, 분산, 표준편차를 다음과 같이 각각 구할 수 있다.

$$E(Y)= aE(X)+b= a\mu+b$$
$$V(Y)= a^2\,V(X)= a^2\sigma^2$$
$$\sigma(Y)= |a|\,\sigma$$

예를 들어 확률변수 X가 동전을 두 번 던지는 독립시행에서 앞면이 나오는 횟수라고 정의하면, $Y=4X-1$으로 정의된 확률변수 Y의 평균과 분산은 각각 다음과 같이 계산할 수 있다.

$$E(Y)=4E(X)-1=4\cdot 1-1=3$$
$$V(Y)=16\,V(X)=16\cdot \frac{1}{2}=8$$

3.3.4 연속확률변수

확률변수로 정의된 X가 어떤 범위 안의 모든 실수값을 취할 수 있는 경우, 이 실수 범위의 임의의 부분집합 A에 대해서 다음 성질을 만족하는 함수 $f(x)$가 존재할 때 X를 연속확률변수(continuous random variable)라고 한다.

성질 1. $f(x)\ge 0$ 성질 2. $f(x)$와 x 축으로 둘러싸인 넓이는 1이다. 성질 3. 집합 A에 대하여 X가 A의 모든 값을 취할 확률은 x 축의 부분집합 A와 $f(x)$로 둘러싸인 도형의 넓이로 정의한다. $P(X\in A)=\int_A f(x)\,dx$

이때 $f(x)$를 연속확률변수 X의 확률밀도함수(probability density function; pdf)라고 한다.

실수의 임의의 부분집합 A가 구간, 즉 $A=[a, b]$으로 표현될 때 연속확률변수가 이 구간에 속할 확률은 다음과 같이 이 구간에서의 넓이로 계산한다. 일반적으로 수학에서 함수와 x 축 사이의 도형의 넓이는 다음과 같이 정적분을 이용한다.

$$P(X \in A) = P(a \leqq X \leqq b) = \int_a^b f(x)\,dx$$

연속확률변수가 이산확률변수와 다른 점이 X 의 한 점에서의 확률 계산이다. 〈예제 3.25〉에서 정의한 확률변수 X 는 이산확률변수이므로 X 가 취할 수 있는 값 2 에서의 확률이 존재한다. 그러나 연속확률변수는 구간에서 도형의 넓이를 이용하여 확률을 계산하므로 한 점에서의 확률은 언제나 0 이 된다. 즉, 연속확률변수의 경우 임의의 한 점에서의 확률을 구하는 것은 의미가 없지만, 확률변수 X 가 a 이상 b 이하와 같이 어떤 구간에 속할 확률을 구하는 것은 의미가 있다.

〈예제 3.27〉의 (1)과 (4)와 같이 이산확률변수의 경우 구간의 길이는 같지만 구간을 설명하는 부등식에 포함된 등호의 유무에 따라 확률의 값이 달라짐을 알 수 있었다. 연속확률변수의 경우 임의의 한 점에서의 확률이 항상 0 이므로 구간에서 부등식에 포함된 등호는 연속확률변수의 확률에 아무런 영향을 미치지 않는다. 즉,

$$P(a \le X \le b) = P(a \le X < b) = P(a < X \le b) = P(a < X < b)$$

이 성립한다.

예제 3.34 함수 $f(x) = \frac{1}{3}$ 는 범위 $0 < x < 3$ 에서 $f(x) \geq 0$ 이고 이 범위에서 $f(x)$와 x 축으로 둘러싸인 넓이는 1이다. 따라서 범위 $0 < x < 3$ 에서 정의된 $f(x)$는 연속확률변수 X 의 확률밀도함수이다. 다음 확률을 구하시오.

(1) $P(0 \le X \le 2)$

(2) $P(X \geq \frac{1}{2})$

풀이 확률변수 X 는 연속확률변수이므로 정적분을 이용한 구간의 넓이를 계산함으로서 다음과 같이 확률을 계산할 수 있다.

$$P(0 \le X < 2) = \int_0^2 \frac{1}{3}\,dx = \left[\frac{x}{3}\right]_0^2 = \frac{2}{3}$$

$$P(X > \frac{1}{2}) = \int_{\frac{1}{2}}^3 \frac{1}{3}\,dx = \frac{1}{3} \times (3 - \frac{1}{2}) = \frac{5}{6}$$

확률변수 X가 취하는 값 x에 대하여 다음과 같이 정의된 함수 $F(x)$를 X의 (누적)분포함수(cumulative distribution function; cdf)라고 하였다. 분포함수를 이용하여 여러 가지 확률변수의 확률분포 또는 확률 계산을 쉽게 할 수 있다.

$$F(x) = P(X \le x)$$

확률변수 X가 연속확률변수의 경우에는 한 점의 확률이 0이므로

$$\begin{aligned} P(a < X \le b) &= P(a \le X < b) = P(a < X < b) = P(a \le X \le b) \\ &= P(X \le b) - P(X \le a) = F(b) - F(a) \end{aligned}$$

■

예제 3.35 연속확률변수 X의 확률밀도함수가 $f(x) = \frac{1}{3}\ (0 < x < 3)$일 때 X의 분포함수 $F(x)$를 구하고 확률 $P(1 < X \le 2)$의 값을 구하시오.

풀이 X의 분포함수 $F(x)$는 X가 x보다 작거나 같을 확률을 의미하므로

$$F(x) = P(X \le x) = \begin{cases} 0, & x \le 0 \\ \int_0^x f(x)dx = \int_0^x \frac{1}{3}dx = \frac{x}{3}, & 0 < x < 3 \\ 1, & x \ge 3 \end{cases}$$

이다. 확률 $P(1 < X \le 2)$를 분포함수를 이용하면 $P(1 < X \le 2) = \frac{2}{3} - \frac{1}{3} = \frac{1}{3}$이다. ■

확률밀도함수 $f(x)$를 갖는 연속확률변수 X의 평균 또는 기댓값은 다음과 같이 정적분을 이용하여 구한다.

$$\mu = E(X) = \int_{-\infty}^{\infty} x\, f(x)\, dx$$

확률밀도함수 $f(x)$를 갖는 연속확률변수 X의 분산은 다음과 같이 정적분을 이용하여 구한다. 여기서 μ는 X의 평균(기댓값)이다.

$$\sigma^2 = V(X) = \int_{-\infty}^{\infty} (x-\mu)^2 f(x)\, dx = \int_{-\infty}^{\infty} x^2 f(x)\, dx - \mu^2$$

$$= E(X^2) - \mu^2$$

예제 3.36 연속확률변수 X의 확률밀도함수가 $f(x) = \frac{1}{3}\ (0 < x < 3)$일 때 X의 기댓값과 분산을 구하시오.

풀이 정적분을 이용하여 X의 기댓값을 구하면

$$\mu = E(X) = \int_{-\infty}^{\infty} x\, f(x)\, dx = \int_0^3 x \frac{1}{3} dx = \left[\frac{x^2}{6}\right]_0^3 = \frac{9}{6} = \frac{3}{2}$$

이다. X의 분산을 구하기 위하여 먼저 $E(X^2)$을 구하면

$$E(X^2) = \int_{-\infty}^{\infty} x^2 f(x)\, dx = \int_0^3 x^2 \frac{1}{3} dx = \left[\frac{x^3}{9}\right]_0^3 = \frac{27}{9} = 3$$

이고, 이를 이용하면 X의 분산은

$$\sigma^2 = V(X) = E(X^2) - \mu^2 = 3 - \left(\frac{3}{2}\right)^2 = \frac{3}{4}$$

이 된다. 참고로 확률변수 X의 표준편차는 $\sigma = \sqrt{(3/4)} = \frac{\sqrt{3}}{2}$이다. ■

3.4 이산확률분포

3.4.1 베르누이 분포

동전을 던지는 시행을 할 때 매 시행마다 일어나는 결과는 동전의 앞면 또는 뒷면의 두 종류뿐이다. 그리고 이전 시행에 일어난 동전의 결과가 다음 시행에 영향을 주지 않는다. 이와 같이 실험 또는 통계적 관측을 할 때 시행의 결과가 오직 두 종류만 가능하며, 매 시행 결과가 다른 시행에 영향을 주지 않는 독립시행을 베르누이 시행(Bernoulli trial)이라고 한다.

일반적으로 베르누이 시행에서 한 번의 시행으로 관심이 있는 사건이 일어나면 이를 성공(success, 간단히 S로 표기)이라고 하고, 그렇지 못할 경우 실패(failure, F)라고 한다. 베르누이 시행에서 한 번 시행의 결과가 두 종류뿐이므로 실패의 확률(q)은 1 에서 성공의 확률(p)을 빼면 된다. 즉 $p+q=1$ 이다.

예 동전을 던지는 시행은 베르누이 시행이다. 시행의 결과에 대한 관심사가 앞면일 경우 성공의 확률은 $p=\frac{1}{2}$ 이고, 실패의 확률도 $q=1-p=\frac{1}{2}$ 이다.

예 주사위를 던지는 시행에서 주사위의 눈이 1의 눈이 나오면 성공이라고 할 경우 이 시행도 베르누이 시행이 된다. 이때 성공의 확률은 $p=\frac{1}{6}$ 이며, 실패의 확률은 $q=\frac{5}{6}$ 이다.

예 5지선다형으로 구성된 20개의 문제의 답을 무작위로 선택한다고 할 때, 각 문제의 답을 임의로 선택하는 시행도 베르누이 시행이 된다. 이 경우 각 문제의 정답을 선택하는 성공의 확률은 $p=\frac{1}{5}$ 이고 실패의 확률은 $q=\frac{4}{5}$ 임을 알 수 있다.

예제 3.37 사과 50개(상한 사과 8개 포함)가 포장되어 있는 상자에서 4개의 사과를 임의로 추출한다고 하자. 이 상자에서 비복원추출로 사과를 추출하는 시행과 복원추출로 사과를 추출하는 시행 중 어느 것이 베르누이 시행인가?

풀이 이 상자에서 비복원추출로 사과를 추출하는 시행을 할 때 첫 번째 사과의 추출 결과가 두 번째 사과의 결과에 영향을 미치므로 베르누이 시행이 아니다. 그러나 1개의 사과를 추출하여 검사하고 다시 상자 속으로 복원시키는 시행은 사과를 추출하는 각 시행이 서로 독립이므로 베르누이 시행이 된다. 이때 매 시행에서 불량품(상한 사과)이 나오는 사건을 성공이라고 하면 불량품이 나오는 성공의 확률은 $p = \frac{8}{50} = 0.16$이고, 실패의 확률은 $q = 1 - 0.16 = 0.84$가 된다. ■

1회의 베르누이 시행에서 나타나는 성공의 횟수를 확률변수 X라고 정의할 때, 다음 표와 같이 얻어지는 확률분포를 베르누이 분포(Bernoulli distribution)라고 한다. 단 p는 성공의 확률로서 $0 \le p \le 1$를 만족한다.

X	0	1	합
$P(X=x)$	$1-p$	p	1

참고로 〈예제 3.32〉에서 계산한 바와 같이 확률분포가 베르누이 분포인 확률변수 X의 평균과 분산은 각각 다음과 같다.

$$\mu = E(X) = p$$
$$\sigma^2 = V(X) = p(1-p)$$

3.4.2 초기하분포

사과 농장에서 출하되는 사과 상자에 N개의 사과가 있는데, 이 중에 관심사건(상한 사과라든지 또는 무게가 매우 적게 나가는 불량품 등)인 사과가 D개 있다고 하자. 이 상자에서 n개의 사과를 추출할 때 이 중에 포함된 관심 사건의 수를 확률변수로 정의할 수 있다. 〈예제 3.37〉에서 언급한 바와 같이 n개의 사과를 비복원으로 추출하면 베르누이 시행이 되지 않는다. 이와 같이 비복원추출 방법으로 n개의 사과를 추출할 때 이 중에 포함된 관심 사건의 수로 정의된 확률변수의 확률분포를 초기하분포(Hypergeometric distribution)라고 한다.

초기하분포의 확률은 조합의 수를 이용하여 다음과 같이 구할 수 있다.

$$P(X=x) = \frac{{}_{D}C_{x} \cdot {}_{N-D}C_{n-x}}{{}_{N}C_{n}}, \qquad x = 0, 1, 2, \cdots, \min(n, D)$$

예제 3.38 불량품(상한 사과) 8개가 포함된 사과 50개가 하나의 상자에 포장되어 있다. 이 상자에서 비복원추출 방식으로 4개의 사과를 임의로 추출할 때 이 중에서 포함된 상한 사과의 개수를 확률변수 X 라고 하자. 확률변수 X 의 확률분포를 구하시오.

풀이 비복원추출 방식으로 추출된 4개의 사과 중에서 상한 사과의 개수는 베르누이 시행의 결과가 아니므로 확률변수 X 의 확률분포는 초기하분포임을 알 수 있다.

이때 확률변수 X 가 x 값을 가질 확률은 다음과 같이 계산된다.

$$P(X=x)=\frac{{}_{8}C_{x}\times{}_{42}C_{4-x}}{{}_{50}C_{4}}$$

〈예제 3.21〉의 풀이에서 확인할 수 있듯이 엑셀의 COMBIN 함수를 활용하여 X 의 확률분포표를 작성하면 다음과 같다.

X	0	1	2	3	4	합
$P(X)$	0.4860	0.3988	0.1047	0.0102	0.0003	1

예제 3.39 흰 공 4개, 검은 공 4개가 들어 있는 주머니에서 3개의 공을 동시에 꺼낼 때, 꺼낸 3개의 공 중 검은 공의 개수를 확률변수 X 로 정의할 때, X 의 확률분포를 설명하고 확률분포표를 작성하시오.

엑셀활용 8개의 공이 들어 있는 주머니에서 3개의 공을 동시에 꺼내는 시행은 비복원추출로 추출하는 것이므로 베르누이 시행이 아니다. 따라서 추출된 3개의 공 중 검은 공의 개수를 확률변수 X 로 정의하면 X 는 $N=8$, $D=4$, $n=3$ 의 모수를 갖는 초기하분포를 따르게 된다. 이때 X 가 가질 수 있는 정수의 최솟값은 0이고 최댓값은 $\min(3,4)=3$ 이다. X 의 확률분포를 표로 나타내기 위한 확률 계산은 COMBIN 함수를 이용한다.

$$P(X=x)=\frac{\text{COMBIN}(4,\text{x})\times\text{COMBIN}(4,3-\text{x})}{\text{COMBIN}(8,3)}$$

〈그림 3.7〉은 엑셀을 활용하여 구한 X 의 확률분포표이다.

F3 | =COMBIN(4,F2) * COMBIN(4,3-F2) / COMBIN(8,3)

X	0	1	2	3	합
P(X)	0.0714	0.4286	0.4286	0.0714	1

그림 3.7 초기하분포표

참고로 초기하분포를 갖는 확률변수의 기댓값과 분산은 다음과 같다.

$$\mu = E(X) = n\left(\frac{D}{N}\right)$$

$$\sigma^2 = V(X) = \left(\frac{N-n}{N-1}\right)n\left(\frac{D}{N}\right)\left(1-\frac{D}{N}\right)$$

예제 3.40 흰 공 4개, 검은 공 4개가 들어 있는 주머니에서 3개의 공을 동시에 꺼낼 때, 꺼낸 3개의 공 중 검은 공의 개수를 확률변수 X로 정의할 때, X의 기댓값과 분산을 구하시오.

엑셀활용 〈그림 3.8〉은 〈예제 3.39〉의 확률분포(〈그림 3.7〉 참조)를 이용하여 구한 확률변수 X의 기댓값과 분산을 표시한 것이다.

I4 | =H5-H4^2

X	0	1	2	3	합		
P(X)	0.0714	0.4286	0.4286	0.0714	1	평균	분산
XP(X)	0	0.428571	0.857143	0.214286		1.5	0.535714
X2P(X)	0	0.428571	1.714286	0.642857		2.785714	

그림 3.8 초기하분포의 평균과 분산

이 값들은 모수를 이용하여 직접 구한 확률변수 X의 기댓값, 분산과 일치함을 확인할 수 있다.

평균	분산=(5/7)*3*(4/8)*(1-4/8)
1.5	0.535714

3.4.3 이항분포

성공의 확률이 p 인 베르누이 시행을 n 번 반복 시행할 경우 n 번 중 성공의 사건이 일어날 횟수를 확률변수 X 로 정의하면 X 는 정수 $0, 1, 2, \ldots, n$의 값 중 하나의 값을 갖게 된다. 이 확률변수 X 의 확률분포를 식으로 표현하면 다음과 같다.

$$P(X=x) = {}_n\mathrm{C}_x\, p^x\, (1-p)^{n-x} \quad (x = 0,\, 1,\, \cdots,\, n)$$

위와 같은 식을 분포로 갖는 확률변수 X 의 확률분포를 이항분포라고 한다. 확률변수 X 의 확률분포가 이항분포이면 확률변수 X가 이항분포를 따른다고 하며 이를 기호로 다음과 같이 표기한다.

$$X \sim B(n,\, p)$$

예를 들어 동전을 5번 던지는 독립시행에서 앞면이 나온 횟수를 X 라고 하면, X 의 확률분포는 이항분포이다. 즉, $X \sim B(5,\, 0.5)$이다. 이때 X 가 1 의 값을 취할 확률은 다음과 같다.

$$P(X=1) = {}_5\mathrm{C}_1 \left(\frac{1}{2}\right)^1 \left(\frac{1}{2}\right)^4 = \frac{5}{32}$$

예제 3.41 주사위를 10번 던지는 독립시행에서 1 의 눈이 나온 횟수를 X 라고 하면, X 의 확률분포는 이항분포 $B(10,\, \frac{1}{6})$을 따른다. 이때 다음의 확률을 구하시오.

(1) $P(X=1)$
(2) $P(X=2)$
(3) $P(X=3)$

엑셀활용 이항분포 $B(10,\, \frac{1}{6})$를 따르는 확률변수 X 에 대하여 확률 $P(X=r)$의 값은 다음 식을 이용하여 구한다.

$$P(X=r) = {}_{10}\mathrm{C}_r \left(\frac{1}{6}\right)^r \left(\frac{5}{6}\right)^{10-r}$$

예를 들어 X가 2의 값을 취할 확률은 $P(X=2)={}_{10}C_2(\frac{1}{6})^2(\frac{5}{6})^8=0.2907$이다. 이와 같이 이항분포에서 n의 값이 커질 경우 X의 값에 대한 확률을 계산하는 것이 복잡해진다. 엑셀 함수 BINOM.DIST()를 이용하면 이항분포의 개별항 확률을 계산할 수 있다. BINOM.DIST 함수의 사용 형식은 다음과 같다.

```
=BINOM.DIST(number_s, trials, probability_s, FALSE)
```

여기서 number_s는 구하고자 하는 성공의 횟수이고 trials는 이항분포의 총 시행 횟수(n), probability_s는 각 시행에서 성공의 확률(p)이다. 예를 들어 $n=6$, $p=\frac{1}{6}$인 이항분포에서 확률 $P(X=2)$의 값은 다음과 같이 BINOM.DIST 함수를 사용하면 된다.

```
=BINOM.DIST(2, 10, 1/6, FALSE)
```

〈그림 3.9〉는 BINOM.DIST 함수를 이용하여 이항분포 $B(10, \frac{1}{6})$의 각 개별항의 확률을 표시한 것이다. 예로서 $P(X=1)=0.3230$, $P(X=3)=0.1550$이다.

F3 =BINOM.DIST(F2, 10, 1/6, FALSE)

X	0	1	2	3	4	5	6	7	8	9	10	합
P(X)	0.1615	0.3230	0.2907	0.1550	0.0543	0.0130	0.0022	0.0002	0.0000	0.0000	0.0000	1

그림 3.9 이항분포 B(10, 1/6)

참고로 다음 막대그래프는 이항분포 $B(10, \frac{1}{6})$의 분포를 그림으로 표현한 것이다. 그림에서 보는 바와 같이 x의 값이 작은 쪽의 확률이 높음을 알 수 있다.

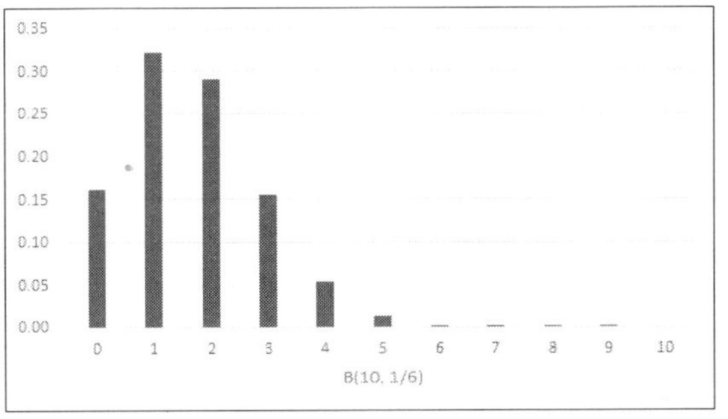

그러나 다음 그림에서 알 수 있듯이 성공 확률이 0.5일 경우에는 좌우 대칭의 분포를 갖지만, 성공 확률이 커질수록 이항분포의 분포는 점차 오른쪽으로 치우치게 된다.

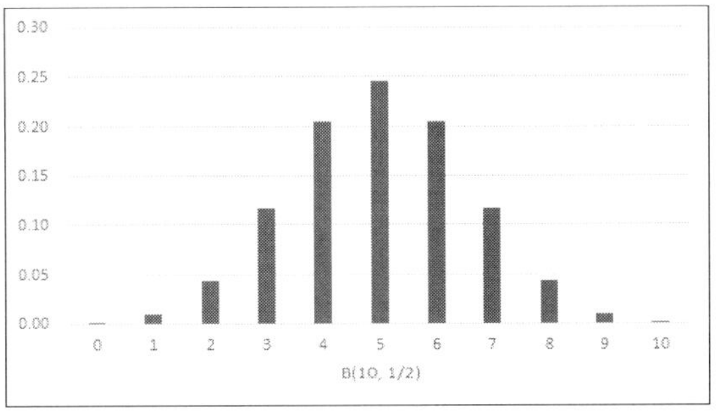

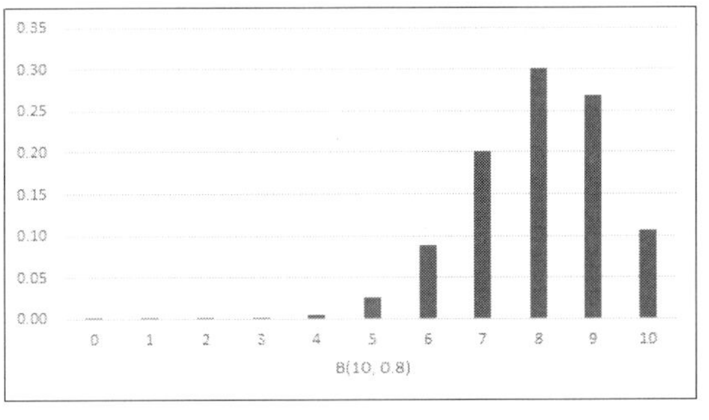

예제 3.42 10문항으로 구성되어 있는 5지선다형의 문제가 있다. 10문항 모두 무작위로 답을 작성했을 때 정답을 맞힌 문항의 개수를 확률변수 X로 정의하면 X는 이항분포 $B(10, 0.2)$을 따른다. 이때 다음 각 확률을 구하시오.

(1) $P(X \le 2)$

(2) $P(X \le 4)$

(3) $P(X \le 6)$

엑셀활용 확률변수 X가 취하는 값 x에 대하여 $F(x) = P(X \le x)$로 정의된 함수 $F(x)$를 X의 분포함수라고 하였다. 이항분포의 분포함수를 이용하여 여러 가지 확률 계산을 쉽게 할 수 있다. 엑셀 함수 BINOM.DIST( )를 이용하면 이항분포의 분포함수를 구할 수 있다. 분포함수를 구하기 위한 BINOM.DIST 함수의 사용 형식은 다음과 같다.

```
=BINOM.DIST(number_s, trials, probability_s, TRUE)
```

여기서 number_s는 구하고자 하는 성공의 횟수이고 trials는 이항분포의 총 시행횟수(n), probability_s는 각 시행에서 성공의 확률(p)이다. 예를 들어 $n = 10$, $p = 0.2$인 이항분포에서 누적확률 $P(X \le 2)$의 값은 다음과 같이 BINOM.DIST 함수를 이용한다.

```
=BINOM.DIST(2, 10, 0.2, TRUE)
```

〈그림 3.10〉은 BINOM.DIST 함수를 이용하여 이항분포 $B(10, 0.2)$의 누적확률을 표시한 것이다. 따라서 $P(X \le 2) = 0.6778$, $P(X \le 4) = 0.9672$, $P(X \le 6) = 0.9991$이다.

E3 =BINOM.DIST(E2, 10, 0.2, TRUE)

X	0	1	2	3	4	5	6	7	8	9	10
P(X<=x)	0.1074	0.3758	0.6778	0.8791	0.9672	0.9936	0.9991	0.9999	1.0000	1.0000	1.0000

그림 3.10 누적이항분포

예제 3.43 확률변수 X가 이항분포 $B(10, 0.2)$를 따를 때, 〈그림 3.10〉의 결과를 이용하여 다음의 확률을 구하시오.

(1) $P(2 < X \le 5)$

(2) $P(2 \le X \le 5)$

(3) $P(X = 3)$

풀이 이항분포를 따르는 확률변수는 이산확률변수이므로 주어진 확률을 분포함수의 확률로 적절히 변형하여 구한다.

(1) $P(2 < X \le 5) = P(X \le 5) - P(X \le 2) = F(5) - F(2) = 0.9936 - 0.6778$

$= 0.3158$

(2) $P(2 \le X \le 5) = P(X \le 5) - P(X \le 1) = F(5) - F(1) = 0.9936 - 0.3758$

$= 0.6178$

(3) $P(X = 3) = P(X \le 3) - P(X \le 2) = F(3) - F(2) = 0.8791 - 0.6778$

$= 0.2013$

■

참고로 〈표 3.1〉은 $n = 8, 9, 10$ 의 각 경우에 대하여 성공 확률 p 와 성공 횟수 c 의 가능한 모든 값에 대한 누적확률을 엑셀 함수로 구한 후 표로 작성한 것이다. 즉 주어진 n, p, c 에 대하여 〈표 3.1〉의 값은 확률 $P(X \le c)$ 을 구한 것이다. 예를 들어 확률변수 X 가 $X \sim B(9, 0.2)$ 일 때 $P(X \le 3) = 0.914$ 이다.

$$P(X \le c) = \sum_{x=0}^{c} {}_nC_x \, p^x \, (1-p)^{n-x} = \text{BINOM.DIST}(c, \ n, \ p, \ \text{TRUE})$$

예제 3.44 확률변수 X 가 $X \sim B(10, p)$일 때, 〈표 3.1〉에 제시된 누적이항분포표를 이용하여 다음 표를 완성하여 확률 $P(X = 3)$과 확률 $P(X \ge 6)$ 의 값을 각각 구하시오.

p	$P(X \le 2)$	$P(X \le 3)$	$P(X = 3)$	$P(X \le 5)$	$P(X \ge 6)$
0.2	0.678	0.879	0.201	0.994	0.006
0.5					
0.7					

풀이 $p = 0.5$ 일 때 $P(X = 3) = P(X \le 3) - P(X \le 2) = 0.172 - 0.055 = 0.117$이

며, $p=0.7$ 일 때는 $P(X=3)=P(X\le 3)-P(X\le 2)=0.011-0.002=0.009$ 이다. 또한 $p=0.5$ 일 때 $P(X\ge 6)=1-P(X\le 5)=1-0.623=0.377$ 이며, $p=0.7$ 일 때는 $P(X\ge 6)=1-P(X\le 5)=1-0.150=0.850$ 이다. ■

표 3.1 누적이항분포표 $P(X\le c)=\sum_{x=0}^{c} {}_nC_x\, p^x\,(1-p)^{n-x}$

		p										
	c	.05	.10	.20	.30	.40	.50	.60	.70	.80	.90	.95
n=8	0	.663	.430	.168	.058	.017	.004	.001	.000	.000	.000	.000
	1	.943	.813	.503	.255	.106	.035	.009	.001	.000	.000	.000
	2	.994	.962	.797	.552	.315	.145	.050	.011	.001	.000	.000
	3	1.000	.995	.944	.806	.594	.363	.174	.058	.010	.000	.000
	4	1.000	1.000	.990	.942	.826	.637	.406	.194	.056	.005	.000
	5	1.000	1.000	.999	.989	.950	.855	.685	.448	.203	.038	.006
	6	1.000	1.000	1.000	.999	.991	.965	.894	.745	.497	.187	.057
	7	1.000	1.000	1.000	1.000	.999	.996	.983	.942	.832	.570	.337
	8	1.000	1.000	1.000	1.000	1.000	1.000	1.000	1.000	1.000	1.000	1.000
n=9	0	.630	.387	.134	.040	.010	.002	.000	.000	.000	.000	.000
	1	.929	.775	.436	.196	.071	.020	.004	.000	.000	.000	.000
	2	.992	.947	.738	.463	.232	.090	.025	.004	.000	.000	.000
	3	.999	.992	**.914**	.730	.483	.254	.099	.025	.003	.000	.000
	4	1.000	.999	.980	.901	.733	.500	.267	.099	.020	.001	.000
	5	1.000	1.000	.997	.975	.901	.746	.517	.270	.086	.008	.001
	6	1.000	1.000	1.000	.996	.975	.910	.768	.537	.262	.053	.008
	7	1.000	1.000	1.000	1.000	.996	.980	.929	.804	.564	.225	.071
	8	1.000	1.000	1.000	1.000	1.000	.998	.990	.960	.866	.613	.370
	9	1.000	1.000	1.000	1.000	1.000	1.000	1.000	1.000	1.000	1.000	1.000
n=10	0	.599	.349	.107	.028	.006	.001	.000	.000	.000	.000	.000
	1	.914	.736	.376	.149	.046	.011	.002	.000	.000	.000	.000
	2	.988	.930	**.678**	.383	.167	.055	.012	.002	.000	.000	.000
	3	.999	.987	**.879**	.650	.382	.172	.055	.011	.001	.000	.000
	4	1.000	.998	.967	.850	.633	.377	.166	.047	.006	.000	.000
	5	1.000	1.000	**.994**	.953	.834	.623	.367	.150	.033	.002	.000
	6	1.000	1.000	.999	.989	.945	.828	.618	.350	.121	.013	.001
	7	1.000	1.000	1.000	.998	.988	.945	.833	.617	.322	.070	.012
	8	1.000	1.000	1.000	1.000	.998	.989	.954	.851	.624	.264	.086
	9	1.000	1.000	1.000	1.000	1.000	.999	.994	.972	.893	.651	.401
	10	1.000	1.000	1.000	1.000	1.000	1.000	1.000	1.000	1.000	1.000	1.000

예제 3.45 특정한 시간일 경우 어느 항공노선을 운행하는 비행기를 사전 통보도 없이 탑승하지 않는 예약 승객의 비율이 5%라고 한다. 210개의 좌석이 설치된 이 비행기에 213명이 초과 예약되었다고 할 때 실제로 비행기의 좌석이 부족하게 될 확률을 구하시오.

엑셀활용 이 비행기에 실제 탑승하려고 공항에 나온 승객의 수를 확률변수 X 로 정의하면, X 는 이항분포 $B(213, 0.95)$를 따른다. 탑승 수속이 마감될 때 비행기의 좌석이 부족하게 될 확률은 X 의 값이 211 이상일 경우이므로 구하고자 하는 확률은 $P(X \geq 211)$이다. 이 확률을 다음과 같이 엑셀 함수 BINOM.DIST을 이용하여 구하면 0.00135 가 된다.

$$P(X \geq 211) = 1 - P(X \leq 210) = \text{1-BINOM.DIST(210, 213, 0.95, TRUE)}$$

즉, 탑승 수속이 마감되는 순간 비행기의 좌석이 부족하게 될 확률은 0.00135 로 비교적 작은 값임을 알 수 있다.

확률변수 X 가 이항분포 $B(n, p)$ 를 따를 때, X 의 평균과 분산을 구하면 다음과 같다.

$$E(X) = np, \quad V(X) = np(1-p), \quad \sigma(X) = \sqrt{np(1-p)}$$

예제 3.46 확률변수 X 가 이항분포 $\mathrm{B}\left(100, \frac{1}{5}\right)$을 따를 때, 확률변수 $Y = 3X - 4$ 의 평균, 분산, 표준편차를 각각 구하시오.

풀이 먼저 X 의 평균, 분산, 그리고 표준편차를 구하면

$$E(X) = np = 100 \cdot \frac{1}{5} = 20, \quad V(X) = np(1-p) = 100 \cdot \frac{1}{5} \cdot \frac{4}{5} = 16, \quad \sigma(X) = 4$$

이다. 따라서 기댓값과 분산의 성질을 이용하면 Y의 평균, 분산, 표준편차를 각각 다음과 같이 구할 수 있다.

$$E(Y) = 3E(X) - 4 = 3 \cdot 20 - 4 = 56$$
$$V(Y) = 9V(X) = 9 \cdot 16 = 144$$
$$\sigma(Y) = 3 \cdot 4 = 12$$

■

3.5 연속확률분포

3.5.1 균등분포

〈예제 3.34〉에서 소개했던 연속확률변수 X의 확률밀도함수 $f(x)=\frac{1}{3}$는 특정 범위인 $0<x<3$에서 언제나 동일한 값을 갖는다. 이와 같이 연속확률변수 X가 취하는 특정 구간에서 X의 확률밀도함수가 상수 함수일 때 X가 균등분포를 따른다고 한다. 즉, 연속확률변수 X가 구간 $[a, b]$에서 균등분포를 따르면 X의 확률밀도함수는 다음과 같이 정의된다.

$$f(x)=\frac{1}{b-a} \quad (a \le x \le b)$$

참고로 연속확률변수 X가 구간 $[a, b]$에서 균등분포를 따를 때, X의 기댓값과 분산은 다음과 같다.

$$\mu = E(X) = \frac{a+b}{2}$$

$$\sigma^2 = V(X) = \frac{(a-b)^2}{12}$$

예제 3.47 K대학교 정문을 경유하는 115번 버스는 정확히 15분 간격으로 정문을 출발한다. 이 버스를 타고자 하는 학생이 임의의 시간에 정문에 도착했을 때 이 버스를 10분 이상 기다릴 확률을 구하시오.

풀이 임의의 시간에 정문에 도착한 이 학생이 115번 버스를 기다리는 시간을 확률변수 X로 정의하면 X는 연속확률변수로서 균등분포를 따르게 된다. 즉, X의 확률밀도함수는 $f(x)=\frac{1}{15}(0 \le x \le 15)$이다. 따라서 임의의 시간에 정문에 도착한 학생이 이 버스를 10분 이상 기다릴 확률은 다음과 같다.

$$P(X \ge 10) = \int_{10}^{15} f(x)dx = \int_{10}^{15} \frac{1}{15}dx = \frac{1}{15}(15-10) = \frac{1}{3}$$

참고로 이 버스를 기다리는 평균 시간은 $\frac{15}{2}$(분)이며, 표준편차는 $\frac{5\sqrt{3}}{2}$(분)이다. ■

3.5.2 정규분포

자연과학 또는 우리 주변의 사회과학 현상을 분석하고자 할 때 모집단으로부터 추출된 관측값들로 작성된 히스토그램은 표집 자료의 수를 충분히 크게 하면 할수록 일반적으로 종모양의 도수다각형을 얻을 수 있다. 예를 들어 〈예제 2.2〉에서 구한 쿠키의 경도에 대한 자료를 이용하여 작성한 히스토그램(왼쪽 그래프)은 자료의 크기가 클수록 이 히스토그램에 대응되는 도수다각형은 점점 오른쪽 그래프와 같이 종모양의 형상을 갖는다.

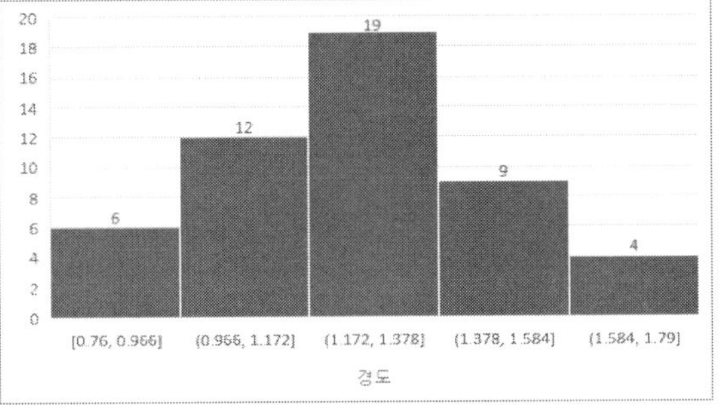

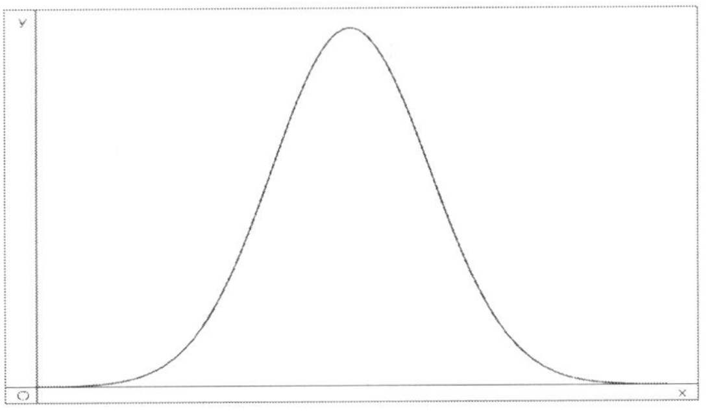

이때 오른쪽 도수다각형(종모양이며 좌우 대칭)의 함수 $f(x)$를 확률밀도함수로 갖는 연속확률변수를 X라고 할 때, 확률변수 X는 정규분포를 따른다고 한다. 독일의 수학자 가우스(C. F. Gauss, 1777 ~ 1825)가 물리 실험에서 오차의 확률분포가 정규곡선과 같다는 사실을 증명하였으며, 1893년 영국의 통계학자 피어슨(Karl Pearson, 1857 ~ 1936)이 정규분포(Normal distribution)라는 이름을 처음으로 사용하였다. 그러나 아직도 정규분포를 가우시안 분포라고 하는 분야도 있다.

연속확률변수 X가 정규분포를 따른다고 할 때, 확률변수 X의 확률밀도함수 $f(x)$에 대한 정확한 식을 수학적으로 표시하면 다음과 같다.

$$f(x) = \frac{1}{\sqrt{2\pi}\,\sigma} e^{-\frac{(x-\mu)^2}{2\sigma^2}} \quad (-\infty < x < \infty, \quad e = 2.718\cdots, \quad \pi = 3.1415\cdots)$$

확률변수 X의 확률분포가 정규분포이면 확률변수 X가 정규분포를 따른다고 하며, 이를 기호로 다음과 같이 표기한다.

$$X \sim N(\mu, \sigma^2)$$

여기서 μ는 X의 평균이고 σ^2은 X의 분산이다. 즉, $E(X) = \mu$, $V(X) = \sigma^2$이고, 따라서 $\sigma(X) = \sigma$이다.

정규분포의 확률밀도함수 $f(x)$는 정규분포를 따르는 확률변수 X의 표준편차 σ의 값에 따라 여러 가지 모양을 갖는다. 그러나 어느 경우라도 $f(x)$는 직선 $x = \mu$에 대하여 좌우 대칭이고, σ의 값이 작을수록 곡선의 중심위치의 높이는 높아지며 동시에 꼬리 부분은 0에 가까워진다. 모든 확률밀도함수의 전체 넓이는 항상 1이므로 표준편차 σ의 값이 작을수록 평균을 중심으로 분포의 폭은 좁아진다.

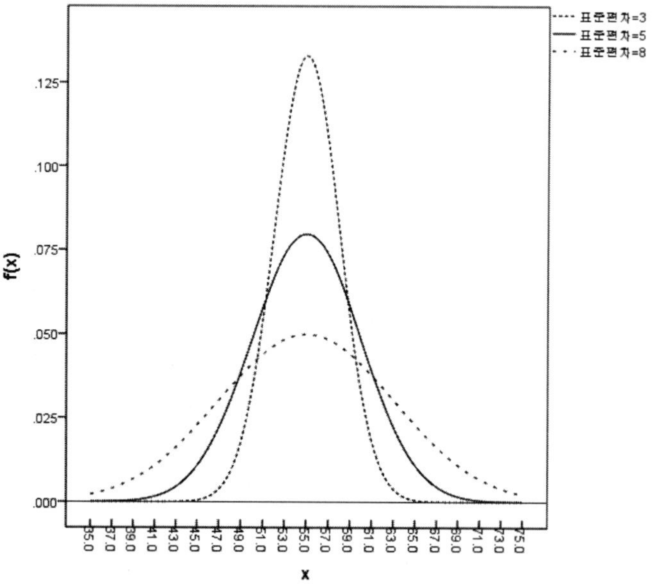

그림 3.11 표준편차에 따른 정규분포

예 1997년 한국 표준과학연구원에서 "국민표준체위조사"를 실시하였는데 그 조사결과에 의하면 우리나라 성인 남녀(25세 ~ 50세)의 발길이는 남성의 경우 평균이 248(mm)이고 표준편차는 10인 정규분포를 따른다. 그러나 여성의 발길이는 평균이 228(mm)이고 표준편차는 9인 정규분포를 따른다고 한다.

예 K대학교 학생들의 영양지식을 조사하였더니 15점 총점 중 남학생은 평균 8.1점, 표준편차 2.1인 정규분포를 따르고, 여학생은 평균 7.2점, 표준편차 1.7인 정규분포를 따른다고 한다.

예 K대학교 학생들을 대상으로 키와 몸무게를 조사한 후 체질량지수 BMI(kg/m^2)를 측정하였더니 남학생의 경우는 평균 23.9(kg/m^2)이고 표준편차가 3.5인 정규분포를 따르고, 여학생의 경우는 체질량지수가 평균 20.8(kg/m^2), 표준편차가 2.2인 정규분포를 따른다고 한다.

예제 3.48 다음 〈그림 3.12〉에 표시된 바와 같이 확률변수 X가 정규분포를 따를 때, 즉, $X \sim N(m, s^2)$일 때 평균 m과 표준편차 s에 상관없이 항상 동일한 값을 갖는다. $X \sim N(m, s^2) = N(55, 25)$일 때 다음 확률을 구하시오.

(1) $P(m < X \le m + s) = P(55 < X \le 60)$

(2) $P(m < X \le m + 2s) = P(55 < X \le 65)$

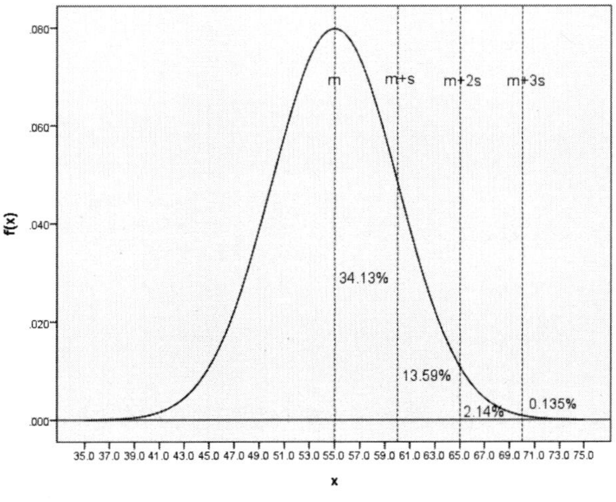

그림 3.12 정규분포의 성질 $X \sim N(m, s^2) = N(55,25)$

(3) $P(m < X \le m + 3s) = P(55 < X \le 70)$

엑셀활용 정규분포의 확률밀도함수가 복잡하기 때문에 정적분을 이용하여 정규분포의 확률을 구하기가 쉽지 않다. 다행히 엑셀 프로그램은 정규분포를 따르는 확률변수의 누적분포함수 $F(x) = P(X \le x)$를 구하는 함수를 갖고 있다. 정규분포의 분포함수 $F(x) = P(X \le x)$를 구하기 위해 준비된 함수는 NORM.DIST( )로 사용 형식은 다음과 같다.

```
=NORM.DIST(x, mean, standard_dev, TRUE)
```

예를 들어 $X \sim N(55, 25)$일 때, 확률 $P(X \le 60)$의 값은 다음과 같이 표시한 후 실행하면 된다.

$$P(X \le 60) = \text{NORM.DIST(60, 55, 5, TRUE)}$$

따라서 정규분포의 확률을 구하기 위해서는 구하고자 하는 확률의 형태를 분포함수의 형태로 일단 변형하여야 한다. 즉, $X \sim N(55, 25)$일 때 확률 $P(a < X \le b)$의 값은 분포함수를 이용하기 위하여 다음과 같이 변형한다.

$$P(a < X \le b) = P(X \le b) - P(X \le a)$$
$$= \text{NORM.DIST(b, 55, 5, TRUE)} - \text{NORM.DIST(a, 55, 5, TRUE)}$$

〈그림 3.13〉은 NORM.DIST 함수를 사용하여 문제의 답을 구한 모습을 표시한 것이다.

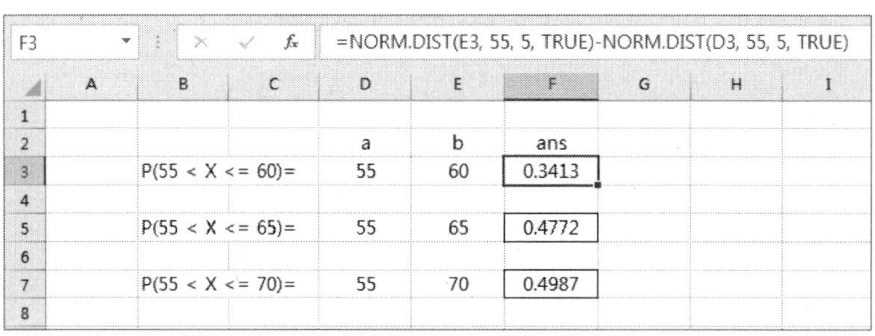

그림 3.13 NORM.DIST 함수를 이용한 정규분포의 확률 구하기

정규분포는 평균을 중심으로 좌우 대칭이므로 다음 식이 성립한다.

$$P(m-s< X \le m) = P(m< X \le m+s)$$

따라서 다음 확률을 살펴보면 확률변수 X가 정규분포를 따를 경우 X의 약 95%가 평균으로부터 2σ 거리 이내에 놓여 있음을 알 수 있다.

$$P(m-s< X \le m+s) = 2P(m< X \le m+s) = 2\times 0.3413 = 0.6826\,(68.26\%)$$
$$P(m-2s< X \le m+2s) = 2\times 0.4772 = 0.9544\,(95.44\%)$$
$$P(m-3s< X \le m+3s) = 2\times 0.4987 = 0.9974\,(99.74\%)$$

참고로 정규분포를 따르는 확률변수 X의 값이 주어졌을 때 이에 대응하는 확률밀도함수의 함수값 $f(x)$를 NORM.DIST 함수를 사용하여 구할 수 있다. 예를 들어 확률변수 $X \sim N(55, 25)$일 때 $f(55)$의 값은 NORM.DIST(55, 55, 5, FALSE)의 형식으로 구한다.

〈그림 3.14〉는 정규분포를 따르는 확률변수 $X \sim N(55, 25)$의 확률밀도함수를 엑셀을 활용하여 표시한 것이다.

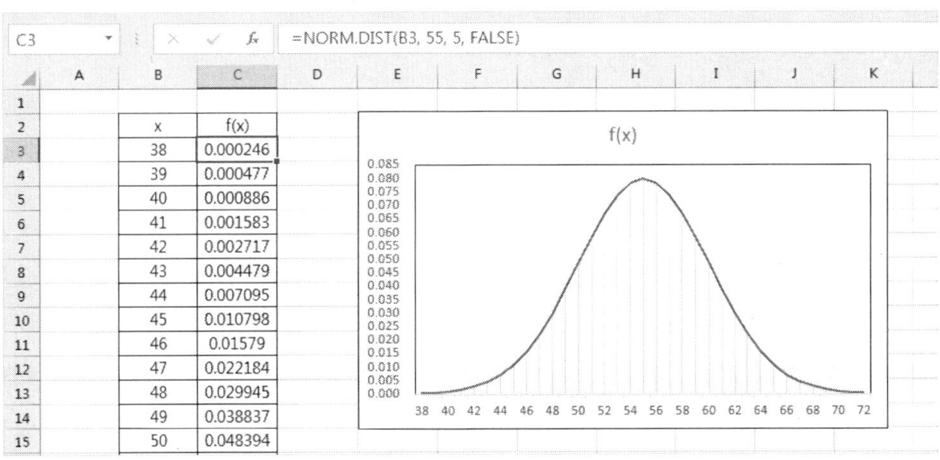

그림 3.14 정규분포의 확률밀도함수 그리기

3.5.3 표준정규분포

3.5.3.1 확률변수의 표준화

서로 다른 평균과 표준편차를 가지는 두 확률변수의 값을 서로 비교할 수 있도록 하기 위하여 각 확률변수를 표준화한다. 예를 들어 매년 치르는 수학능력시험에서 어떤 학생의 국어 성적이 85점이고 수학 성적이 78점일 경우 두 점수만을 가지고 국어 실력이 수학 실력보다 더 좋다고 비교하는 것은 바람직하지 않다. 각 과목마다 난이도가 다르기 때문에 이 학생이 취득한 두 과목의 성적을 비교하기 위해서는 두 성적을 각각 표준화하여야 한다.

평균이 μ 이고 분산이 σ^2 인 확률변수 X 를 다음과 같이 새로운 확률변수 Z 으로 변환하는 것을 확률변수의 표준화라고 한다. 이렇게 표준화된 확률변수의 평균과 분산은 각각 0 과 1 임을 알 수 있다.

$$Z = \frac{X-\mu}{\sigma}$$

예제 3.49 평균이 μ , 표준편차가 σ 인 확률변수 X 를 다음과 같이 T 점수로 바꾸자. 이때 확률변수 T 의 평균과 표준편차를 구하시오.

$$T = 10\left(\frac{X-\mu}{\sigma}\right) + 50 = 10\,Z + 50$$

풀이 확률변수에 대한 표준화의 정의로부터 $Z = \frac{X-\mu}{\sigma}$ 의 평균은 0 이고, 분산은 1 임을 알 수 있었다. 따라서 확률변수의 기댓값과 분산(표준편차)에 관한 정리를 활용하면 확률변수 T 의 평균과 표준편차를 다음과 같이 쉽게 구할 수 있다. 이 식을 이용하면 임의의 확률변수를 변환하여 우리가 의도하는 평균과 표준편차를 갖는 새로운 확률변수를 언제든지 정의할 수 있을 것이다.

$$E(T) = 10\,E(Z) + 50 = 50$$
$$\sigma(T) = 10\,\sigma(Z) = 10$$

■

3.5.3.2 정규분포의 표준화

임의의 μ 와 σ^2 에 대하여 확률변수 X가 정규분포 $N(\mu, \sigma^2)$을 따를 때, X를 표준화하여 만들어진 확률변수 $Z = \dfrac{X-\mu}{\sigma}$의 평균과 표준편차는 각각 0과 1임을 알 수 있다. 더욱이 확률변수 X가 정규분포일 때, X를 표준화한 확률변수 Z도 정규분포를 따른다는 사실이 알려져 있다. 즉,

$$X \sim N(\mu, \sigma^2)\text{일 때,}\quad Z \sim N(0, 1)$$

평균이 0이고 표준편차가 1인 정규분포를 표준정규분포라고 하고, 기호로 $Z \sim N(0, 1)$으로 표현한다. 표준정규분포를 따르는 Z의 확률밀도함수 $f(z)$은 다음과 같다.

$$f(z) = \frac{1}{\sqrt{2\pi}} e^{-\frac{z^2}{2}} \quad (-\infty < z < \infty)$$

예제 3.50 확률변수 Z가 표준정규분포를 따를 때, 다음의 확률을 구하시오.

(1) $P(Z \le -2)$
(2) $P(Z \le -1)$
(3) $P(Z \le 1)$
(4) $P(Z \le 2)$

엑셀활용 표준정규분포도 정규분포이므로 표준정규분포를 따르는 확률변수에 관련된 확률은 앞에서 다룬 NORM.DIST 함수를 사용할 수 있다. 즉, 엑셀에서

NORM.DIST(−2, 0, 1, TRUE)

의 표현식을 이용하여 표준정규분포의 확률 $P(Z \le -2)$을 구할 수 있다. 표준정규분포의 분포함수를 구하기 위한 함수로 NORM.S.DIST( )가 있다. NORM.S.DIST의 사용 형식은 다음과 같다.

```
=NORM.S.DIST(z, TRUE)
```

예를 들어 확률변수 Z가 표준정규분포를 따를 때 확률 $P(Z \le -2)$의 값은

$$\text{NORM.S.DIST}(-2,\ \text{TRUE})$$

의 표현식으로 구한다.

〈그림 3.15〉는 〈예제 3.50〉의 확률을 구하기 위하여 NORM.S.DIST 함수의 쓰임을 표시한 것이다.

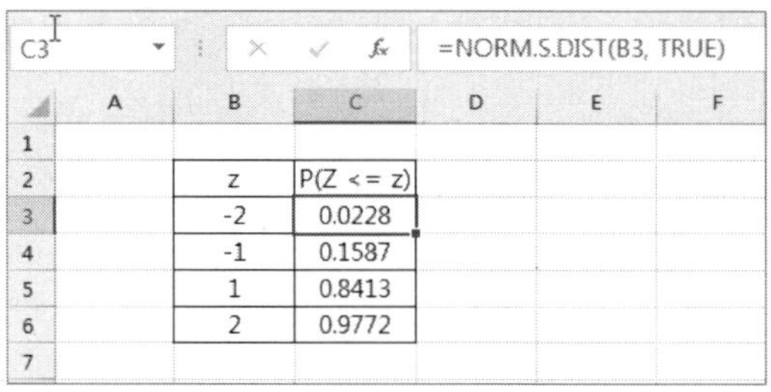

그림 3.15 NORM.S.DIST 함수

〈그림 3.15〉의 결과를 살펴보면 확률에 대한 몇 가지 사실을 알 수 있다.

$$P(Z \ge 2) = P(Z \le -2) = 0.0228$$
$$P(Z \ge 2) = 1 - P(Z \le 2) = 1 - 0.9772 = 0.0228$$
$$P(0 < Z \le 2) = P(Z \le 2) - P(Z \le 0) = 0.9772 - 0.5 = 0.4772$$
$$P(-1 \le Z \le 1) = P(Z \le 1) - P(Z \le -1) = 0.8413 - 0.1587 = 0.6826$$

〈표 3.2〉는 함수 NORM.S.DIST를 이용하여 확률변수 $Z \sim N(0, 1)$의 누적분포함수 $F(z)$의 값을 구한 후 이를 표로 작성한 것이다. 예를 들어 이 표를 이용하면 확률 $P(Z \le 0.53) = 0.7019$이다.

예제 3.51 확률변수 Z가 표준정규분포를 따를 때, 〈표 3.2〉의 표준정규분포표를 이용하여 다음의 확률을 구하시오.

(1) $P(Z \le 1.64)$

표 3.2 표준정규분포의 분포함수 $F(z) = P(Z \leq z)$

z	.00	.01	.02	.03	.04	.05	.06	.07	.08	.09
.0	.5000	.5040	.5080	.5120	.5160	.5199	.5239	.5279	.5319	.5359
.1	.5398	.5438	.5478	.5517	.5557	.5596	.5636	.5675	.5714	.5753
.2	.5793	.5832	.5871	.5910	.5948	.5987	.6026	.6064	.6103	.6141
.3	.6179	.6217	.6255	.6293	.6331	.6368	.6406	.6443	.6480	.6517
.4	.6554	.6591	.6628	.6664	.6700	.6536	.6772	.6808	.6844	.6879
.5	**.6915**	.6950	.6985	.7019	.7054	.7088	.7123	.7157	.7190	.7224
.6	.7257	.7291	.7324	.7357	.7389	.7422	.7454	.7486	.7517	.7549
.7	.7580	.7611	.7642	.7673	.7703	.7734	.7764	.7794	.7823	.7852
.8	.7881	.7910	.7939	.7967	.7995	.8023	.8051	.8078	.8106	.8133
.9	.8159	.8186	.8212	.8238	.8264	.8289	.8315	.8340	.8365	.8389
1.0	**.8413**	.8438	.8461	.8485	.8508	.8531	.8554	.8577	.8599	.8621
1.1	.8643	.8665	.8686	.8708	.8729	.8749	.8770	.8790	.8810	.8830
1.2	.8849	.8869	.8888	.8907	.8925	.8944	.8962	.8980	.8997	.9015
1.3	.9032	.9049	.9066	.9082	.9099	.9115	.9131	.9147	.9162	.9177
1.4	.9192	.9207	.9222	.9236	.9251	.9265	.9279	.9292	.9306	.9319
1.5	**.9332**	.9345	.9357	.9370	.9382	.9394	.9406	.9418	.9429	.9441
1.6	.9452	.9463	.9474	.9484	**.9495**	.9505	.9515	.9525	.9535	.9545
1.7	.9554	.9564	.9573	.9582	.9591	.9599	.9608	.9616	.9625	.9633
1.8	.9641	.9649	.9656	.9664	.9671	.9678	.9686	.9693	.9699	.9706
1.9	.9713	.9719	.9726	.9732	.9738	.9744	**.9750**	.9756	.9761	.9767
2.0	**.9772**	.9778	.9783	.9788	.9793	.9798	.9803	.9808	.9812	.9817
2.1	.9821	.9826	.9830	.9834	.9838	.9842	.9846	.9850	.9854	.9857
2.2	.9861	.9864	.9868	.9871	.9875	.9878	.9881	.9884	.9887	.9890
2.3	.9893	.9896	.9898	.9901	.9904	.9906	.9909	.9911	.9913	.9916
2.4	.9918	.9920	.9922	.9925	.9927	.9929	.9931	.9932	.9934	.9936
2.5	**.9938**	.9940	.9941	.9943	.9945	.9946	.9948	.9949	**.9951**	.9952
2.6	.9953	.9955	.9956	.9957	.9959	.9960	.9961	.9962	.9963	.9964
2.7	.9965	.9966	.9967	.9968	.9969	.9970	.9971	.9972	.9973	.9974
2.8	.9974	.9975	.9976	.9977	.9977	.9978	.9979	.9979	.9980	.9981
2.9	.9981	.9982	.9982	.9983	.9984	.9984	.9985	.9985	.9986	.9986
3.0	**.9987**	.9987	.9987	.9988	.9988	.9989	.9989	.9989	.9990	.9990
3.1	.9990	.9991	.9991	.9991	.9992	.9992	.9992	.9992	.9993	.9993
3.2	.9993	.9993	.9994	.9994	.9994	.9994	.9994	.9995	.9995	.9995
3.3	.9995	.9995	.9995	.9996	.9996	.9996	.9996	.9996	.9996	.9997
3.4	.9997	.9997	.9997	.9997	.9997	.9997	.9997	.9997	.9997	.9998
3.5	.9998	.9998	.9998	.9998	.9998	.9998	.9998	.9998	.9998	.9998
3.6	.9998	.9998	.9999	.9999	.9999	.9999	.9999	.9999	.9999	.9999

(2) $P(Z \leq 1.96)$

(3) $P(Z \leq 2.58)$

풀이 〈표 3.2〉로부터 다음의 확률을 쉽게 구할 수 있다.

(1) $P(Z \leq 1.64) = 0.9495$

(2) $P(Z \leq 1.96) = 0.9750$

(3) $P(Z \leq 2.58) = 0.9951$

예제 3.52 확률변수 Z가 표준정규분포를 따를 때, 〈표 3.2〉의 표준정규분포표를 이용하여 다음의 확률을 구하시오.

(1) $P(Z \geq 1.96)$

(2) $P(Z \leq -1.96)$

(3) $P(-1.96 \leq Z \leq 1.96)$

(4) $P(1.64 \leq Z \leq 1.96)$

(5) $P(0 \leq Z \leq 2.58)$

풀이

(1) $P(Z \geq 1.96) = 1 - P(Z \leq 1.96) = 1 - 0.975 = 0.025$

(2) $P(Z \leq -1.96) = P(Z \geq 1.96) = 0.025$

(3) $P(-1.96 \leq Z \leq 1.96) = P(Z \leq 1.96) - P(Z \leq -1.96) = 0.975 - 0.025$
$= 0.95$

(4) $P(1.64 \leq Z \leq 1.96) = P(Z \leq 1.96) - P(Z \leq 1.64) = 0.975 - 0.9495$
$= 0.0255$

(5) $P(0 \leq Z \leq 2.58) = P(Z \leq 2.58) - P(Z \leq 0) = 0.9951 - 0.5 = 0.4951$ ■

3.5.3.3 표준정규분포의 분위수

확률변수 Z가 표준정규분포를 따를 때, $P(Z \leq c) = 0.975$를 만족하는 c의 값을 구해 보자. 〈예제 3.51〉의 (2)번의 문제를 살펴보면 $P(Z \leq 1.96) = 0.975$이므로 구하고자 하는 c의 값은 1.96임을 알 수 있다.

[notation] 확률변수 Z가 표준정규분포를 따를 때, $0 < \alpha < 1$인 α에 대하여 $P(Z > c) = \alpha$를 만족하는 양수 c를 z_α로 표기하자.

이때 $P(Z > z_\alpha) = \alpha$을 만족하는 z_α를 표준정규분포의 $(1-\alpha)$ 분위수라고 한다.

예제 3.53 확률변수 Z가 표준정규분포를 따를 때, 주어진 α에 대하여 z_α의 값을 구하시오.

(1) $z_{0.025}$

(2) $z_{0.05}$

(3) $z_{0.1}$

(4) $z_{0.2}$

(5) $z_{0.3}$

엑셀활용 엑셀에서 NORM.S.INV 함수를 이용하면 표준정규분포의 $(1-\alpha)$ 분위수 z_α를 구할 수 있다. NORM.S.INV 함수의 사용 형식은 다음과 같다.

```
=NORM.S.INV(probability)
```

여기서 probability에 확률을 인수로 입력하면 P(Z < c) = probability를 만족하는 상수 c의 값을 얻을 수 있다.

표준정규분포의 $(1-\alpha)$ 분위수 z_α는 주어진 확률 α에 대하여 $P(Z > z_\alpha) = \alpha$을 만족하므로 NORM.S.INV 함수를 이용하여 z_α를 구하기 위해서는 probability의 입력값으로 $1-\alpha$를 입력해야 된다.

〈그림 3.16〉은 주어진 확률 α에 대하여 표준정규분포의 $(1-\alpha)$ 분위수 z_α를 구하는 NORM.S.INV 함수의 예를 표시한 것이다. 이 결과로부터 $z_{0.025} = 1.96$임을 알 수 있다.

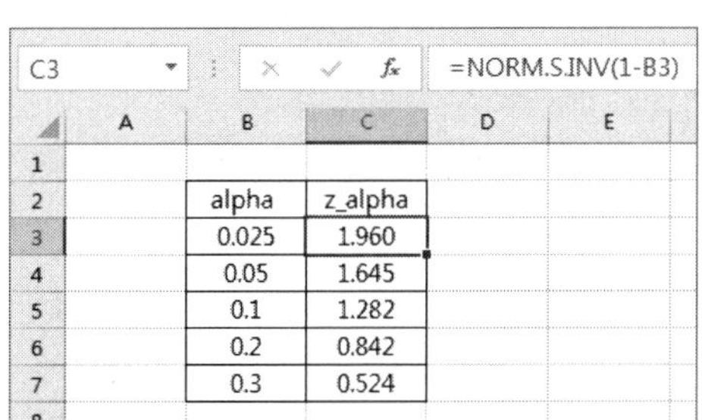

그림 3.16 N(0,1)의 $(1-\alpha)$ 분위수 z_α

3.5.3.4 표준정규분포를 이용한 정규분포의 확률

정규분포를 따르는 확률변수 $X \sim N(\mu, \sigma^2)$에 관련된 확률 문제는 엑셀 함수 NORM.DIST를 이용하여 구한다. 그러나 엑셀 프로그램이 준비되어 있지 않을 경우에는 이 함수를 사용할 수 없으므로 〈표 3.2〉의 표준정규분포표를 이용해야 한다.

정규분포의 확률 문제를 〈표 3.2〉의 표준정규분포표를 이용하여 해결하기 위해서는 먼저 정규분포를 따르는 확률변수를 $Z = \dfrac{X-\mu}{\sigma}$으로 표준화한다. 예를 들어 확률변수 X가 정규분포 $N(3, 4^2)$을 따를 때, 확률 $P(1 \le X \le 6)$의 값을 구해 보자. 부등식의 등가법칙에 의하여 부등식 $1 \le x \le 6$은 $-0.5 \le \dfrac{x-3}{4} \le 0.75$와 같다.

$$P(1 \le X \le 6) = P(-0.5 \le \frac{X-3}{4} \le 0.75) = P(-0.5 \le Z \le 0.75)$$
$$= P(Z \le 0.75) - P(Z \le -0.5) = P(Z \le 0.75) - (1 - P(Z \le 0.5))$$
$$= 0.7734 - (1 - 0.6915) = 0.4649$$

예제 3.54 (1) 우리나라 성인 남성의 발길이가 평균이 248(mm), 표준편차 10인 정규분포를 따른다고 할 때, 남성의 발길이가 228 이상 268 이하의 확률을 구하시오.
(2) K대학교 남학생들을 대상으로 키와 몸무게를 조사한 후 체질량지수(BMI, kg/m^2)를 측정하였더니 체질량지수의 평균이 23.9(kg/m^2)이고 표준편차가 3.5인 정규분포를 따른다고 할 때, 남학생들의 체질량지수가 18.5 미만의 확률을 구하시오.
(3) K대학교 학생들의 영양지식을 조사하였더니 15점 총점 중 여학생은 평균 8.3점, 표준편차 2.1점인 정규분포를 따른다고 할 때, K대학생 여학생 500명 중 영양지식 점수가 12점 이상인 학생의 수를 구하시오.

풀이

(1) 확률변수 X를 남성의 발길이로 정의하면

$$P(228 \le X \le 268) = P\left(\frac{228-248}{10} \le Z \le \frac{268-248}{10}\right) = P(-2 \le Z \le 2)$$
$$= 0.9772 - (1 - 0.9772) = 0.9544$$

(2) 확률변수 X를 K대학교 남학생들의 체질량지수로 정의하면

$$P(X < 18.5) = P(Z < \frac{18.5 - 23.9}{3.5}) = P(Z < -1.54) = 1 - P(Z \le 1.54)$$

$$= 1 - 0.9382 = 0.0618$$

(3) 확률변수 X를 K대학생 여학생들의 영양지식 점수로 정의하면,

$$P(X \ge 12) = P(Z \ge \frac{12 - 8.3}{2.1}) = P(Z \ge 1.76) = 1 - P(Z \le 1.76)$$

$$= 1 - 0.9608 = 0.0392$$

따라서 임의로 선택한 K대학교 여학생의 영양지식 점수가 12점 이상일 확률로부터 500명의 여학생 중 영양지식 점수가 12점 이상인 학생의 수는 $500 \times 0.0392 = 19.6$명일 것이다. ■

3.5.3.5 서로 독립인 정규분포의 평균에 대한 분포

두 확률변수 X와 Y의 결합확률밀도함수가 주변확률밀도함수의 곱으로 표시될 수 있을 때 두 확률변수를 서로 독립이라고 한다. 이 정의를 이용하면 두 확률변수 X와 Y가 서로 독립일 때 $E(XY) = E(X)E(Y)$가 성립함을 알 수 있다.

두 확률변수 X_1와 X_2가 서로 독립이고 $X_1 \sim N(\mu_1, \sigma_1^2)$, $X_2 \sim N(\mu_2, \sigma_2^2)$일 때, 두 확률변수의 합 $X_1 + X_2$, 차 $X_1 - X_2$, 평균 $\frac{X_1 + X_2}{2}$의 분포는 다음과 같이 모두 정규분포를 따른다.

(1) 두 정규분포의 합 $X_1 + X_2$의 분포

$$X_1 + X_2 \sim N(\mu_1 + \mu_2,\ \sigma_1^2 + \sigma_2^2)$$

따라서 합의 분포를 표준화하면

$$Z = \frac{(X_1 + X_2) - (\mu_1 + \mu_2)}{\sqrt{\sigma_1^2 + \sigma_2^2}} \sim N(0, 1)$$

(2) 두 정규분포의 차 $X_1 - X_2$의 분포

$$X_1 - X_2 \sim N(\mu_1 - \mu_2,\ \sigma_1^2 + \sigma_2^2)$$

따라서 이를 표준화하면

$$Z = \frac{(X_1 - X_2) - (\mu_1 - \mu_2)}{\sqrt{\sigma_1^2 + \sigma_2^2}} \sim N(0,\ 1)$$

예제 3.55 두 확률변수 X_1과 X_2가 각각 $X_1 \sim N(73,\ 4^2)$, $X_2 \sim N(70, 3^2)$일 때, X_1이 X_2 보다 클 확률을 구하시오.

풀이 X_1이 X_2 보다 클 확률은 $P(X_1 - X_2 > 0)$이므로 먼저 두 확률변수의 차의 분포를 구한다. 즉,

$$X_1 - X_2 \sim N(73 - 70,\ 4^2 + 3^2) = N(3,\ 5^2)$$

따라서

$$P(X_1 > X_2) = P(X_1 - X_2 > 0) = P(Z > \frac{0-3}{5}) = P(Z > -0.6)$$

$$= P(Z \le 0.6) = 0.7257$$ ■

(3) 두 정규분포의 평균 $\frac{X_1 + X_2}{2}$의 분포

$$\frac{X_1 + X_2}{2} \sim N\left(\frac{\mu_1 + \mu_2}{2},\ \frac{\sigma_1^2 + \sigma_2^2}{4}\right)$$

참고로 두 확률변수 X_1과 X_2가 모두 동일한 정규분포 $N(\mu,\ \sigma^2)$를 따른다고 할 때 두 정규분포의 평균 $\frac{X_1 + X_2}{2}$의 분포는 정규분포 $N(\mu,\ \frac{\sigma^2}{2})$를 따른다.

예제 3.56 서로 독립인 두 확률변수 X_1과 X_2가 모두 동일한 정규분포 $N(70,\ 5^2)$를 따른다고 할 때 확률 $P(X_1 > 75)$와 확률 $P\left(\frac{X_1 + X_2}{2} > 75\right)$을 각각 구하시오.

엑셀활용 확률변수 X_1과 X_2가 모두 동일한 정규분포 $N(70, 5^2)$를 따르므로 두 확률변수의 평균의 분포는 다음과 같다.

$$X_1 \sim N(70, 5^2), \qquad \frac{X_1 + X_2}{2} \sim N\left(70, \frac{5^2}{2}\right)$$

정규분포의 확률은 NORM.DIST 함수를 이용하거나 표준정규분포의 확률로 변형하여 NORM.S.DIST 함수를 이용하여 구한다. 엑셀 프로그램을 구할 수 없을 경우에는 〈표 3.2〉의 표준정규분포표를 활용하여 정규분포에 대한 확률을 구한다.

〈그림 3.17〉은 NORM.DIST 함수를 이용하여 $P(X_1 > 75)$와 $P(\frac{X_1 + X_2}{2} > 75)$의 값을 구한 결과를 표시한 것이다.

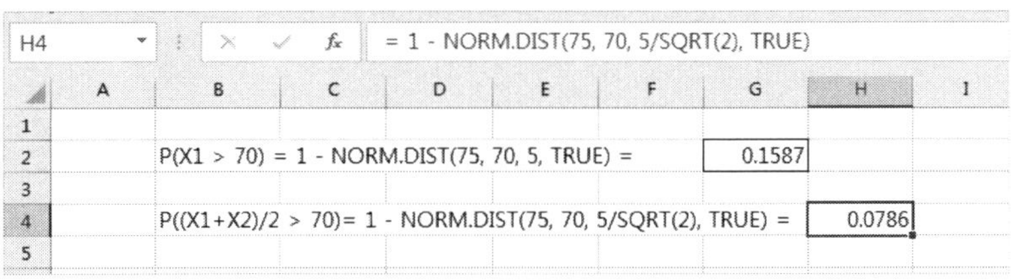

그림 3.17 두 확률변수의 평균의 분포

3.5.4 이항분포의 정규근사

확률변수 X가 이항분포 $B(n, p)$를 따를 때, 다음 조건을 만족하는 총 시행횟수 n이 커지면 X는 근사적으로 평균이 np, 분산이 $np(1-p)$인 정규분포를 따른다. 이를 이항분포의 정규근사라고 한다.

조건: $p < 0.5$일 때는 $np > 5$이고, $p > 0.5$일 때는 $n(1-p) > 5$이다.

예를 들어 〈그림 3.18〉과 같은 막대그래프를 분포로 하는 이항분포 $B(30, 0.35)$는 $n = 30$, $p = 0.35$이므로 $np = 30 \times 0.35 = 10.5 > 5$이다. 따라서 이항분포의 정규근사에 의하여 이항분포 $B(30, 0.35)$를 따르는 확률변수 X는 근사적으로 평균이 10.5이고 분산이 $(10.5)(0.65) = 6.825$인 정규분포 따른다고 볼 수 있다. 이 정규분포의 모양을 그림으로 표시하면 〈그림 3.19〉이다.

확률변수 X가 이항분포를 따를 때, 총 시행횟수 n이 커지면 X에 대한 확률 계산을 쉽게 할 수 없기 때문에 정규분포로 근사시켜서 확률을 구한다. 물론 이항분포와 정규분포는 확률변수의 특성이 다르기 때문에 오차가 발생한다. 그러나 그 차이는 총 시행횟수 n의 값이 커질수록 줄어들 것이다.

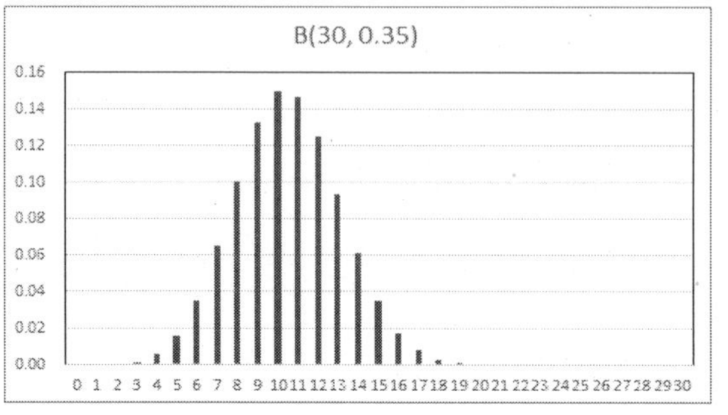

그림 3.18 이항분포 B(30, 0.35)

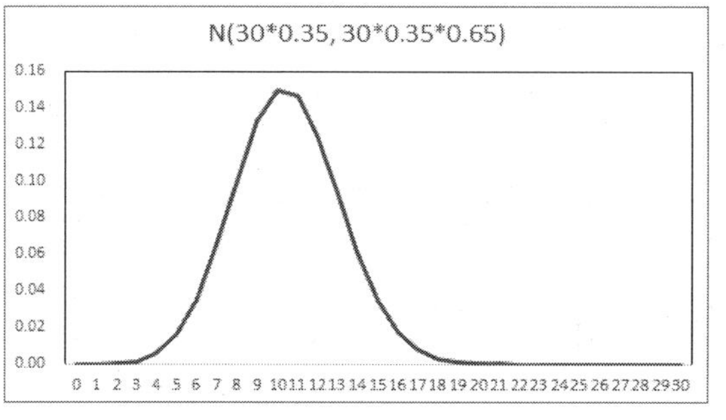

그림 3.19 정규분포 N(10.5, 6.825)

예를 들어 주사위를 720번 던질 때, 1의 눈이 94번 이상 135번 이하로 나올 확률을 생각해 보자. 확률변수 X를 주사위를 720번 던질 때, 1의 눈이 나온 횟수로 정의하면 X는 이항분포 $B(720, \frac{1}{6})$를 따른다. 이 이항분포로부터 확률 $P(X=95)$의 값을 먼저 구해 보면 다음과 같은 식이 된다.

$$P(X=95) = {}_{720}\mathrm{C}_{95}\left(\frac{1}{6}\right)^{95}\left(\frac{5}{6}\right)^{625}$$

그러나 이 식의 값은 계산하기가 매우 복잡하므로 정규분포 $N(120, 10^2)$로 근사하여 해결한다. 한 가지 주의할 점은 이산확률변수의 확률 $P(X=95)$의 값을 구하기 위해 정규분포로 근사할 경우 정규분포는 연속확률변수이므로 확률 $P(X=95)$의 값은 언제나 0이라는 점이다. 따라서 이산확률변수인 이항분포를 연속확률변수인 정규분포로 근사하기 위해서는 두 확률변수의 차이를 다음과 같이 보정해주어야 한다.

$X \sim B(720, \frac{1}{6})$	$\rightarrow$	$X \sim N(120, 10^2)$
$P(X=95)$	$\approx$	$P(95-0.5 \leqq X \leqq 95+0.5)$

또한 이항분포의 확률 $P(94 \leq X \leq 135)$도 정규분포에서는 $P(93.5 \leq X \leq 135.5)$으로 보정하여 구한다. 〈그림 3.20〉은 BINOM.DIST 함수와 NORM.DIST 함수를 이용하여 두 확률을 각각 구한 결과를 표시한 것이다. 〈그림 3.20〉의 결과에서 알 수 있듯이 두 확률의 차이는 0.0009보다 작아 거의 차이가 없다.

$P(X=95)$ = BINOM.DIST(95, 720, 1/6, FALSE)

= NORM.DIST(95.5,120,10, TRUE)−NORM.DIST(94.5,120,10, TRUE)

$P(94 \leq X \leq 135)$

= BINOM.DIST(135, 720, 1/6, TRUE) − BINOM.DIST(93, 720, 1/6, TRUE)

= NORM.DIST(135.5, 120, 10, TRUE) − NORM.DIST(93.5, 120, 10, TRUE)

G4 =ABS(E4-F4)

	A	B	C	D	E	F	G	H
1					B(720, 1/6)	N(120, 100)		
2					이항분포	정규분포	오차	
3		P(X=95)			0.0016	0.0018	0.00017	
4		P(94 <= X <= 135)			0.9345	0.9354	0.00094	
5								

그림 3.20 이항분포의 정규근사

참고로 〈그림 3.20〉에 표시된 ABS 함수는 인수의 절댓값을 구해주는 함수이다.

예제 3.57 하루 2,000개의 사과를 수확하는 사과 농장이 있다. 이 농장에서 하루 수확되는 사과의 2%는 불량품이라고 한다. 사과를 수확하는 어느 날 수확한 사과 중에서 불량품의 수가 50개 이상일 확률을 정규분포로 근사시켜 구하시오.

풀이 하루 수확된 2000개의 사과 중에서 불량 사과의 수를 확률변수 X로 정의하자. 그러면 $X \sim B(2000, 0.02)$이지만, 이 이항분포에 대한 확률을 정규분포로 근사하여 계산한다.

$$np = (2000)(0.02) = 40, \; np(1-p) = 40 \times 0.98 = 39.2$$

즉, $X \sim B(2000, 0.02)$은 $X \sim N(40, 39.2)$으로 근사된다. 〈표 3.2〉의 표준정규분포표를 이용하여 구하면

$$P(X \geq 50) \approx P(X \geq 49.5) = P\left(Z \geq \frac{49.5 - 40}{\sqrt{39.2}}\right)$$
$$\approx P(Z \geq 1.52) = 1 - P(Z \leq 1.52) = 1 - 0.9357 = 0.0643$$ ■

연습문제

[3.1] 1부터 20까지의 숫자가 하나씩 적힌 카드 20장이 있다. 이 중에서 한 장을 뽑을 때, 2 또는 3의 배수의 숫자가 적힌 카드가 나오는 경우의 수를 구하시오.

[3.2] (1) 여섯 개의 숫자 0, 1, 2, 3, 4, 5 중에서 서로 다른 세 숫자를 사용하여 만들 수 있는 세 자리 자연수는 모두 몇 개인가? 또한 이 세 자리 자연수 중에서 홀수의 개수는 몇 개인가?

(2) 여섯 개의 숫자 0, 1, 2, 3, 4, 5 중에서 중복을 허용하여 만들 수 있는 세 자리 자연수는 모두 몇 개인가? 또한 이 세 자리 자연수 중에서 짝수의 개수는 몇 개인가?

[3.3] 여섯 개의 숫자 0, 1, 1, 2, 2, 2를 일렬로 나열하는 순열의 수는 몇 가지인가? 또 이들 여섯 개의 숫자로 만들어지는 여섯 자리의 수는 몇 가지인가?

[3.4] 남학생 4명과 여학생 6명 중에서 4명으로 구성된 관능평가단을 뽑으려고 한다. 다음 각 경우에 맞도록 관능평가단을 뽑는 방법의 수를 구하시오.

(1) 전체에서 4명을 뽑는 경우

(2) 남학생 2명, 여학생 2명을 뽑는 경우

(3) 4명중 적어도 1명의 여학생을 포함하여 뽑는 경우

[3.5] 두 개의 주사위를 동시에 던질 때, 다음 물음에 답하시오.

(1) 이 시행의 결과는 총 몇 가지인가? 표본공간 S를 집합으로 표현하시오.

(2) 첫 번째 주사위의 눈이 짝수일 사건을 집합으로 표현하시오.

(3) 모두 같은 눈이 나올 확률을 구하시오.

(4) 나오는 눈의 수의 합이 3의 배수일 확률을 구하시오.

(5) 나오는 눈의 수의 차가 2일 확률을 구하시오.

[3.6] K대학생 중에서 여학생은 전체의 40% 이고, 여학생 중에서 매일 아침 식사를 하고 있는 여학생은 30% 라고 한다. 반면에 남학생 중에서 매일 아침 식사를 하고 있는 남학생은 60% 라고 한다.

(1) K대학생 중에서 한 명의 학생을 임의로 뽑은 학생이 여학생일 때, 이 학생이 아침식사를 하였을 확률을 구하시오.

(2) K대학생 중에서 임의로 한 명의 학생을 뽑을 때 이 학생이 아침식사를 하였을 확률을 구하시오.

[3.7] A, B 두 공장에서 매일 각각 100개씩 모두 200개의 제품을 생산하고 있다. 이 중에 포함된 불량품은 매일 A 공장에서 2개, B 공장에서 3개로 조사된다. 어느 날 생산된 200개의 제품 중에서 임의로 3개를 추출하였더니 불량품이 한 개 나왔다. 이 불량품이 A 공장에서 생산된 제품일 확률을 구하시오.

[3.8] 동전을 4번 던지는 독립시행에서 다음을 구하시오.

(1) 앞면이 3번 나올 확률

(2) 4번 모두 뒷면이 나올 확률

(3) 앞면이 나온 횟수를 X라고 할 때, X의 확률분포를 표로 나타내시오.

[3.9] 확률변수 X 의 확률분포표가 다음과 같을 때, 확률변수 $Y = 10X + 5$ 의 평균과 분산을 구하시오.

X	0	1	2	3	계
$P(X)$	$\frac{2}{10}$	$\frac{3}{10}$	$\frac{3}{10}$	$\frac{2}{10}$	1

[3.10] 어느 공장에서 생산하는 코코넛 과자의 경우 이 과자의 용량이 일정량 미달이면 불량품으로 처리하고 있다. 이 공장에서 생산하는 코코넛 과자 100 개 제품당 3 개의 불량품이 들어 있다고 한다. 이 공장에서 생산하는 코코넛 과자 중에서 10 개의 제품을 택할 때, 다음 각 확률을 이항분포를 이용하여 구하시오.

(1) 불량품이 0개일 확률

(2) 불량품이 1개일 확률

(3) 불량품이 2개 이상일 확률

[3.11] 주사위 2개를 던지는 시행에서 확률변수 X를 두 주사위의 눈의 합으로 정의할 때, X의 확률분포를 표로 나타내시오. 또한 이 표로부터 확률 $P(5 \leq X \leq 7)$을 구하시오.

[3.12] 함수 $f(x) = cx \ (0 < x < 1)$가 연속확률변수 X의 확률밀도함수일 때, 상수 c의 값과 확률 $P(X > \frac{1}{2})$를 구하시오.

[3.13] $X \sim N(\mu, 10^2)$일 때, 다음 표의 나머지 부분을 채우시오.

μ	$P(X \leq 45)$	$P(X \leq 60)$	$P(X \leq 75)$	$P(60 \leq X \leq 75)$	$P(X > 60)$
50					
60	0.0668	0.5	0.9332		
70					

[3.14] 어느 K대학교 학생 360 명을 대상으로 조사된 학생들의 나트륨 섭취 식행동 점수는 평균 45 점, 표준편차 3.5 점인 정규분포를 따른다고 한다.

(1) 나트륨 섭취 식행동 점수가 48 점 이상 52 점 이하인 학생은 전체의 약 몇 %인가?

(2) 조사된 학생 360 명 중 (1)번에 해당하는 학생은 약 몇 명인가?

(3) 나트륨 섭취 식행동 점수가 35 점 이하인 학생은 약 몇 %인가?

(4) 하위 20% 인 학생들에게 나트륨 섭취 감소를 위한 영양교육 프로그램을 이수하도록 하려고 한다. 영양교육 프로그램을 받지 않으려면 나트륨 섭취 식행동 점수가 최소 몇 점 이상이어야 하는가?

[3.15] 어느 식품클러스터 동아리에서는 금년에도 음식창작 페스티벌을 준비하고 있다. 지금까지의 경험에 의하면 초대받은 사람 중 실제 참석자의 비율은 0.5 라고 한다. 초대받은 사람 중에서 100 명을 임의추출 하였을 때, 참석자의 비율이 0.43 이상이고 0.56 이하일 확률을 다음 각 확률분포를 이용하여 구하시오.

(1) 이항분포

(2) 근사 정규분포

IV

표본분포와 추정

4.1 표본분포

4.1.1 표본평균의 분포

최근 우리 사회의 관심은 건강한 삶을 노후까지 유지하기 위하여 음식의 대한 관심이 높아지고 있다. 특히 건강을 위하여 저염식 식품의 섭취를 권장하고 있으며 음식을 통한 다량의 소금 섭취가 고혈압, 심혈관, 뇌혈관 질환 등을 유발하는 것으로 소개되고 있다. 이에 세계보건기구는 건강한 성인의 경우 1일 2,000 mg 이하의 나트륨 섭취를 권고하고 있다. 실제로 우리 지역의 주민들은 1일 나트륨 섭취량으로 세계보건기구가 권고한 2,000 mg 이하를 섭취하고 있을까? 이 사실을 조사하기 위해서는 조사하고자 하는 대상, 즉 모집단(population)을 먼저 설정하여야 한다.

통계조사에서 대상이 되는 집단 전체를 모집단이라고 하고, 표본조사를 위하여 모집단에서 추출한 부분집합을 표본(sample)이라고 한다. 어떤 모집단에서 조사하고자 하는 특성을 확률변수 X 라고 정의할 때, X 의 확률분포를 모집단 분포라고 하며, 모집단 분포의 평균을 모평균 μ, 분산을 모분산 σ^2, 표준편차를 모표준편차 σ, 비율을 모비율 p 라고 하자. 이때 모평균, 모표준편차, 모분산, 모비율 등을 모집단의 모수(parameter)라고 한다.

표본을 추출하는 이유는 모집단으로부터 자료를 수집하여 모집단의 특성인 모수를 추정함으로서 우리가 분석하고자 하는 모집단에 대한 통계적 추론을 하고자 함이다. 예를 들어 우리가 살고 있는 지역(모집단)의 주민들의 1일 나트륨 섭취량을 조사하기 위해서 먼저 단순무작위표본으로 300명의 주민을 추출한다. 이 300명의 주민들의 1일 섭취한 식품들을 조사한 후 이 식품에 포함되어 있는 나트륨의 양을 측정한다. 300명 나트륨 섭취 자료의 평균이 3,507.5 mg이었다면 우리 지역의 주민들의 1일 나트륨 섭취량의 모집단 평균 추정값은 3,507.5 mg으로 세계보건기구가 권고한 양보다 훨씬 많은 양의 나트륨을 섭취하고 있는 것으로 보고된다.

그러나 표본을 추출하여 얻어진 결과는 실제 모집단의 모수와 정확히 일치하지 않을 것이다. 예를 들어 우리 지역에서 300명의 주민을 추출하여 얻어진 나트륨 섭취의 평균값 3,507.5 mg은 단지 표본수가 300인 표본의 평균값으로 실제 우리 지역 주민들의 평균 나트륨 섭취량과 차이가 있을 것으로 분석된다. 두 값이 차이가 나는 이유는 표본을 선정할 때 표본오차(sampling error)가 존재하기 때문이다. 이 오차가 작을

수록 더 정확한 추론이 가능해진다. 표본오차를 줄이는 방법으로 첫 번째는 표본의 수를 가능한 크게 잡는 것이다. 그러나 비용과 시간의 여유가 넉넉하지 않으므로 표본수를 무한히 크게 잡을 수 없다. 따라서 적당한 표본오차를 유지하는 방향으로 표본수를 조정한다. 표본오차를 줄이는 두 번째 방법은 표본의 모든 자료가 독립적으로 무작위 추출이 이루어지도록 표본을 추출한다. 이렇게 함으로써 가능한 한 추출된 표본이 전체 모집단의 특성을 대표하도록 하는 것이다.

예제 4.1 속이 보이지 않는 상자에 1, 2, 3, 4, 5의 숫자가 쓰인 카드 5장이 있다. 이 상자에서 한 장의 카드를 무작위로 뽑는 시행을 할 때, 뽑힌 카드의 번호를 확률변수 X 라고 하자. 이 확률변수 X 의 확률분포표를 작성하고, X 의 (모)평균과 (모)분산을 구하시오.

풀이 3.3.2절에서 설명한 바와 같이 X 의 확률분포표를 작성하면 다음 표와 같이 X 는 이산균등분포를 따르고 있음을 알 수 있다.

X	1	2	3	4	5	합계
$P(X=x)$	$\frac{1}{5}$	$\frac{1}{5}$	$\frac{1}{5}$	$\frac{1}{5}$	$\frac{1}{5}$	1

이제 X 로 표현되는 모집단분포의 모수인 모평균(μ)과 모분산(σ^2)은 다음 식을 이용하여 구한다.

$$\mu = \sum_{i=1}^{5} x_i p_i = (1+2+3+4+5) \times \frac{1}{5} = 3$$

$$\sigma^2 = \sum_{i=1}^{5} (x_i - \mu)^2 p_i = ((1-3)^2 + (2-3)^2 + \cdots + (5-3)^2) \times \frac{1}{5} = \frac{10}{5} = 2$$

모집단으로부터 크기가 n 인 표본의 추출이 임의로 이루어질 경우 이 표본을 특별히 확률표본(random sample)이라고 한다. 확률표본은 표본이 뽑힐 때마다 매번 다른 값이 나오므로 확률표본 $X_1, X_2, \cdots, X_n$ 의 각각은 확률변수이며, 서로 독립이다. 또한 확률표본으로부터 합성된 함수들도 확률변수가 되며, 이들을 통계량(statistic)이라고 한다. 모든 확률변수는 그에 대응하는 확률분포를 가지므로 확률표본들로 이루어진 통계량들도 각각 하나의 확률분포를 가질 것이다. 확률표본으로부터 얻어진 통계량 중에서 가장 많이 사용되는 통계량으로 표본평균과 표본분산이 있다.

모집단에서 임의추출한 확률표본 $X_1, X_2, \cdots, X_n$의 평균을 표본평균이라고 하고 $\overline{X}$ 라고 표시하자. 표본평균 $\overline{X}$ 의 값은 다음 식으로 구할 수 있다.

$$\overline{X} = \frac{1}{n}(X_1 + X_2 + \cdots + X_n) = \frac{1}{n}\sum_{i=1}^{n} X_i$$

모집단에서 임의추출한 확률표본 $X_1, X_2, \cdots, X_n$의 분산을 표본분산이라고 하며, 이것을 기호로 S^2 으로 표시하고, 표본표준편차는 $\sqrt{S^2}$ 으로 S 로 표시하자.

$$S^2 = \frac{1}{n-1}\sum_{i=1}^{n}(X_i - \overline{X})^2 = \frac{1}{n-1}\left(\sum_{i=1}^{n} X_i^2 - \frac{(\sum_{i=1}^{n} X_i)^2}{n}\right)$$

예제 4.2 숫자가 적혀 있는 카드 5장이 있는 〈예제 4.1〉의 상자에서 중복을 허용하여 2장의 카드를 임의추출하여 하나의 표본을 구성할 때, 구할 수 있는 모든 표본을 나열하고 각 표본의 표본평균을 구하시오. 이때 표본평균의 평균과 분산을 각각 구하시오.

엑셀활용 예를 들어 하나의 표본으로 추출된 카드 2장에 적힌 숫자가 1, 3이면 이 표본의 평균은 $\frac{1+3}{2} = 2$이다. 다른 표본으로 추출된 2장의 카드가 2, 5이면 이 표본의 평균은 $\frac{2+5}{2} = 3.5$이다. 즉, 표본이 뽑힐 때마다 뽑힌 표본의 평균은 모두 동일하지 않을 것이다. 이와 같이 표본추출로부터 얻어지는 모든 표본의 경우에 대하여 각각 얻어지는 평균의 분포를 하나의 확률분포로 간주할 수 있는데 이 분포가 표본평균의 분포이다. 표본평균의 분포를 어느 정도 파악하기 위한 하나의 방법으로 이 분포의 평균과 분산(표준편차)을 구한다.

〈그림 4.1〉은 중복을 허용하여 추출한 2장의 카드에 표본을 모두 표시한 후, 각 표본의 평균을 구하여 표로 표시한 것이다.

D27 =AVERAGE(B27:C27)

	A	B	C	D	E
1					
2		표본		평균	
3		1	1	1	
4		1	2	1.5	
5		1	3	2	
6		1	4	2.5	
7		1	5	3	
8		2	1	1.5	
9		2	2	2	
10		2	3	2.5	
11		2	4	3	
12		2	5	3.5	
13		3	1	2	
14		3	2	2.5	
15		3	3	3	
16		3	4	3.5	
17		3	5	4	
18		4	1	2.5	
19		4	2	3	
20		4	3	3.5	
21		4	4	4	
22		4	5	4.5	
23		5	1	3	
24		5	2	3.5	
25		5	3	4	
26		5	4	4.5	
27		5	5	5	

그림 4.1 표본수가 2인 표본에 대한 평균값

이와 같이 중복을 허용하면서 표본의 수가 2인 모든 경우의 표본에 대하여 평균을 구하여 얻어진 표본평균의 확률분포표를 작성하면 다음과 같다. 예를 들어 2장의 카드를 뽑는 시행을 할 경우 2장의 카드에 적힌 숫자의 평균이 2가 될 경우의 수는 3이며, 이때의 확률은 0.12이다.

G	H	I	J	K	L	M	N	O	P	Q
표본평균	1	1.5	2	2.5	3	3.5	4	4.5	5	합계
빈도수	1	2	3	4	5	4	3	2	1	25
확률	0.04	0.08	0.12	0.16	0.2	0.16	0.12	0.08	0.04	1

그림 4.2 표본수가 2인 표본평균의 확률분포표

참고로 〈그림 4.2〉의 빈도수는 엑셀함수 =COUNTIF($D3:$D27, J2)를 이용하면 쉽게 그 값을 계산할 수 있다(2.2.1절 참조). 이 표본평균의 확률분포표를 이용하여 확률변수 $\overline{X}$의 평균 $E[\overline{X}]$와 분산 $V[\overline{X}]$를 구하면 다음과 같다.

$$E[\overline{X}] = 1 \times 0.04 + 1.5 \times 0.08 + \cdots + 5 \times 0.04 = 3$$
$$V[\overline{X}] = 1^2 \times 0.04 + 1.5^2 \times 0.08 + \cdots + 5^2 \times 0.04 - 3^2 = 1$$

〈예제 4.1〉에서 상자 속 카드의 숫자로 이루어진 모집단에 대한 모평균 $\mu = 3$이고, 모분산 $\sigma^2 = 2$임을 알 수 있었다. 이를 이용하여 표본평균 $\overline{X}$의 평균 $E[\overline{X}]$와 모평균 μ, 표본평균의 분산 $V[\overline{X}]$와 모분산 σ^2 사이의 관계를 살펴보면 다음과 같다.

$$E(\overline{X}) = 3 = \mu, \qquad V(\overline{X}) = 1 = \frac{2}{2} = \frac{\sigma^2}{n}$$

일반적으로 무한 모집단에서 임의추출한 확률표본 $X_1, X_2, \cdots, X_n$의 표본평균 $\overline{X}$의 평균은 μ이고, 분산은 $\dfrac{\sigma^2}{n}$임이 알려져 있다. 그러나 모집단의 구성원의 개수가 N인 유한모집단에서 추출된 확률표본의 표본평균 $\overline{X}$의 분산은 유한모집단 수정인수(correction factor)를 사용하여 다음과 같이 구한다.

$$\text{유한모집단의 경우 표본평균의 분산 : } V(\overline{X}) = \frac{N-n}{N-1} \cdot \frac{\sigma^2}{n}$$

모집단의 모표준편차와 구분하여 표본평균의 표준편차 $\sigma(\overline{X})$를 평균의 표준오차(standard error)라고 한다. 일반적으로 표준오차는 추정량의 표준편차를 일컫는 용어로서 추정량이 모수로부터 얼마나 떨어져 있는지를 예측할 수 있는 한 도구로서 역할을 한다. 유한모집단의 경우라도 모집단의 수 N에 비하여 표본의 수 n이 작은 경우, 예를 들면 $\dfrac{n}{N} \leq 0.05$를 만족하면 평균의 표준오차 $\sigma(\overline{X})$는 $\sigma/\sqrt{n}$으로 계산해도 좋다. 표본의 크기가 10, 그리고 100인 경우 평균의 표준오차를 구해 보면 다음과 같이 표본의 크기가 커질수록 표준오차는 작아지고 있음을 알 수 있다.

$$n = 10 \quad : \quad \frac{\sigma}{\sqrt{n}} = \frac{\sigma}{\sqrt{10}} = 0.316\sigma$$

$$n = 100 \quad : \quad \frac{\sigma}{\sqrt{n}} = \frac{\sigma}{\sqrt{100}} = 0.1\sigma$$

4.1.2 중심극한정리

확률표본 $X_1, X_2, \cdots, X_n$이 모평균이 μ, 모분산이 σ^2인 정규분포에서 추출되었다고 할 때, 표본평균 $\overline{X}$의 분포는 평균이 μ, 분산이 $\frac{\sigma^2}{n}$인 정규분포를 따른다. 즉,

$$\overline{X} \sim N\left(\mu, \frac{\sigma^2}{n}\right)$$

참고로 이 사실은 3.5.3.5절 (3)의 두 확률변수의 평균에 대한 분포를 확장하여 얻을 수 있다. 다음 중심극한정리는 모집단의 분포가 미정일 경우 표본평균의 분포에 대한 근사 분포를 설명하고 있다.

중심극한정리(Central Limit Theorem)

확률표본 $X_1, X_2, \cdots, X_n$이 모평균 μ, 모분산 σ^2인 모집단에서 추출되었다고 할 때, 표본의 크기 n이 커짐에 따라 표본평균 $\overline{X}$의 분포는 평균 μ, 표준편차 $\frac{\sigma}{\sqrt{n}}$인 정규분포에 근사한다.

1959년에 발간된 Statistics for Business Decisions(E. Kurnow 외 2인)이란 저서를 살펴보면 다양한 분포를 가진 모집단에서 추출된 표본의 수가 2개, 5개, 30개인 경우 각 표본평균의 분포에 대한 모양을 그림으로 보여주고 있다. 이 그림을 살펴보면 모집단의 분포와 상관없이 추출된 표본의 수가 커질수록 표본평균의 분포는 점차 정규분포로 근접하고 있음을 알 수 있다. 이와 같이 모집단으로부터 단순 무작위 임의표본을 추출할 때 표본평균 $\overline{X}$의 분포는 표본의 수가 커질수록 점차 정규확률분포에 가까워진다는 것이 중심극한정리의 요점이다.

일반적으로 중심극한정리로부터 표본의 크기가 30 이상이면 표본평균 $\overline{X}$의 분포가 정규분포라고 가정해도 무방하다. 그러나 모집단의 분포가 한쪽으로 치우쳐 있거나 이상치 등이 존재하면 표본의 크기를 50보다 크게 잡아야 유의한 통계분석을 진행할 수 있다.

예제 4.3 K대학의 한 식당에서 조사한 바에 따르면 점심시간에 학생들이 식사하는 시간은 모평균 24분, 모표준편차 3분인 정규분포를 따른다고 한다.

(1) 이 식당에서 식사를 마친 9명의 학생들을 임의로 조사할 때 식사시간의 평균 $\overline{X}$의 표본분포를 그리시오.

(2) 표본의 크기가 25일 경우 식사시간의 평균 $\overline{x}$의 표본분포를 그리시오.

(3) 이 식당에서 식사를 마친 9명의 학생들을 임의로 조사할 때 식사시간의 평균 $\overline{X}$가 모평균의 ±1분 이내에 있을 확률은 얼마인가?

(4) 표본의 크기가 25일 경우 식사시간의 평균 $\overline{x}$가 모평균의 ±1분 이내에 있을 확률은 얼마인가?

엑셀활용 표본수가 n인 표본평균의 분포는 평균이 모평균인 24와 같고, 표준편차가 $3/\sqrt{n}$인 정규분포를 따르므로 〈그림 4.3〉과 같이 x의 값을 20부터 27까지 입력한 후 엑셀함수를 이용하여 확률밀도함수를 구한다.

- n=9인 경우: f9 = NORM.DIST(A2, 24, 3/SQRT(9), FALSE)
- n=25인 경우: f25 = NORM.DIST(A2, 24, 3/SQRT(25), FALSE)

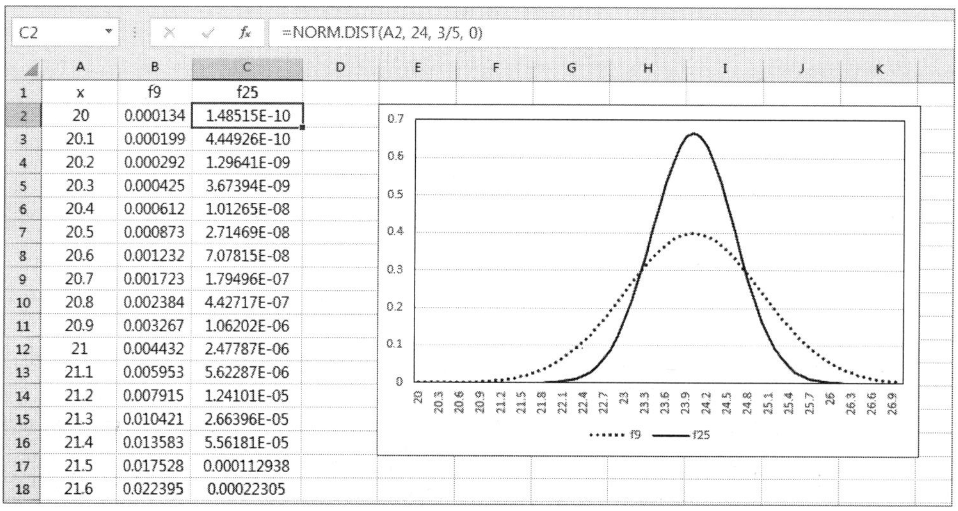

	A	B	C
1	x	f9	f25
2	20	0.000134	1.48515E-10
3	20.1	0.000199	4.44926E-10
4	20.2	0.000292	1.29641E-09
5	20.3	0.000425	3.67394E-09
6	20.4	0.000612	1.01265E-08
7	20.5	0.000873	2.71469E-08
8	20.6	0.001232	7.07815E-08
9	20.7	0.001723	1.79496E-07
10	20.8	0.002384	4.42717E-07
11	20.9	0.003267	1.06202E-06
12	21	0.004432	2.47787E-06
13	21.1	0.005953	5.62287E-06
14	21.2	0.007915	1.24101E-05
15	21.3	0.010421	2.66396E-05
16	21.4	0.013583	5.56181E-05
17	21.5	0.017528	0.000112938
18	21.6	0.022395	0.00022305

그림 4.3 표본수가 n=9, 25인 경우 표본평균의 확률밀도함수 구하기

(1)~(2) 점심시간에 들어온 임의의 학생 n명의 평균 식사시간 $\overline{X}$라고 할 때 n의 값이 9 그리고 25인 경우 평균 식사시간의 확률밀도함수는 〈그림 4.4〉와 같이 정규분포 곡선을 얻을 수 있다. 〈그림 4.4〉의 실선의 곡선은 표본수가 9일 때 표본분포의 확

률밀도함수이며, 점선의 곡선은 표본수가 25인 경우의 표본분포에 대한 확률밀도함수이다.

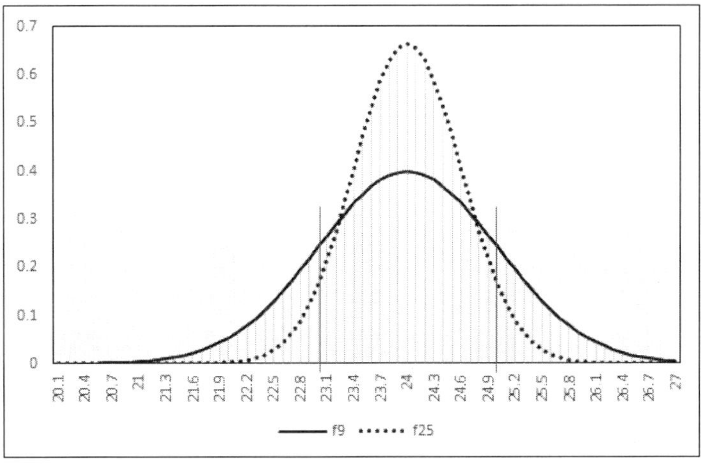

그림 4.4 표본수가 9, 25인 표본평균의 확률밀도함수

(3) 이 식당에서 식사를 마친 9명의 학생들을 임의로 조사할 때 식사시간의 평균 $\overline{X}$가 모평균의 ± 1분 이내에 있을 확률은 모평균이 24(분)이므로 $\overline{X}$가 23(분) 이상 25(분) 이하일 확률을 구하는 것이므로 이 확률은 다음과 같이 누적확률분포를 이용하여 구한다.

$$P(23 \leq \overline{X} \leq 25) = P(\overline{X} \leq 25) - P(\overline{X} \leq 23)$$

이때 표본수가 9인 표본평균에 대한 표본편차, 즉 표준오차는 $3/\sqrt{9} = 1$이므로 엑셀 함수 =NORM.DIST(25, 24, 1, TRUE)를 이용하여 확률 $P(\overline{X} \leq 25)$를 구한다. 즉, $\overline{X}$가 23(분) 이상 25(분) 이하일 확률은 다음과 같다. 이 확률로부터 표본평균이 모평균과의 오차가 1분 이하일 확률은 50% 이상임을 알 수 있다.

$$P(23 \leq \overline{X} \leq 25) = P(\overline{X} \leq 25) - P(\overline{X} \leq 23) = 0.8413 - 0.1587 = 0.6827$$

(4) 표본수가 25인 경우의 표본평균에 대한 확률밀도함수의 표준편차가 더 작기 때문에 표본수가 9인 경우보다 표본평균과 모평균과의 오차가 1분 이하일 확률이 더 높을 것이라고 기대할 수 있을 것이다. 실제로 표본수가 25인 경우 $\overline{X}$가 23(분) 이상 25(분) 이하일 확률은 0.9044로 매우 높은 확률을 가진다.

=NORM.DIST(23, 24, 3/5, TRUE)

표본평균		25이하 확률	23이하 확률	23이상 25이하 확률
표본수	9	0.8413	0.1587	0.6827
	25	0.9522	0.0478	0.9044

다시 언급하자면 표본의 크기가 커질수록 평균의 표준오차도 작아지며 표본평균의 분포도 모평균을 중심으로 폭이 좁혀진다. 따라서 표본수가 많아질수록 표본평균이 모평균으로부터 멀어질 확률은 상대적으로 낮아지며 반대로 모평균 근처의 구간에 놓여 있을 확률은 높아질 것이다.

예제 4.4 세계보건기구(WHO)가 권장하는 1일 나트륨 권장량은 2,000 mg이라고 한다. 이에 K대 대학생들의 1일 나트륨 섭취 현황을 조사하였더니 평균 2,050 mg이고 표준편차가 300 mg이었다. K대 대학생 중에서 단순무작위로 100명을 추출하여 1일 나트륨 섭취량을 조사할 때 표본평균의 값이 2,000 이상일 확률은 얼마인가?

풀이 K대 대학생들의 1일 나트륨 섭취량에 대한 모집단의 분포는 정규분포가 아닐 수도 있다. 그러나 중심극한정리를 응용하면 표본수 100에 대한 표본평균의 분포는 정규분포로 근사하여 문제를 해결할 수 있다. 따라서 표본평균의 값이 2,000 이상일 확률은 엑셀함수 NORM.DIST( )를 이용하여 다음과 같이 구할 수 있다.

$$P(\overline{X} \geq 2000) = 1 - P(\overline{X} \leq 2000) = \text{ 1 - NORM.DIST(2000, 2050, 300/10, 1)}$$
$$= 1 - 0.0478 = 0.9522$$ ■

4.1.3 비율의 표본분포

K대학교의 한 구내식당에서 이 대학교 학생들의 가장 인기 있는 메뉴가 무엇인지 조사하여 그 메뉴를 좋아하는 비율을 조사한다고 하자. 이때 조사하고자 하는 가장 인기 있는 메뉴의 비율은 K대학교 학생 전체(이 집단이 모집단이다)를 모두 조사하면 그 비율을 정확히 알 수 있을 것이다. 이때 전체 집단에서 얻어지는 특정 비율을 모비율이라고 하고, 보통 p로 표시한다. 우리가 조사하고자 하는 모비율의 예로 한 지역의 시장 선거에서 특정 후보를 지지하는 비율이라든지 음료수병을 생산하는 공장에서 발생

하는 불량 음료수병의 비율 등을 들 수 있다.

그러나 모집단의 특정 비율인 모비율을 구하는 경우 구성원 전부를 조사하는 것이 보통 힘들기 때문에 표본을 추출하여 모비율을 추정하게 된다. 이때 표본크기가 n 인 확률표본을 모집단으로부터 무작위로 추출한 후 이 표본으로부터 조사하고자 하는 특정 사건이 일어난 횟수를 확률변수 X 로 정의하고 표본비율($\hat{p}$)은 다음과 같이 계산한다.

$$\hat{p} = \frac{X}{n}$$

예제 4.5 어떤 도시의 총 가구 수는 789,654이고, 이 중에서 주택을 소유한 가구 수는 563,282라고 한다. 이 도시에서 240가구를 임의로 추출한 후 주택 소유 가구 수를 조사하였더니 158가구가 주택을 소유하고 있었다. 이때 모비율 p 와 표본비율 $\hat{p}$ 을 각각 구하시오.

풀이 모비율 p 는 이 도시의 전체 총 가구 수 중에서 주택을 소유한 가구 수의 비율이므로 $p = \frac{563,282}{789,654} = 0.71$ 이다. 반면에 이 도시에서 추출한 표본 240개의 가구 중에서 주택을 소유한 가구 수의 비율인 표본비율 $\hat{p}$ 은 다음과 같다.

$$\hat{p} = \frac{158}{240} = 0.66$$

모집단으로부터 추출한 크기 n 인 확률표본으로부터 어떤 사건이 일어난 횟수를 확률변수 X 로 정의하면 X 는 이항분포 $B(n, p)$ 를 따른다. 이때 확률변수 X 의 평균과 분산을 구하면 다음과 같음은 이미 알고 있는 내용이다(3.4.3절 참조).

$$E(X) = np, \quad V(X) = np(1-p)$$

표본비율 $\hat{p}$ 역시 확률변수이므로 표본비율의 평균과 분산을 각각 다음과 같이 구할 수 있다. 여기서 $E(\hat{p}) = p$ 이므로 표본비율은 모비율의 불편추정량임을 알 수 있다.

$$E(\hat{p}) = E\left(\frac{X}{n}\right) = \frac{E(X)}{n} = \frac{np}{n} = p$$

$$V(\hat{p}) = V\left(\frac{X}{n}\right) = \frac{V(X)}{n^2} = \frac{np(1-p)}{n^2} = \frac{p(1-p)}{n}$$

만일 표본의 크기 n이 충분히 크면, 중심극한정리를 표본비율의 분포에 적용할 수 있다. 특히 $np \geq 5$이고 $n(1-p) \geq 5$인 조건을 만족하면 표본비율 $\hat{p}$의 표본분포는 평균이 p이고 분산이 $\frac{p(1-p)}{n}$인 정규분포에 근사한다. 또한 정규분포에 근사하는 표본비율을 표준화로 변환하면 다음과 같이 표준정규분포를 얻을 수 있다.

$$Z = \frac{\hat{p} - p}{\sqrt{\frac{p(1-p)}{n}}} \ \dot{\sim}\ N(0,\ 1)$$

예제 4.6 한 식료품 연구소의 조사에 따르면 J지역의 과자 소비자 중에서 42%가 과자에 표시되어 있는 칼로리의 양을 읽어본다고 한다. 이 지역에 거주하는 시민 중에서 무작위로 300명을 추출하여 과자 구매 시 과자에 표시되어 있는 칼로리의 양을 읽어본다는 표본비율이 39%에서 45% 사이에 있을 확률은 얼마인가?

엑셀활용 표본비율에 대한 분산과 표준편차의 계산이 조금 복잡하므로 엑셀 함수를 이용하여 원하는 확률을 계산하도록 하자. 표본비율의 평균은 0.42이고 분산과 표준편차는 〈그림 4.5〉에 계산한 바와 같이 각각 0.000812와 0.028496이다.

이제 표본비율의 분포를 정규분포로 근사하여 확률을 구하면 다음 식과 같다.

$$P(0.39 \leq \hat{p} \leq 0.45) = P(\hat{p} \leq 0.45) - P(\hat{p} \leq 0.39)$$

= NORM.DIST(0.45, 0.42, 0.028496, 1) −
NORM.DIST(0.39, 0.42, 0.028496, 1)

= 0.8538 − 0.1462 = 0.7076

여기서 NORM.DIST() 함수의 마지막 4번째 인수는 누적확률을 구할 것이냐는 물음에 대한 인수로서 누적 확률을 구하고자 할 경우에는 TRUE를 사용한다. 그러나 TRUE가 컴퓨터 내부에서 저장되는 값이 1이므로 TRUE 대신에 1를 사용할 수 있다. 또한 FALSE가 필요한 엑셀 함수에서 FALSE 대신 0을 인수로 사용할 수 있다.

=NORM.DIST(0.45, B3, F4, TRUE)

B	C	D	E	F	G	H	I
모비율	표본수	표본비율	평균	0.42	0.39이하 확률	0.45이하 확률	0.39이상 0.45이하 확률
0.42	300		분산	0.000812	0.1462	0.8538	0.7076
			표준편차	0.028496			

그림 4.5 표본비율의 분포와 확률

즉, 과자 구매 시 과자에 표시되어 있는 칼로리의 양을 읽어본다는 표본비율이 39%에서 45% 사이에 있을 확률은 70.76%가 된다. 이 확률은 표본비율과 모비율 사이의 차이가 3% 이내일 확률인 것으로 특정 표본에서 얻어진 표본비율이 모비율에서 3% 이내에 놓여 있을 확률이 70% 정도 된다는 정보를 제공하는 것이다.

표본비율의 표준편차를 비율의 표준오차라고 하자. 〈예제 4.6〉의 경우 표본수가 300인 경우의 비율의 표준오차는 0.028496이었다. 만약 이 조사를 위하여 표본수를 700명으로 늘린다면 비율의 표준오차는 다음과 같이 표본수가 300일 때보다 더 작아질 것이다.

$$\text{표본수가 700일 경우 비율의 표준오차} = \sqrt{(0.42)(0.58)/700} = 0.018655$$

이때 표본비율이 모비율에서 3% 이내에 놓여 있을 확률을 구해 보면 0.8922 (=0.9461−0.0539)임을 알 수 있다. 즉, 표본크기가 300에서 700으로 커지면 표본오차(=모비율과 표본비율의 차)가 0.03 이하일 확률이 70.76%에서 83.69%로 크게 증가함을 알 수 있다.

4.2 추정

4.2.1 점추정

땅콩이 주재료인 땅콩과자가 포장되어 있는 상자의 겉면에 과자의 내용량으로 70 g이 표시되었다면 이 숫자의 의미는 무엇일까? 우리가 구매한 땅콩과자 한 상자에 들어 있는 과자의 양이 정확히 70 g이라는 것은 아닐 것이다. 이는 땅콩과자를 만들고 이 과자를 하나의 상자로 포장하는 공정에서 한 상자에 포함된 땅콩과자의 양의 모평균이

70 g이라는 의미이다. 실제로 이 과자 한 상자에 들어 있는 땅콩과자의 양이 얼마인지 이 땅콩과자를 무작위로 구매하여 조사해 볼 수 있다.

모집단의 성질을 정의해 놓은 값을 모수라고 하였다. 예를 들어 모평균, 모분산, 모표준편차, 모비율 등이 모수라고 할 수 있다. 이러한 모집단의 모수들은 실제 상황하에서는 그 값들이 알려져 있지 않다. 그러므로 통계분석을 하는 목적은 이와 같이 알려져 있지 않은 그러나 우리가 관심을 갖고 있는 모수들을 추정하는 데 있다. 모수들의 추정은 먼저 모집단으로부터 무작위 표본을 뽑고 이 표본들의 통계량으로 추정한다. 어떤 특정한 모수에 대하여 이를 추정하기 위해 만들어진 표본들의 통계량을 이 모수의 추정량(estimator)이라고 한다. 또한, 추정량을 이용하여 모수의 값을 하나의 값으로 추정하는 것을 점추정이라 하고, 신뢰수준을 동반한 적절한 구간으로 추정하는 것을 구간추정이라고 한다.

앞 절에서 점추정량의 기댓값이 모집단의 모수와 일치할 때, 이 추정량을 불편추정량(unbiased estimator)라고 하였다. 즉, 표본평균의 평균이 모평균과 일치하므로 표본평균 $\overline{X}$는 모평균 μ의 불편추정량이다. 또한 표본비율의 평균도 모비율과 일치함을 알 수 있으며, 모집단이 정규분포를 따를 경우 표본분산의 평균도 모분산과 동일함이 알려져 있다. 따라서 표본비율과 표본분산도 각각 모비율과 모분산의 불편추정량이다. 그러나 일반적으로 표본표준편차의 기댓값은 모표준편차와 일치하지 않는다. 즉, 표본표준편차는 모표준편차의 불편추정량이 아니다.

예 모집단의 평균인 모평균 μ를 추정하는 점추정량으로 표본평균 $\overline{X}$를 가장 많이 사용한다. 모평균을 추정한다는 의미로 이를 $\hat{\mu}$으로 표시하자.

$$\hat{\mu} = \overline{X} = \frac{1}{n}\sum_{i=1}^{n} X_i$$

예 모집단의 분산인 모분산 σ^2을 추정하는 점추정량으로 표본분산 S^2를 사용한다. 모분산을 추정한다는 의미로 이를 $\widehat{\sigma^2}$으로 표시하자.

$$\widehat{\sigma^2} = S^2 = \frac{1}{n-1}\sum_{i=1}^{n} (X_i - \overline{X})^2$$

예 모집단의 비율인 모비율 p을 추정하는 점추정량으로 표본비율 $\hat{p}$을 사용하고, 기호 $\hat{p}$은 모비율을 추정한다는 의미이다. 다음 식에서 확률변수 X는 n개의 값 중에서 성공(관심사건)이 일어날 횟수로 정의하고 이항분포를 따른다고 가정하자.

$$\hat{p} = \frac{X}{n}$$

예제 4.7 한 상자에 들어 있는 땅콩과자의 양이 상자의 겉면에 표기되어 있는 내용량 70 g과 일치하는지 알아보기 위하여 동일한 제품의 과자 상자 10개를 무작위로 구매한 후, 땅콩과자의 실제 양을 측정하여 다음과 같은 자료를 얻었다.

70.1	70.3	69.5	69.7	70.1	70.0	69.6	70.3	69.9	70.1

이 자료를 이용하여 한 상자에 포함된 땅콩과자의 내용량에 대한 모평균 μ와 모분산 σ^2을 점추정하시오.

엑셀활용 한 상자에 포함된 땅콩과자의 내용량에 대한 모평균 μ의 점추정량 $\hat{\mu}$은 다음과 같이 계산한다.

$$\hat{\mu} = \bar{x} = \frac{699.6}{10} = 69.96$$

또한 한 상자에 포함된 땅콩과자의 내용량의 모분산에 대한 점추정값 $\widehat{\sigma^2}$은

$$\widehat{\sigma^2} = S^2 = \frac{1}{9}\sum_{i=1}^{10}(x_i - \bar{x})^2 = \frac{0.704}{9} = 0.0782$$

이다. 참고로 불편추정량은 아니지만 모표준편차를 추정할 수 있는 통계량은 다음과 같이 표본표준편차를 이용할 수 있다.

$$\hat{\sigma} = S = \sqrt{0.0782} = 0.2797$$

〈그림 4.6〉에 표시한 바와 같이 엑셀 함수 AVERAGE( ), VAR.S( ), STDEV.S( ) 함수를 이용하여 모평균, 모분산, 모표준편차의 점추정값을 각각 구할 수 있다. 참고로 통계 식을 이용하여 각 추정량을 구하는 방법도 엑셀 함수와 같이 표시하였다.

	A	B	C	D	E	F	G	H	I	J	K
1											
2	xi	70.1	70.3	69.5	69.7	70.1	70	69.6	70.3	69.9	70.1
3	(xi-m)^2	0.0196	0.1156	0.2116	0.0676	0.0196	0.0016	0.1296	0.1156	0.0036	0.0196
4											
5			함수		식						
6	표본평균(m)	69.96	AVERAGE(B2:K2)		SUM(B2:K2)/10						
7	표본분산	0.0782	VAR.S(B2:K2)		SUM(B3:K3)/9						
8	표본표준편차	0.2797	STDEV.S(B2:K2)								
9											

그림 4.6 모평균과 모분산의 점추정량

땅콩과자를 만드는 공정에서 한 상자에 포함되는 과자의 양이 69.55 g보다 작으면 불량품이라고 할 때, 이 공정에서 만들어지는 불량률 p의 점추정값 $\hat{p}$은 다음과 같다.

$$\hat{p} = \frac{x}{n} = \frac{1}{10} = 0.1$$

점추정량은 표본들의 함수로 이루어지며 특정 모수에 대하여 여러 방법을 통하여 다양한 추정량을 만들 수 있다. 따라서 모수를 가장 잘 추정하는 추정량이 무엇인지 구분하는 기준이 필요한데 보통 불편성, 효율성, 일치성을 만족하는 통계량을 최량추정량으로 선택한다.

4.2.2 구간추정

땅콩이 주재료인 땅콩과자가 포장되어 있는 상자의 겉면에 과자의 내용량으로 표시되어 있는 모평균의 값은 모평균의 점추정량인 표본평균을 이용하여 추정한다. 즉, 표본(땅콩과자가 들어 있는 상자)을 추출하여 표본에 포함되어 있는 과자의 내용량을 측정한 후 얻어진 표본평균을 이용하여 모평균을 추정한다. 그러나 이렇게 표본으로부터 얻어진 표본평균이 모평균과 정확히 일치하지 않을 것이다. 따라서 모평균의 추정을 점추정값만으로 한정하지 않고 점추정량에 표본오차(또는 오차한계)를 가감한 구간을 설정하여 얻어진 구간추정을 많이 사용한다.

모집단의 모수를 추정하기 위하여 점추정을 할 경우 언제나 표본의 오차가 발생한다. 그러나 실제 모수의 값이 얼마인지 모르기 때문에 이 오차가 어느 정도인지 신뢰성의 정도를 파악할 수 없다. 이를 보안하기 위한 구간추정은 모수가 포함될 범위를 하나의 신뢰구간으로 추정하는 것이다. 모집단의 모수 θ에 대한 구간추정의 일반적인 형태는 다음과 같다. 여기서 $\hat{\theta}$은 모수 θ에 대한 점추정량이다.

$$\hat{\theta} \pm \text{표본오차}$$

4.2.2.1 모표준편차를 알고 있을 경우 모평균에 대한 구간추정

예제 4.8 K대학의 한 식당에서 조사한 바에 따르면 점심시간에 학생들이 식사하는 시간은 모평균 μ(분), 모표준편차 3(분)인 정규분포를 따른다고 한다. 이 대학의 학생 81명을 무작위로 추출하여 이 학생들의 식사 시간을 측정하여 $\bar{x}=23$(분)을 얻었다.

(1) 이 대학 학생들의 식사 시간에 대한 모평균을 추정하시오.

(2) 표본평균 $\overline{X}$와 모평균 μ의 차이가 c 이하일 확률이 95%가 되는 c의 값을 구하시오.

풀이 평균이 μ, 표준편차가 σ인 모집단에서 n개의 표본수를 갖는 표본을 추출하여 얻어진 표본평균 $\overline{X}$의 분포는 평균이 μ, 분산이 $\dfrac{\sigma^2}{n}$인 정규분포를 따른다. 따라서 81명의 학생들의 표본평균 $\overline{X}$는 다음과 같이 정규분포를 가질 것이다.

$$\overline{X} \sim N(\mu, \frac{3^2}{81}) = N(\mu, \frac{1}{9})$$

(1) 모평균의 점추정량은 표본평균이므로 이 대학 학생들의 식사 시간에 대한 모평균의 추정값은 23(분)이라고 할 수 있다.

(2) 표본평균 $\overline{X}$와 모평균 μ의 차이가 c 이하일 확률이 95%라는 사실은 다음과 같이 표시할 수 있을 것이다.

$$0.95 = P(|\overline{X}-\mu| \le c) = P(\mu - c \le \overline{X} \le \mu + c) = P(-3c \le Z \le 3c)$$

이때 $P(Z>3c)=0.025$이므로 〈예제 3.52〉의 결과로부터 $c=1.96/3$임을 알 수 있다. 이 사실을 좀 더 상세히 기술하면 표본평균 $\bar{x}$의 95%가 모평균 μ에서 $\pm c$ 이내에 놓여 있기 위한 c의 값은 다음과 같다.

$$c = 1.96\,\sigma(\overline{X}) = 1.96\frac{\sigma}{\sqrt{n}} = 1.96\frac{3}{\sqrt{81}} = 0.653$$ ■

다음 〈그림 4.7〉은 모집단의 모표본편차 σ를 알고 있는 경우 정규분포를 따르는 표본평균 $\overline{X}$의 확률밀도함수를 그린 것이다. 〈그림 4.7〉의 표본평균의 분포에서 식 $P(\mu - c \le \overline{X} \le \mu + c) = 0.95$를 식 $P(\overline{X} - c \le \mu \le \overline{X} + c) = 0.95$으로 변형할 수 있으며 이때 생기는 모평균이 속하는 구간 $[\overline{X} - c, \overline{X} + c]$을 모평균 μ에 대한 신뢰도 95% 의 신뢰구간(confidence interval)이라고 한다.

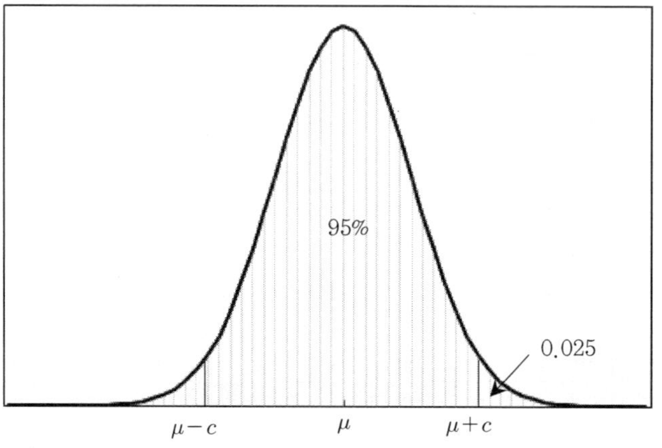

그림 4.7 $\overline{X}$의 분포

이 신뢰구간을 95%의 신뢰수준(confidence level)에서 설정된 구간추정이라고 하며, 0.95를 신뢰계수(confidence coefficient), 1−신뢰계수인 0.05를 유의수준이라고 라고 하며 보통 α로 표시한다. 참고로 $z_{\alpha/2} = 1.96$이다. 이때 모평균에 대한 95% 신뢰구간에 표시된 $c = 1.96\frac{\sigma}{\sqrt{n}}$의 값을 95% 신뢰수준에서의 표본오차 또는 오차한계라고 한다.

> **모평균 μ에 대한 신뢰도 95%의 신뢰구간** $= \left[\, \overline{x} - 1.96\frac{\sigma}{\sqrt{n}},\ \overline{x} + 1.96\frac{\sigma}{\sqrt{n}} \,\right]$

예제 4.9 K대학의 한 식당에서 조사한 바에 따르면 점심시간에 학생들이 식사하는 시간은 모평균 μ(분), 모표준편차 3(분)인 정규분포를 따른다고 한다.

(1) 이 대학의 학생 36명을 무작위로 추출하여 이 학생들의 식사 시간을 측정할 때 식

사 시간의 모평균에 대한 95% 신뢰수준에서의 표본오차를 구하시오.

(2) 모평균 μ가 25(분)이라고 가정하자. 표본수 36명을 갖는 세 표본에 대한 식사 시간의 표본평균이 각각 24.5(분), 25.5(분), 26.0(분)이라고 할 때 모평균에 대한 95% 신뢰구간을 구하고 이 신뢰구간에 모평균 μ가 포함되어 있는지 조사하시오.

풀이

(1) 표본수 $n = 36$, 유의수준 $\alpha = 0.05$에 대하여 $z_{0.025} = 1.96$이므로 식사 시간의 모평균에 대한 95% 신뢰수준에서의 표본오차 c는 다음과 같이 구할 수 있다.

$$c = z_{0.025}\frac{\sigma}{\sqrt{n}} = 1.96\frac{3}{\sqrt{36}} = \frac{1.96}{2} = 0.98$$

(2) 표본평균에 대하여 모평균에 대한 95% 신뢰구간은 $\overline{X} \pm c$이므로 이 식을 이용하여 신뢰구간을 구하면 다음과 같다.

$$\overline{x} = 24.5 \ : \ [23.52,\ 25.48]$$
$$\overline{x} = 25.5 \ : \ [24.52,\ 26.48]$$
$$\overline{x} = 26.0 \ : \ [25.02,\ 26.98]$$

■

〈예제 4.9〉의 결과를 살펴보면 모평균에 대한 95% 신뢰구간에 표본평균이 26인 경우에는 모평균이 포함되지 않음을 알 수 있다. 이와 같이 모평균에 대한 95% 신뢰구간의 의미는 앞에서 구한 신뢰구간의 공식을 이용하여 신뢰구간을 구할 때 100번의 표본을 구하여 각각 신뢰구간을 구하는 경우, 이 가운데 대략 5개의 신뢰구간에는 모평균이 포함되지 않을 수 있다는 것이다.

모평균에 대하여 95% 신뢰구간이 가장 많이 사용되고 있지만 90% 또는 99% 신뢰구간도 비슷한 방법으로 구할 수 있다. 예를 들어 모평균에 대한 90% 신뢰구간의 신뢰계수가 $1-\alpha = 0.90$이므로 유의수준은 $\alpha = 0.1$이고 표본오차는 $z_{0.05}\dfrac{\sigma}{\sqrt{n}}$이다. 따라서 모평균에 대한 90% 신뢰구간은 다음과 같이 구할 수 있다.

$$\left[\overline{x} \pm z_{0.05}\frac{\sigma}{\sqrt{n}}\right] = \left[\overline{x} \pm 1.645\frac{\sigma}{\sqrt{n}}\right]$$

예제 4.10 〈예제 4.7〉의 표본으로부터 모평균 μ(상자에 포함된 땅콩과자의 평균 내용량)에 대한 95% 신뢰구간을 구하시오. 단, 이 과자 공장에서 생산되는 한 상자당 땅콩과자의 내용량에 대한 모표준편차는 $\sigma = 0.3$으로 알려져 있다.

엑셀활용 모표준편차를 알고 있을 경우 모평균에 대한 신뢰구간에 대한 표본오차 즉 오차한계를 구하는 엑셀 함수가 준비되어 있다. 표본오차를 구하는 엑셀 함수는 유의수준이 인수로 사용되는 CONFIDENCE.NORM( ) 함수로서 그 사용 형식은 다음과 같다. 여기서 alpha는 유의수준을 말하며, standard_dev는 알고 있는 모표준편차, 그리고 size는 표본수를 의미한다.

```
=CONFIDENCE.NORM(alpha, standard_dev, size)
```

참고로 엑셀 함수 CONFIDENCE.NORM( )를 사용하지 않을 경우에는 다음과 같이 직접 엑셀을 통해 표본오차를 구할 수 있다.

표본오차 = NORM.S.INV(0.975) * 0.3 / SQRT(10)

엑셀을 이용해 땅콩과자의 내용량에 대한 모평균의 95% 신뢰구간은 [69.774, 70.146]임을 알 수 있다.

B11 | CONFIDENCE.NORM(C9, C7, C4)

	A	B	C	D	E	F	G	H	I	J	K	L
1												
2		땅콩과자 내용량	70.1	70.3	69.5	69.7	70.1	70	69.6	70.3	69.9	70.1
3												
4	표본크기=	COUNT(C2:L2)	10									
5	표본평균=	AVERAGE(C2:L2)	69.96									
6												
7	모표준편차=		0.30									
8	신뢰계수=		0.95									
9	유의수준=	1-C8	0.05									
10												
11	표본오차=	CONFIDENCE.NORM(C9, C7, C4)	0.186									
12												
13	하한값=	C5-C11	69.774									
14	상한값=	C5+C11	70.146									
15												

그림 4.8 엑셀을 이용한 모평균에 대한 신뢰구간 구하기

4.2.2.2 모비율에 대한 구간추정

4.1.3절에서 만일 표본의 크기 n이 충분히 클 때 특히 $np \geq 5$이고 $n(1-p) \geq 5$인 조건을 만족하면 표본비율 $\hat{p}$의 표본분포는 평균이 p이고 분산이 $\frac{p(1-p)}{n}$인 정규분포에 근사한다고 하였다. 이때 정규분포에 근사하는 표본비율을 표준화하면 다음과 같이 표준정규분포를 얻을 수 있다.

$$Z = \frac{\hat{p} - p}{\sqrt{\frac{p(1-p)}{n}}} \;\dot{\sim}\; N(0,\, 1)$$

또한 모집단의 모비율 p에 대한 구간추정의 일반적인 형태는 표본비율 $\hat{p}$의 분포로부터 다음과 같다. 여기서 x가 n개의 표본 중에서 관심을 갖는 성공의 횟수라고 정의할 때 모비율 p의 점추정값 $\hat{p} = \frac{x}{n}$이다.

$$\hat{p} \pm \text{표본오차}$$

모비율의 $100(1-\alpha)\%$ 신뢰구간을 구하는 과정에서 필요한 $z_{\alpha/2}\sqrt{\frac{\hat{p}(1-\hat{p})}{n}}$의 값을 신뢰수준 $100(1-\alpha)\%$에서의 표본오차라고 한다. 예를 들어 모비율의 95% 신뢰구간을 구하기 위한 표본오차는 $1.96\sqrt{\frac{\hat{p}(1-\hat{p})}{n}}$이다.

따라서 모평균에 대한 신뢰구간을 구하는 식과 비슷하게 모비율 p에 대한 신뢰도 $100(1-\alpha)\%$의 신뢰구간을 다음과 같이 얻을 수 있다. 여기서 $z_{0.05/2} = z_{0.025} = 1.96$, $z_{0.01/2} = z_{0.005} = 2.576$이고 $z_{0.1/2} = z_{0.05} = 1.645$이다.

> 모비율 p에 대한 신뢰도 $100(1-\alpha)\%$의 신뢰구간
>
> $$= \left[\, \hat{p} - z_{\alpha/2}\sqrt{\frac{\hat{p}\,(1-\hat{p})}{n}},\;\; \hat{p} + z_{\alpha/2}\sqrt{\frac{\hat{p}\,(1-\hat{p})}{n}} \,\right]$$

예제 4.11 요즘 TV 채널을 살펴보면 유명 요리사가 출현하여 음식을 주제로 하는 방송 프로그램을 쉽게 접할 수 있다. 유명 요리사인 A가 출현하는 요리 프로그램의 시청률이 얼마나 되는지를 알아보기 위하여 랜덤하게 950가구를 뽑아 조사하였더니, 이

중 171가구가 이 프로그램을 시청하고 있었다. 이 프로그램의 시청률에 대한 점추정값과 95% 신뢰수준에서의 모비율의 표본오차(오차한계)를 계산하고 이를 이용하여 이 프로그램의 시청률에 대한 신뢰도 95%의 신뢰구간을 구하시오.

풀이 확률변수 X를 950가구 중에서 유명 요리사인 A가 출현하는 요리 프로그램을 시청하는 가구수로 정의하면, 이 프로그램의 시청률 p에 대한 점추정값은 $\hat{p}=\frac{x}{n}=\frac{171}{950}=0.18$이다. 이 값을 이용하여 95% 신뢰수준에서 모비율의 구간추정에 대한 표본오차는 다음과 같다.

$$\text{표본오차(오차한계)} = 1.96\sqrt{\frac{0.18(1-0.18)}{950}} = 0.0244$$

따라서 이 요리 프로그램의 시청률 p에 대한 신뢰도 95%의 신뢰구간은

$$\left[0.18 \pm 1.96\sqrt{\frac{(0.18)(0.82)}{9500}}\right] = [0.18 \pm 0.0244] = [0.1556,\ 0.2044]$$

이므로 동시간대에 TV를 시청하는 시청자의 15.56%에서 20.44%가 95%의 신뢰도에서 이 요리 프로그램을 시청하는 것으로 조사되었다. ■

다음은 대한민국의 대통령 선거나 국회의원 선거 시기가 되면 언제나 신문 또는 방송에 등장하는 지지율 조사 결과에 대한 기사이다. 이 기사에 표시된 95% 신뢰수준에서의 표본오차인 1.75%포인트의 의미는 무엇인가? 결론을 먼저 말하면 이 기사에 표시된 표본오차는 신뢰구간의 최대 허용 표본오차를 일컫는 것이다.

> 〈중략〉
> 이번 지지율 조사는 10월 31일부터 11월 4일까지 5일간 전국 19세 이상 유권자 3,120명을 대상으로 조사하였다. 이 조사에서 A 후보의 지지율은 25.8%이었으며 B 후보의 지지율은 22.5%이었다. 〈중략〉 이번 조사는 95% 신뢰수준에서 표본오차는 ± 1.75%포인트이다. 보다 자세한 조사 개요와 결과는 중앙선거여론조사 공정심의위원회 홈페이지(www.nesdc.go.kr)에서 살펴볼 수 있다.

모비율 p에 대하여 $0 < p < 1$이므로 $p(1-p) \leq \frac{1}{4}$이다. 따라서 모비율에 대한 95% 신뢰구간의 표본오차의 최댓값은 $1.96\sqrt{\frac{1}{4n}}$이며, 이때의 표본오차에 대한 최댓값을 최대허용 표본오차라고 한다. 참고로 최대허용 표본오차를 백분율로 표현하고자 할 경우에는 단순히 % 단위로만 표시하지 말고, 대신 %p(포인트) 단위를 사용한다.

예제 4.12 지지율 기사에 나타나 있는 A, B 두 후보의 지지율에 대한 95% 신뢰수준에서의 표본오차를 각각 구하고 두 후보의 지지율에 대한 95% 신뢰구간을 구하시오. 마지막으로 이 기사에 표시된 표본오차가 어떻게 계산되었는지 확인하고 실제로 A 후보가 B 후보보다 더 지지율이 높은지 분석하시오.

엑셀활용 모비율에 대한 수치 계산은 조금 복잡하므로 엑셀을 이용하여 구해 보자. 〈그림 4.9〉는 모비율에 대한 신뢰구간을 구하기 위하여 엑셀 프로그램을 활용한 모습을 표시한 것이다.

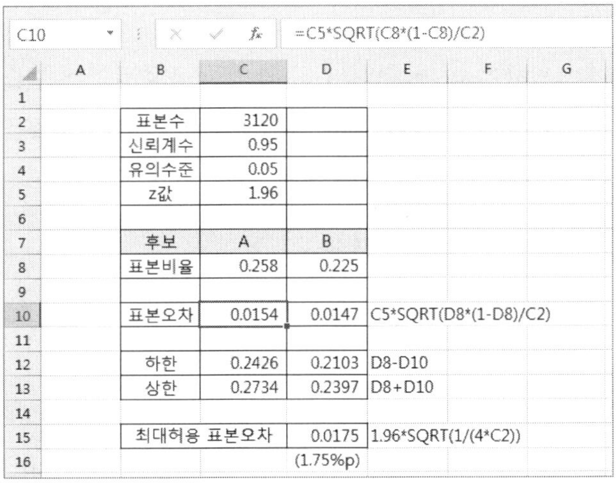

C10 =C5*SQRT(C8*(1-C8)/C2)

	A	B	C	D	E
1					
2		표본수	3120		
3		신뢰계수	0.95		
4		유의수준	0.05		
5		z값	1.96		
6					
7		후보	A	B	
8		표본비율	0.258	0.225	
9					
10		표본오차	0.0154	0.0147	C5*SQRT(D8*(1-D8)/C2)
11					
12		하한	0.2426	0.2103	D8-D10
13		상한	0.2734	0.2397	D8+D10
14					
15		최대허용 표본오차		0.0175	1.96*SQRT(1/(4*C2))
16				(1.75%p)	

그림 4.9 엑셀을 이용한 모비율에 대한 신뢰구간 구하기

모비율에 대한 〈그림 4.9〉의 결과를 살펴보면 현재 A 후보의 지지율은 25.8%이다. 조사된 표본의 크기가 3120명이므로 다음 식으로부터 3120명 중 A 후보 지지자의 수는 대략 805명으로 파악된다.

$$\hat{p} = \frac{x}{n} = \frac{x}{3120} = 0.258$$

또한 A 후보에 대한 95% 표본오차를 계산하면

$$1.96\sqrt{\frac{(0.258)(1-0.258)}{3120}} = 0.0154\ (1.54\%p)$$

이므로 A 후보의 지지율에 대한 95% 신뢰구간은 [24.26%, 27.34%]이다. 비슷한 방법으로 계산하면 B 후보의 지지율에 대한 95% 신뢰구간이 [21.03%, 23.97%] 이 됨을 알 수 있다. 이 기사에서의 95% 신뢰수준에서의 표본오차는 다음과 같이 최대허용 표본오차를 계산한 것이다.

$$1.96\sqrt{\frac{1}{4(3120)}} = 0.0175\ (1.75\%p)$$

따라서 두 후보의 지지율의 차(=3.3%p)가 최대허용 표본오차 1.75%p보다 더 크기 때문에 A 후보의 지지율이 B 후보의 지지율보다 더 높다고 분석할 수 있다.

4.2.2.3 t 분포

$X_1, X_2, \cdots, X_n$ 이 모평균이 μ, 모분산이 σ^2 인 정규 모집단에서 추출된 확률표본이라고 할 때, 다음과 같이 구성된 확률변수 T는 자유도가 $n-1$ 인 t 분포를 따른다. 여기서 $\overline{X}$는 표본평균이고, S는 표본표준편차이다.

$$T = \frac{\overline{X}-\mu}{\frac{S}{\sqrt{n}}} \sim t(n-1)$$

t 분포는 옥스퍼드에서 수학을 전공한 Gosset가 맥주 양조장에서 근무하면서 student라는 필명으로 학회에 보고한 이후 사용되었다. 〈그림 4.10〉은 t 분포의 개형을 표시한 것이다. 이 그림에서 알 수 있듯이 t 분포는 표준정규분포(〈그림 4.10〉에서 굵은 점선)의 특성과 동일하게 0 에 대하여 좌우 대칭이다. 또한 t 분포의 자유도가 커질수록 표준정규분포에 더 가까워진다.

참고로 엑셀에서 t 분포의 확률밀도함수를 구하는 함수는 T.DIST( )이다. 예를 들어 자유도가 10인 t 분포의 확률밀도함수 $f(1.2)$의 값을 구하기 위하여 다음과 같은

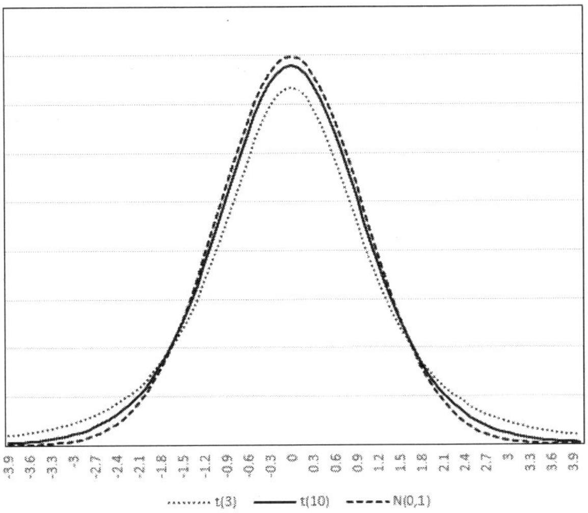

그림 4.10 자유도가 3, 10인 t 분포와 표준정규분포

형식으로 T.DIST( ) 함수를 이용한다.

```
=T.DIST(1.2, 10, FALSE)
```

반면에 엑셀에서 t 분포를 따르는 확률변수 T의 분포함수 $F(t) = P(T \leq t)$을 구하는 함수는 T.DIST이다. (누적)분포함수의 값을 구하는 T.DIST 함수의 사용 형식은 다음과 같다. 여기서 deg_freedom은 t 분포의 자유도를 의미한다.

```
=T.DIST(x, deg_freedom, TRUE)
```

예를 들어 $T \sim t(15)$일 때, 확률 $P(T \leq 1.5)$의 값은 =T.DIST(1.5, 15, TRUE)와 같이 T.DIST( ) 함수를 실행하면 된다.

예제 4.13 확률변수 T가 자유도가 15인 t 분포를 따를 때(즉, $T \sim t(15)$), 다음 확률을 각각 구하시오.

(1) $P(T \leq 1.5)$

(2) $P(T \leq 2.3)$

(3) $P(T \leq 2.9)$

(4) $P(1.5 < T \leq 2.3)$

(5) $P(T > 2.9)$

엑셀활용 $T \sim t(15)$일 때 확률 $P(a < T \leq b)$의 값은 다음과 같이 변형한 후, 분포함수의 두 값 $F(a)$, $F(b)$을 이용하여 구한다.

$$P(a < T \leq b) = P(T \leq b) - P(T \leq a) = F(b) - F(a)$$
$$= \text{T.DIST(b, 15, TRUE)} - \text{T.DIST(a, 15, TRUE)}$$

다음은 T.DIST( ) 함수를 사용하여 (1)~(3)의 답을 구한 모습을 표시한 것이다.

C4 =T.DIST(B4, 15, TRUE)

a	F(a)= P(T<=a)
1.5	0.9228
2.3	0.9819
2.9	0.9945

따라서 $T \sim t(15)$일 때 확률 $P(1.5 < T \leq 2.3)$의 값은 다음과 같이 구한다.

$$P(1.5 < T \leq 2.3) = P(T \leq 2.3) - P(T \leq 1.5) = F(2.3) - F(1.5)$$
$$= 0.9819 - 0.9228 = 0.0591$$

확률 $P(T > 2.9)$의 값은 다음 식과 같이 여사건의 확률 공식을 이용하여 구할 수 있다.

$$P(T > 2.9) = 1 - P(T \leq 2.9) = 1 - 0.9945 = 0.0055$$

엑셀 함수 T.DIST.RT( )를 이용하면 t 분포를 따르는 확률변수의 단측(오른쪽) t 분포값을 구할 수 있다. 예를 들어 $T \sim t(15)$일 때 확률 $P(T > 2.9)$의 값은 엑셀에서 다음과 같은 형식으로 단측 t 분포값을 구한다.

```
=T.DIST.RT(2.9, 15)
```

[notation] 확률변수 T가 $t(m)$를 따를 때, $0 < \alpha < 1$인 α에 대하여 $P(T > c) = \alpha$를 만족하는 상수 c를 $t_\alpha(m)$으로 표기하자. 즉, $t_\alpha(m)$은 t 분포의 $(1-\alpha)$ 분위

수이며, t 분포의 오른쪽 꼬리에 속하는 확률 α에 대응되는 t 값을 의미한다.

예제 4.14 확률변수 $T \sim t(15)$일 때, 다음 주어진 α에 대하여 $t_{\alpha}(15)$의 값을 각각 구하시오.

(1) $t_{0.025}(15)$

(2) $t_{0.05}(15)$

(3) $t_{0.1}(15)$

(4) $t_{0.2}(15)$

(5) $t_{0.3}(15)$

엑셀활용 엑셀에서 T.INV() 함수를 이용하면 자유도가 15인 t 분포의 $(1-\alpha)$ 분위수 $t_{\alpha}(15)$를 구할 수 있다. T.INV() 함수의 일반적인 사용 형식은 다음과 같다.

```
=T.INV(probability, deg_freedom)
```

여기서 probability에 확률을 인수로 입력하면 P(T<c) = probability를 만족하는 상수 c의 값을 얻을 수 있다. 그러나 주어진 확률 α에 대하여 $P(T > t_{\alpha}(15)) = \alpha$을 만족하는 $t_{\alpha}(15)$의 값을 구하기 위해서는 probability의 입력값으로 $1-\alpha$를 입력해야 된다.

다음은 주어진 확률 α에 대하여 자유도가 15인 t 분포의 $(1-\alpha)$ 분위수 $t_{\alpha}(15)$를 구하는 T.INV() 함수의 예를 표시한 것이다. 이 결과로부터 $z_{0.025}(15) = 2.131$를 비롯하여 (2)~(5) 물음에 대한 t 분포의 분위수를 각각 구할 수 있다.

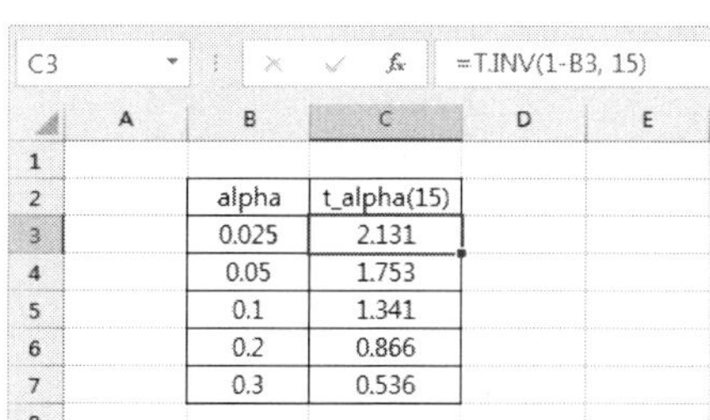
C3 =T.INV(1-B3, 15)

alpha	t_alpha(15)
0.025	2.131
0.05	1.753
0.1	1.341
0.2	0.866
0.3	0.536

t 분포에서 자주 쓰이는 확률 α 와 자유도 m 에 대하여 $P(T > t_\alpha(m)) = \alpha$ 를 만족하는 $(1-\alpha)$ 분위수 $t_\alpha(m)$ 의 값을 〈표 4.1〉에 표시하였다. 앞에서 설명한 바와 같이 이 값은 엑셀 함수 =T.INV($1-\alpha$, m)를 이용하여 구할 수 있다. 예를 들어 〈표 4.1〉에 표시된 자유도 $m = 10$, $\alpha = 0.05$ 의 교차점에 표시된 1.812는 엑셀 함수 =T.INV(1−0.05, 10)의 실행으로 얻어진 값이다.

표 4.1 t 분포표; $P(T > t_\alpha(m)) = \alpha$ 를 만족하는 $t_\alpha(m)$

	α					
m	.25	.10	.05	.025	.01	.005
1	1.000	3.078	6.314	12.706	31.821	63.657
2	.817	1.886	2.920	4.303	6.965	9.925
3	.765	1.638	2.353	3.182	4.541	5.841
4	.741	1.533	2.132	2.776	3.747	4.604
5	.727	1.476	2.015	2.571	3.365	4.032
6	.718	1.440	1.943	2.447	3.143	3.707
7	.711	1.415	1.895	2.365	2.998	3.499
8	.706	1.397	1.860	2.306	2.896	3.355
9	.703	1.383	1.833	2.262	2.821	3.250
10	.700	1.372	1.812	2.228	2.764	3.169
11	.697	1.363	1.796	2.201	2.718	3.106
12	.696	1.356	1.782	2.179	2.681	3.055
13	.694	1.350	1.771	2.160	2.650	3.012
14	.692	1.345	1.761	2.145	2.624	2.977
15	.691	1.341	1.753	2.131	2.602	2.947
16	.690	1.337	1.746	2.120	2.583	2.921
17	.689	1.333	1.740	2.110	2.567	2.898
18	.688	1.330	1.734	2.101	2.552	2.878
19	.687	1.328	1.729	2.093	2.539	2.861
20	.687	1.325	1.725	2.086	2.528	2.845
21	.686	1.323	1.721	2.080	2.518	2.831
22	.686	1.321	1.717	2.074	2.508	2.819
23	.685	1.319	1.714	2.069	2.500	2.807
24	.685	1.318	1.711	2.064	2.492	2.797
25	.684	1.316	1.708	2.060	2.485	2.787
26	.684	1.315	1.706	2.056	2.479	2.779
27	.684	1.314	1.703	2.052	2.473	2.771
28	.683	1.313	1.701	2.048	2.467	2.763
29	.683	1.311	1.699	2.045	2.462	2.756
30	.683	1.310	1.697	2.042	2.457	2.750
40	.681	1.303	1.684	2.021	2.423	2.704
60	.679	1.296	1.671	2.000	2.390	2.660
120	.677	1.289	1.658	1.980	2.358	2.617
∞	.677	1.282	1.645	1.960	2.326	2.576

이 값을 이용하여 t 분포에 대한 다음 확률들을 얘기할 수 있다. 즉, 자유도가 10인 t 분포를 확률변수 T에 대하여

$$P(T \geq 1.812) = 0.05 = \alpha, \qquad P(T \leq 1.812) = 0.95 = 1 - \alpha$$

참고로 자유도가 ∞인 경우의 $(1-\alpha)$ 분위수 $t_{\alpha}(\infty)$의 값은 표준정규분포를 따르는 확률분포의 $(1-\alpha)$ 분위수 z_{α}와 일치함을 알 수 있다.

예제 4.15 확률변수 T가 자유도가 15인 t 분포를 따를 때, 〈표 4.1〉의 t 분포표로부터 다음의 확률을 구하시오.

(1) $P(T \geq 0.691)$
(2) $P(T \geq 1.341)$
(3) $P(T \geq 1.753)$
(4) $P(T \leq 2.131)$
(5) $P(T \leq 2.602)$

풀이 (1)~(3) 〈표 4.1〉로부터 $t_{0.25}(15) = 0.691$, $t_{0.1}(15) = 1.341$, $t_{0.05}(15) = 1.753$이다. 즉, $P(T \geq 0.691) = 0.25$, $P(T \geq 1.341) = 0.1$, $P(T \geq 1.753) = 0.05$이다.
(4)~(5) 마찬가지로 $t_{0.025}(15) = 2.131$, $t_{0.01}(15) = 2.602$이므로 여사건의 확률을 구하는 공식으로부터 $P(T \leq 2.131) = 1 - 0.025 = 0.975$, $P(T \leq 2.602) = 1 - 0.01 = 0.99$임을 쉽게 알 수 있다. ■

예제 4.16 확률변수 T가 자유도가 15인 t 분포를 따를 때, 〈표 4.1〉의 t 분포표로부터 다음의 확률을 구하시오.

(1) $P(0 \leq T \leq 0.691)$
(2) $P(0.691 \leq T \leq 1.341)$
(3) $P(T < -1.753)$
(4) $P(-2.602 \leq T \leq 2.602)$
(5) $P(-2.602 < T \leq 2.131)$

풀이 (1) t분포가 0을 중심으로 좌우 대칭인 분포이므로 $P(T \geq 0) = 0.5$임을 알 수 있다. 따라서 $P(0 \leq T \leq 0.691) = 0.5 - P(T \geq 0.691) = 0.5 - 0.25 = 0.25$이다.

(2) $P(0.691 \leq T \leq 1.341) = P(T \geq 0.691) - P(T \geq 1.341) = 0.25 - 0.1 = 0.15$

(3) $P(T < -1.753) = P(T > 1.753) = 0.05$

(4) $P(-2.602 \leq T \leq 2.602) = 1 - 2 \times P(T > 2.602) = 1 - 2 \times 0.01 = 0.98$

(5) $P(-2.602 < T \leq 2.131) = 1 - P(T > 2.131) - P(T > 2.602)$

$$= 1 - 0.025 - 0.01 = 0.965$$ ■

$X_1, X_2, \cdots, X_n$이 모평균이 μ, 모분산이 σ^2인 정규모집단에서 추출된 확률표본이라고 할 때, 다음과 같이 정의된 확률변수 Z은 표준정규분포를 따르며, 확률변수 T는 자유도가 $n-1$인 t분포를 따름을 알 수 있었다. 여기서 $\overline{X}$는 표본평균이고, S는 표본표준편차이다.

$$Z = \frac{\overline{X} - \mu}{\frac{\sigma}{\sqrt{n}}} \sim N(0, 1) \text{ 이고, } \quad T = \frac{\overline{X} - \mu}{\frac{S}{\sqrt{n}}} \sim t(n-1)$$

예제 4.17 확률변수 X가 모평균 $\mu = 64$, 모표준편차 σ인 정규분포를 따른다고 한다. 이 모집단에서 임의추출한 크기 16인 표본의 표본평균을 $\overline{X}$ 라고 할 때 다음 표의 확률을 각각 구하시오. 단, 표본표준편차는 $s = 10$으로 조사되었다.

	$P(60.58 \leq \overline{X} \leq 68.13)$	$P(\overline{X} \geq 70.51)$
$\sigma = 10$	(1)	(2)
σ의 값 모름	(3)	(4)

엑셀활용 표본평균 $\overline{X}$의 분포로부터 변수 변환된 확률변수 Z은 표준정규분포를 따른다. 즉,

$$Z = \frac{\overline{X} - 64}{\sigma / \sqrt{16}} = \frac{\overline{X} - 64}{2.5} \sim N(0, 1)$$

(1) 표준정규분포의 확률을 구하기 위하여 엑셀 함수 =NORM.S.DIST( )를 이용한다. 물론 엑셀 함수 대신에 표준정규분포표인 〈표 3.2〉를 이용하여 정규분포에 대한

확률을 구할 수 있다. 그러나 〈표 3.2〉는 소수점 이하 둘째 자리까지의 z 값의 경우만 그 확률을 표시하였기 때문에 〈표 3.2〉를 이용한 다음 확률 계산은 근삿값으로 구한다.

$$
\begin{aligned}
P(60.58 \le \overline{X} \le 68.13) &= P(-1.368 \le Z \le 1.652) \\
&= P(Z \le 1.652) - P(Z \le -1.368) \\
&= \text{NORM.S.DIST}(1.652,\ \text{TRUE}) - \text{NORM.S.DIST}(-1.368,\ \text{TRUE}) \\
&= 0.9507 - 0.0857 = 0.865
\end{aligned}
$$

(2) $P(\overline{X} \ge 70.51) = P(Z \ge 2.604) = 1 - P(Z \le 2.604)$

$= 1 - \text{NORM.S.DIST}(2.604, \text{TRUE}) = 1 - 0.9954 = 0.0046$

모표준편차 σ를 모를 경우에는 다음과 같이 정의된 확률변수 T의 분포가 자유도 $n-1 = 15$인 t분포를 따름을 알 수 있다. 여기에서는 $s = 10$을 대입한다.

$$T = \frac{\overline{X} - 64}{S/\sqrt{16}} = \frac{\overline{X} - 64}{2.5} \sim t(15)$$

(3) t분포의 확률을 구하기 위한 엑셀 함수는 T.DIST( ) 또는 T.DIST.RT( )를 사용할 수 있다. 예를 들어 확률변수 T가 자유도 15인 t분포를 따를 때, 확률 $P(T \le 1.652)$의 값은 =T.DIST(1.652, 15, TRUE) 또는 =1−T.DIST.RT (1.652, 15)으로 구할 수 있다.

$$
\begin{aligned}
P(60.58 \le \overline{X} \le 68.13) &= P(-1.368 \le T \le 1.652) \\
&= P(T \le 1.652) - P(T \le -1.368) \\
&= \text{T.DIST}(1.652,\ 15,\ \text{TRUE}) - \text{T.DIST}(-1.368,\ 15,\ \text{TRUE}) \\
&= 0.9403 - 0.0957 = 0.8446
\end{aligned}
$$

(4) $P(\overline{X} \ge 70.51) = P(T \ge 2.604) = \text{T.DIST.RT}(2.604,\ 15) = 0.01$

4.2.2.4 모표준편차를 모를 경우 모평균에 대한 구간추정

모표준편차가 알려져 있지 않은 경우 표본표준편차 s가 대신 활용된 t분포로부터 모평균 μ의 구간추정을 구할 수 있다. 이 경우 신뢰도 $100(1-\alpha)\%$에 대한 모평균의 표본오차는 $t_{\alpha/2}(n-1)\dfrac{s}{\sqrt{n}}$ 이다. 따라서 모표준편차 σ를 모를 경우 모평균 μ에 대한 신뢰구간을 구하는 공식은 다음과 같다.

> **모표준편차를 모를 경우 모평균 μ에 대한 신뢰도 $100(1-\alpha)\%$ 의 신뢰구간**
>
> $$= \left[\, \bar{x} - t_{\alpha/2}(n-1)\frac{s}{\sqrt{n}},\ \ \bar{x} + t_{\alpha/2}(n-1)\frac{s}{\sqrt{n}} \,\right]$$

예제 4.18 K대학생 16명을 임의로 뽑아 음식에 포함되어 있는 나트륨에 대한 지식 점수를 조사하였다. 16명 학생들의 나트륨에 대한 지식 점수는 총 16점 만점에 표본평균이 $\bar{x}=12.3$(점), 표본표준편차가 $s=2.5$(점)이었다. 모집단 전체, 즉 K대학생들의 나트륨에 대한 평균 지식점수를 추정할 때, 모집단의 평균 지식점수에 대한 신뢰도 95%의 신뢰구간을 구하시오.

풀이 신뢰도가 95%이므로 〈표 4.1〉로부터 $t_{\alpha/2}(15)=t_{0.025}(15)=2.131$ 이다. 여기서 자유도는 $(n-1)$임을 유념해야 한다. 신뢰구간의 공식에 $n=16$, $\bar{x}=12.3$, $s=2.5$의 값을 대입하면, K대학생들의 나트륨에 대한 평균 지식점수의 신뢰도 95% 신뢰구간은 다음과 같다.

$$\left[\,12.3-2.131\frac{2.5}{\sqrt{16}},\ \ 12.3+2.131\frac{2.5}{\sqrt{16}}\,\right]=[\,10.97,\ 13.63]$$

따라서 K대학생들의 나트륨에 대한 평균 지식점수는 10.97점에서 13.63점 사이일 것으로 추정할 수 있다. ■

예제 4.19 〈예제 4.7〉의 표본으로부터 모평균 μ(상자에 포함된 땅콩과자의 평균 내용량)에 대한 95% 신뢰구간을 구하시오. 단, 이 과자 공장에서 생산되는 한 상자당 땅콩과자의 내용량에 대한 모표준편차는 알려져 있지 않다.

엑셀활용 모표준편차가 알려 있지 않을 경우 모평균에 대한 신뢰구간에 대한 표본오차를 구하는 엑셀 함수가 준비되어 있다. 표본오차를 구하는 엑셀 함수는 다음 형식을 따르는 CONFIDENCE.T( ) 함수로서 alpha는 유의수준을, standard_dev는 표본으로부터 구해지는 표본표준편차, size는 표본수를 의미한다.

```
=CONFIDENCE.T(alpha, standard_dev, size)
```

다음 〈그림 4.11〉을 통해 알 수 있듯이 모표준편차가 알려져 있지 않을 경우 땅콩과자의 내용량에 대한 모평균의 95% 신뢰구간은 [69.76, 70.16]임을 알 수 있다.

C11 | =CONFIDENCE.T(C9, C6, C4)

	A	B	C	D	E	F	G	H	I	J	K	L
1												
2		땅콩과자 내용량	70.1	70.3	69.5	69.7	70.1	70	69.6	70.3	69.9	70.1
3												
4	표본크기=	COUNT(C2:L2)	10									
5	표본평균=	AVERAGE(C2:L2)	69.96									
6	표본표준편차=	STDEV.S(C2:L2)	0.280									
7												
8	신뢰계수=		0.95									
9	유의수준=	1-C8	0.05									
10												
11	표본오차=	CONFIDENCE.T(C9, C6, C4)	0.20									
12												
13	하한값=	C5-C11	69.76									
14	상한값=	C5+C11	70.16									

그림 4.11 모표준편차가 알려지지 않은 경우 모평균에 대한 신뢰구간 구하기

참고로 〈예제 4.10〉에서 모표준편차 σ을 알고 있다고 할 때 상자에 포함된 땅콩과자의 평균 내용량 μ에 대한 95% 신뢰구간의 폭은 0.372이었다. 그러나 모표준편차를 모르는 경우의 폭은 0.4로서 같은 신뢰도라도 신뢰구간의 폭이 더 길어짐을 알 수 있다. 즉, 모표준편차를 모르면 모평균에 대한 구간추정이 더 안 좋아지므로 이를 만회하기 위해 더 큰 표본수가 필요하다.

4.2.2.5 표본크기의 결정

지금까지 모평균과 모비율에 대한 신뢰구간에 대하여 알아보았다. 예를 들어 모표준편차 σ가 알려져 있는 경우 모평균에 대한 $100(1-\alpha)\%$ 신뢰구간은 다음과 같이 구한다.

$$\bar{x} \pm z_{\alpha/2}\frac{\sigma}{\sqrt{n}}$$

이때 신뢰도 $(1-\alpha)$의 표본오차(오차한계)는 $z_{\alpha/2}\dfrac{\sigma}{\sqrt{n}}$으로서 이 값은 신뢰수준

α와 표본의 크기 n, 그리고 알려져 있는 σ의 값으로 구성되어 있다. 반대로 표본오차가 허용할 수 있는 최대의 값을 d라고 할 때, 다음 부등식을 만족하는 최소의 표본수 n을 구할 수 있다.

$$z_{\alpha/2}\frac{\sigma}{\sqrt{n}} \le d \qquad \Leftrightarrow \qquad n \ge \left(z_{\alpha/2}\frac{\sigma}{d}\right)^2$$

예제 4.20 어느 과자 공장에서 생산되는 상자에 담아 판매되는 땅콩과자의 평균 내용량에 대한 95% 신뢰구간을 구하기 위하여 먼저 땅콩과자가 포장된 상자를 무작위로 n 상자 추출하려고 한다. 상자에 담겨진 땅콩과자의 내용량에 대한 평균이 95% 신뢰수준에서의 표본오차가 최대 0.15 이하가 되도록 표본의 크기 n의 최솟값을 구하시오. 단, 이 과자 공장에서 생산되는 한 상자당 땅콩과자의 내용량에 대한 모표준편차는 $\sigma = 0.3$으로 알려져 있다.

풀이 땅콩과자의 내용량에 대한 평균이 95% 신뢰수준에서의 표본오차가 최대 0.15 이하가 되도록 하기 위한 표본수 n의 최솟값은 다음 부등식을 이용하여 계산한다.

$$n \ge \left(z_{\alpha/2}\frac{\sigma}{d}\right)^2 = \left(1.96\,\frac{0.3}{0.15}\right)^2 = 15.37$$

따라서 표본오차가 최대 0.15 이하가 되도록 하는 표본의 크기는 15.37보다 커야 하므로 이를 만족하는 최소의 표본크기는 $n = 16$이다. ■

모비율의 구간추정을 할 경우에 분석에 필요한 표본수의 결정 방법도 모평균의 구간추정에서 표본수의 결정과 유사하다. 즉, 통계분석에서 신뢰도 $(1-\alpha)$에서 모비율의 표본오차가 허용할 수 있는 최대의 값을 d라고 할 때, 다음 부등식을 만족하는 표본수 n의 최솟값(자연수)을 구하면 된다.

$$z_{\alpha/2}\sqrt{\frac{\hat{p}(1-\hat{p})}{n}} \le d \qquad \Leftrightarrow \qquad n \ge \hat{p}(1-\hat{p})\left(\frac{z_{\alpha/2}}{d}\right)^2$$

그러나 신뢰도 $(1-\alpha)$와 표본오차의 최대 허용값 d가 주어졌지만 표본을 추출하기 이전이기 때문에 표본비율 $\hat{p}$을 알 수 없다. 따라서 표본수의 최솟값을 구하기 위한 위의 부등식을 계산할 수 없다. 이때 표본비율 $\hat{p}$의 값으로 과거 똑같은 통계조사에서 구했던 표본비율 p^*을 대입하든지 $p(1-p)$가 최대가 되는 비율 $p^* = 0.5$을 사용한다.

예제 4.21 어느 땅콩과자의 맛에 대한 설문조사에서 "맛이 좋다."라고 응답한 사람의 모비율에 대한 95% 신뢰구간을 구하여 구간추정을 하고자 한다. 설문에 앞서 이 구간추정의 표본오차가 최대 5% 이내에 있도록 하기 위한 표본의 크기를 구하시오. 단 설문은 "맛이 좋다."와 "맛이 없다."의 2개 응답으로 조사한다.

풀이 과거에 이 땅콩과자에 대한 똑같은 통계조사에서 '맛이 좋다.'라고 응답한 사람의 표본비율이 0.7이었다면 이 값을 이용하여 다음과 같이 표본수를 구하면 된다.

$$n \geq p^*(1-p^*)\left(\frac{z_{\alpha/2}}{d}\right)^2 = 0.7(1-0.7)\left(\frac{1.96}{0.05}\right)^2 = 322.69$$

따라서 이 구간추정의 표본오차가 최대 5% 이내에 있도록 하기 위한 표본의 크기의 최솟값은 323임을 알 수 있다. 그러나 과거의 자료가 없을 경우에는 p^*의 대안으로 0.5를 사용할 수 있다. $p^* = 0.5$는 $p^*(1-p^*)$의 값이 최대$(=\frac{1}{4})$가 되는 비율이다. 이 값을 사용하여 표본의 크기를 구하면 다음과 같다.

$$n \geq 0.5(1-0.5)\left(\frac{1.96}{0.05}\right)^2 = 384.16$$

이 경우 똑같은 표본오차를 기대할 때 표본비율의 값을 예측할 수 있는 정보가 있을 경우보다 더 많은 수의 표본수가 필요함을 알 수 있다. ■

연습문제

[4.1] K대학교에 재학 중인 남학생들의 몸무게를 조사하였더니 모평균 70 kg, 모표준편차가 6 kg이었다.

(1) K대학생들의 몸무게가 정규분포를 따른다고 가정할 때, 이 모집단에서 단 1명만 임의로 뽑을 때와 10명을 뽑을 때, 표본평균이 72 이상이 될 확률은 어떻게 변하는가?

(2) 만약 K대학생 중에서 100명의 학생들을 무작위로 뽑았을 때, 100명의 학생들에 대한 표본평균 $\overline{X}$가 72 이상이 될 확률은 얼마인가?

[4.2] 어느 공장에서 생산하는 코코넛 과자의 무게는 평균 70 g, 표준편차 0.2 g인 정규분포를 따른다고 한다. 이 공장에서 생산하는 코코넛 과자 중에서 36 개를 임의로 추출하였을 때, 그 표본평균이 70.1 g보다 클 확률을 구하시오.

[4.3] 생태학자의 연구에 의하면 일개미 가운데 실제로 일하는 비율은 30% 정도라고 한다. 일개미 100마리를 표본추출했을 때, 그 중에서 실제로 일하는 일개미의 비율이 35% 이상 나타날 확률은 얼마인가?

[4.4] K도시에 사는 아동의 15% 가 정상보다 높은 콜레스테롤 수치를 나타낸다고 한다. 이 지역 아동 50 명을 임의추출했을 때, 그 중에서 5 명 이상이 높은 콜레스테롤 수치를 나타낼 확률을 이항분포를 이용하여 구하시오. 이 지역 아동 50 명 중에서 높은 콜레스테롤 수치를 나타낼 비율이 0.1 이상일 확률을 정규분포로 근사하여 구하시오.

[4.5] K대학교의 기숙사에서 생활하는 임의로 선택한 여학생 50 명에 대하여 급식 만족도를 조사하였더니 기숙사의 급식 음식에 대한 만족도는 표본평균 3.7 점이었다. K대학교의 기숙사에서 생활하는 여학생들의 급식 음식에 대한 만족도가 정규분포를 따른다고 할 때 다음 물음에 답하시오.

(1) K대학교의 기숙사에서 생활하는 여학생들의 급식 음식에 대한 만족도의 모표준편차가 0.7로 알려져 있을 때, 급식 음식의 만족도 평균에 대한 신뢰도 95%의 신뢰구간을 구하시오.

(2) K대학교의 기숙사에서 생활하는 여학생들의 급식 음식에 대한 만족도의 모표준편차가 알려져 있지 않았을 때, 급식 음식의 만족도 평균에 대한 신뢰도 95%의 신뢰구간을 구하시오.

[4.6] K대학교에 다니는 학생들 중에서 임의로 50명을 추출하여 조사하였더니 아침 식사를 빵과 우유로 해결하는 학생의 수가 7명이었다. K대학교에 다니는 전체 학생 중에서 아침 식사를 빵과 우유로 해결하는 비율에 대한 신뢰도 95%의 신뢰구간을 구하시오.

[4.7] 어느 축산 가공 공정에 정화기가 설치되었다. 이 정화기가 설치되기 이전과 설치후의 불순도의 데이터는 다음과 같다. 불순도에 대한 모표준편차의 값은 미지이다.

설치전 : $\overline{x_1} = 9.85,\quad s_1^2 = 81.73,\quad n_1 = 10$

설치후 : $\overline{x_2} = 8.08,\quad s_2^2 = 78.64,\quad n_2 = 8$

(1) 정화기 설치전의 불순도에 대한 모평균의 95% 신뢰구간을 구하시오.

(2) 정화기 설치후의 불순도에 대한 모평균의 99% 신뢰구간을 구하시오.

[4.8] 어느 아이스크림 가게에서 판매하는 아이스크림의 무게는 평균 150 g, 표준편차 6 g의 정규분포를 따른다고 한다. 이 가게에서 판매하는 아이스크림 중에서 25개를 임의로 골라 무게를 측정하였다. 25개 아이스크림들의 무게의 표본평균 $\overline{X}$에 대하여 다음 확률을 구하시오.

(1) $P(\overline{X} \geq 148)$

(2) $P(148 \leq \overline{X} \leq 152)$

[4.9] 땅콩크림 과자 제품을 생산하는 어느 공장에서는 공정 과정에서 3% 의 불량품이 발생한다고 한다. 이 공장에서 생산하는 땅콩과자 제품 중에서 300개를 임의로 추출하여 조사했을 때, 땅콩과자 불량품의 비율이 0.02 에서 0.035 사이가 될 확률을 구하시오.

[4.10] 어느 공장에서 생산되는 딸기크림치즈 과자 제품의 무게가 정규분포 $\mathrm{N}(11,\ 2^2)$ 을 따른다고 하자. 이 공장에서 생산되는 딸기크림치즈 과자 제품 중 A 와 B 두 사람이 크기가 4 인 표본을 각각 독립적으로 임의추출하였다. A 와 B 가 추출한 표본의 평균이 모두 10 이상 14 이하가 될 확률을 구하시오.

[4.11] 연습문제 [2.7]의 대장균 수 자료를 이용하여 어린잎 채소 농산물을 조사할 때 g당 대장균 수의 모평균에 대한 95% 신뢰구간을 구하시오.

[4.12] 연습문제 [2.8]의 냉장 시스템 고장 시간 자료를 이용하여 다음 구간추정을 시행하시오.

(1) 집단 I의 냉장 시스템 고장 시간의 모평균에 대한 95% 신뢰구간을 구하시오.

(2) 집단 II의 냉장 시스템 고장 시간의 모평균에 대한 95% 신뢰구간을 구하시오.

[4.13] 어느 공장에서 생산되는 땅콩크림 과자 제품의 무게는 모표준편차가 3 g인 정규분포를 따른다고 한다. 모평균을 신뢰도 95%로 구간추정할 때, 신뢰구간의 95% 오차한계가 1.5 이하가 되게 하려면 표본의 크기 n은 얼마 이상으로 해야 되는가?

V

가설검정

5.1 가설검정의 원리

실력이 비슷한 두 사람이 바둑 시합을 하고 있다. 이 중 한사람이 상대방보다 바둑을 더 잘한다고 주장할 때 이 주장을 어떻게 인정할 수 있을까? 어느 제약회사에서 고혈압 환자를 효과적으로 치료할 수 있는 치료약을 개발했다고 주장할 때 그 효과를 어떻게 증명하는가? 좀 더 나아가 법원에서 죄를 지었다고 검찰로부터 기소당한 사람이 진짜 죄를 지었는지를 어떻게 판결내릴 것인가? 이 모든 각자 위치에서의 주장을 가설이라는 잠정적인 가정을 바탕으로 표본을 추출하고 이를 통한 통계적인 검정통계량(증거)을 구한 후 양쪽 중 어느 쪽의 주장이 맞는지 판정을 내리는 일련의 과정이 가설검정이다.

이와 같은 가설검정은 먼저 서로 상반된 두 주장을 귀무가설(null hypothesis)과 대립가설(alternative hypothesis)로 설정한다. 귀무가설(H_0)과 대립가설(H_1)을 어떻게 설정해야 된다는 정해진 공식은 없지만 보통 가설검정 연구를 통하여 주장하고 싶은 가설을 대립가설로 설정하고 그 반대되는 주장을 귀무가설로 설정한다. 예를 들어 두 사람 A, B의 바둑 시합에서 A가 B 보다 바둑을 더 잘한다고 주장할 때 이 주장에 대한 대립가설은 "A와 B가 바둑 시합을 할 때 B에 대한 A의 승률이 0.5 보다 크다."로 설정하면 된다. 따라서 자동적으로 귀무가설은 "A의 승률은 0.5 보다 같거나 작다."이다.

이와 같이 모집단에 대하여 새로운 사실을 통계적 검정을 통하여 밝히고자 할 때, 모집단 특성에 대한 새로운 주장이나 추측 등을 대립가설(H_1)이라고 하고, 대립가설에 상반되는 기존의 주장이나 추측을 귀무가설(H_0)이라고 한다. 즉, 표본으로부터 밝히고자 하는 가설이 대립가설이며, 통계량으로부터 대립가설이 확증되지 않으면 귀무가설이 받아들여진다.

예를 들어 두 사람 A와 B가 바둑 시합을 할 때, A가 B를 이길 확률을 p 라고 하자. 이를 이용하여 귀무가설과 대립가설을 설정하면 다음과 같다.

$$H_0 : p \le 0.5 \qquad H_1 : p > 0.5$$

이제 두 가설 중에서 어느 가설이 맞는지 판정을 내릴 증거를 찾아야 한다. 증거인 표본으로부터 귀무가설 H_0 를 기각하는 것으로 판명이 나면 대립가설 H_1 의 주장을 채택하는 것으로 결론짓는다. 이 문제에서의 증거는 두 사람이 서로 바둑 시합을 하면 얻을 수 있다. 물론 확률론적인 입장에서 두 사람의 바둑 시합은 매번 서로 독립이라고 가정하자. 이 가정을 받아들인다면 두 사람이 n번 바둑 시합을 해서 A가 바둑 시합을 이긴 횟수 X는 다음과 같이 이항분포를 따를 것이다.

$$X \sim B(n, p)$$

먼저 두 사람이 3번 바둑 시합을 했는데 3번 모두 A가 이겼다는 증거가 나올 경우 이 가설검정의 판정은 어떻게 될 것인가? 과연 A가 B보다 바둑 실력이 월등하다고 볼 수 있는가? 이 문제에 답은 다음과 같이 확률을 계산하여 얻을 수 있다.

$$P(X=3 \mid p=0.5) = \text{BINOM.DIST(3, 3, 0.5, FALSE)} = 0.125$$

즉, 두 사람의 바둑 실력이 동등할 경우 3번의 바둑 시합에서 A가 모두 이길 확률은 12.5%임을 알 수 있다. 이 증거가 뜻하는 바는 무엇일까? 확률적인 관점에서 이 확률값은 A의 바둑 실력이 B와 동등할 경우라도 3번의 바둑 시합 중 3번 모두 A가 이길 확률이 낮지 않다는 것이다. 따라서 귀무가설을 기각할 만한 증거가 나오지 않았으므로 귀무가설 H_0를 채택하는 결론을 내린다.

3번의 바둑 시합에서는 증거불충분으로 귀무가설이 채택되었으므로 좀 더 증거를 확보하기 위하여 두 사람이 총 7번의 바둑 시합을 하였다고 하자. 이때 귀무가설이 옳다는 가정 하에 엑셀 함수를 이용하여 확률 $P(X \geq x)$를 구해 보면 다음 표와 같다. 여기서 x는 A가 7번의 바둑 시합에서 B를 이긴 횟수이다. 예를 들어 7번의 바둑 시합에서 A가 B를 4번 이상 이길 확률은 다음과 같이 구한다.

$$P(X \geq 4 \mid p=0.5) = 1 - P(X \leq 3 \mid p=0.5) = 1 - \text{BINOM.DIST(3, 7, 0.5, TRUE)}$$

x	4	5	6	7
$P(X \geq x)$	0.5	0.2266	0.0625	0.0078

이제 이 표를 이용하여 귀무가설의 채택과 기각 여부를 결정하면 된다. 이 표의 결과를 살펴보면 두 사람의 바둑 실력이 비슷할 경우라도 7번의 바둑 시합 중 A가 B를 5번 이상 이길 확률은 22.66%로 비교적 높다. 즉, 실력이 아닌 다른 요인으로 A가 B를 5번 이상 이겼으리라 볼 수 있을 것이다. 따라서 이 경우에는 A의 바둑 실력이 B

보다 더 좋다고 볼 수 없으므로 귀무가설을 기각하지 않는다. 반면에 7 번의 바둑 시합 중 A가 B를 7 번 이상 이길 확률은 0.0078로서 두 사람의 실력이 동등할 경우에 실제로 발생하기엔 매우 희박한 확률이다. 즉, A가 B를 7 번 이겼다면 A가 B보다 바둑 실력이 더 월등하다는 뚜렷한 증거로 작용한다. 따라서 두 사람의 실력이 동등하거나 A가 B 보다 바둑 실력이 부족하다는 귀무가설을 기각함으로서 대립가설을 채택하게 되며 결론적으로 A의 바둑 실력이 B보다 낫다는 추론을 할 수 있다.

두 사람의 바둑 시합에 있어서 두 사람의 바둑 실력이 똑같지 않다는 주장을 할 수도 있을 것이다. 두 사람의 바둑 실력이 똑같지 않다는 것은 A가 B보다 바둑 실력이 더 좋거나 또는 B가 A보다 더 바둑 실력이 좋다는 것을 의미한다. 이 경우 가설검정에서의 귀무가설 H_0과 대립가설 H_1을 수식으로 정의하면 다음과 같다.

$$H_0 : p = 0.5 \qquad H_1 : p \neq 0.5$$

이렇게 정의된 두 가설에 대하여 7 번의 바둑 시합에서 A가 7 번 이상 B를 이기거나 B에게 모두 패했을 때 귀무가설을 기각하고 대신 대립가설을 채택할 것이다. 이와 같이 귀무가설을 기각하기 위한 증거가 왼쪽 또는 오른쪽 꼬리의 어느 곳에 나타나더라도 귀무가설을 기각하는 가설검정을 양측검정(two-tailed test)이라고 한다. 반면에 귀무가설을 기각하기 위한 증거가 왼쪽이나 오른쪽 중 한 쪽에만 나타나는, 예를 들어 다음과 같이 정의된 가설검정을 단측검정(one-tailed test)이라고 한다.

$$H_0 : p \geq 0.5 \qquad H_1 : p < 0.5$$

양측검정과 단측검정은 대립가설의 형태를 통해 쉽게 구별할 수 있다. 즉, 대립가설의 형태가 다음과 같이 부등호만으로 이루어져 있으면 단측검정, $\neq$가 포함되어 표현되면 양측검정으로 이해하면 된다.

단측검정의 예: $H_1 : p > p_0$, $H_1 : p < p_0$, $H_1 : \mu < \mu_0$, $H_1 : \mu > \mu_0$

양측검정의 예: $H_1 : p \neq p_0$, $H_1 : \mu \neq \mu_0$

예제 5.1 새로 개발된 고혈압 치료제가 기존의 고혈압 치료제보다 효과가 더 좋다는 주장을 검정하고자 한다. 새롭게 개발된 고혈압 치료제의 효과를 μ_1, 기존 고혈압 치료제의 효과를 μ_2라고 할 때 이 가설검정에 대한 귀무가설과 대립가설을 정의하시오.

풀이 두 치료제의 효과가 같은지 혹은 다른지에 대해 검정하고자 할 경우에는 양측검정이 적당하나 여기서는 다음과 같이 단측검정을 이용하여 두 가설을 정의한다.

$$H_0 \ : \ \mu_1 \le \mu_2 \qquad H_1 \ : \ \mu_1 > \mu_2$$

이렇게 정의된 두 가설에 대하여 표본을 통한 증거가 H_0를 기각할 수 없다면 새로 개발된 고혈압 치료제의 효과가 기존의 약의 효과보다 더 좋다는 주장에 동의할 수 없게 된다. 반대로 H_0를 기각하게 되면 새로 개발된 고혈압 치료제의 효과가 기존의 약보다 더 좋다는 주장을 받아들이게 된다. ■

이와 같이 어떤 기준에 따라 귀무가설 H_0를 기각하거나 채택하는 판단 규칙을 정하는 것이 통계적 가설검정이다. 미리 설정된 기준에 따라 귀무가설 H_0를 기각하는 증거가 발생하면 자동으로 대립가설 H_1을 채택하게 된다. 다시 말해 가설검정은 모집단의 모수가 귀무가설 H_0에서 정의된 값을 갖는다는 가정 하에서 모집단에서 임의추출된 표본의 검정통계값을 판단 기준에 적용하여 귀무가설을 기각 또는 채택하게 된다.

통계적 가설검정을 수행하여 두 가설 중 하나를 선택하는 경우 귀무가설의 참, 거짓에 따라 의도치 않게 두 종류의 오류를 범하게 된다. 예를 들어 두 사람 A, B가 7번의 바둑 시합을 하는 문제에서 A가 6번 이상을 이기면 귀무가설 H_0를 기각하는 판단 기준을 정한다고 하자. 이러한 판단 기준에 따르면 A가 B보다 바둑 실력이 더 좋지 않더라도 확률적으로 우연히 A가 6번 이상 이길 경우 A의 실력이 B 보다 더 좋다고 결론지을 것이다. 즉, 7번의 바둑 시합에서 A가 6번 이상 B를 이기는 순간 다음과 같은 확률을 갖는 제1종 오류(type I error)가 발생할 수 있다.

$$P(H_0 \text{ 기각} \mid H_0 \text{ 참}) = P(x \ge 6 \mid p \le 0.5)$$

여기서 H_0가 참인 의미는 A의 바둑 실력이 B보다 더 좋지 않다는 사실이다. 반면에 H_0을 기각한다는 의미는 A의 바둑 실력이 B보다 더 좋다는 결론에 도달함이다. 즉, 현 상황에 대한 진실과 의사 결정이 어긋나고 있음을 알 수 있다. 반대로 실제로 A의 바둑 실력이 B 보다 좋다고 할지라도 확률적으로 7번의 시합 중 승리의 횟수가 5 이하일 확률도 존재한다. 그러나 이 경우에는 가설검정의 판단 기준을 넘지 못하였기 때문에 귀무가설 H_0를 채택한다. 즉 A의 바둑 실력이 B보다 같거나 낮다는 잘못된 결론을 내리는 제2종 오류(type II error)를 범할 수 있다. 이와 같이 모든 가설검정에서는 어떤 판단 기준을 세우더라도 다음 표에 표시한 바와 같이 두 종류의 오류가 발생한다. 다음 표에서 귀무가설 H_0 가 참일 경우 H_0 를 채택하거나 대립가설 H_1 가 참일 경우 H_0 를 기각(즉, H_1 을 채택)하는 판단은 모두 옳은 결정이다.

실제 \ 판단	H_0 **채택**	H_0 **기각**
H_0 참	옳은 결정	제1종 오류
H_1 참	제2종 오류	옳은 결정

가설검정을 수행함에 있어서 검정의 판단기준을 어떻게 정하든 이 두 종류의 오류가 발생한다. 그러나 두 오류가 서로 밀접한 반대 성향의 관련성이 있어서 두 종류의 오류를 동시에 줄일 수가 없다. 이에 최적의 가설검정 방안으로 제1종 오류를 α 이하로 유지하면서 동시에 제2종 오류를 최대한 줄일 수 있는 판단 기준을 설정하는 것이다. 이때의 α 를 검정의 유의수준(level of significance)이라고 한다. 유의수준 α 는 귀무가설의 모수가 등식으로 표현될 때 제1종 오류를 범할 확률로서 보통 5% 와 1% 를 가설검정의 유의수준으로 많이 사용한다.

예제 5.2 두 사람 A, B가 바둑시합을 하는 문제에서 두 가설에 대한 판단 기준이 "$x \le 5$ 이면 H_0 를 채택하고, $x \ge 6$ 이면 H_0 를 기각"할 때 유의수준 α 의 값을 구하시오. 여기서 x 는 7 번의 바둑시합에서 A가 B를 이긴 횟수이다.

$$H_0 : p \le 0.5 \qquad H_1 : p > 0.5$$

풀이 유의수준 α 는 귀무가설의 모수가 등식으로 된 $p = 0.5$가 참일 경우 제1종 오류를 범할 확률이다. 따라서 이 경우 유의수준은 다음 식으로 구할 수 있다.

$$\text{유의수준} = \alpha = P(x \ge 6 \mid p = 0.5) = 0.0625$$ ■

참고로 유의수준은 가설에 대한 판단 기준에 따라 그 값이 달라짐을 알 수 있다. 즉 〈예제 5.2〉에서 귀무가설을 기각하는 기준이 $x \ge 7$ 으로 바뀌면 유의수준도 0.0078로 변하게 된다. 이 사실로부터 귀무가설을 기각하는 판단 기준을 설정하는 것 대신 유의수준을 먼저 설정한다. 즉, 가설검정의 책임자가 유의수준 α 를 먼저 설정하고 이 값에 따라 판단 기준을 찾아서 귀무가설의 기각 여부에 대한 결론을 내리게 된다. 〈예 5.2〉의 경우 유의수준 $\alpha = 5\%$로 설정하면 귀무가설을 기각하는 판단 기준은 $x \geq 7$이 되지만, $\alpha = 10\%$로 크게 설정하면 기각 판단 기준은 $x \geq 6$이 된다.

유의수준은 귀무가설이 참인데도 불구하고 표본에 대한 가설검정의 기각 판단 규칙에 의거하여 귀무가설을 기각하는 제1종 오류의 최댓값이다. 가설검정의 유의수준을 5%로 한다는 의미는 가설검정에 의한 제1종 오류의 최댓값을 5%로 통제한다는 것이다. 예를 들어 신약을 개발하는 연구에서 제1종 오류는 신약의 효과가 없는데도 불구하고 신약의 효과가 있다고 잘못 결정할 확률로서 유의수준이 5%이면 그 확률은 최대 5%이다. 이때 귀무가설이 참인데도 불구하고 귀무가설을 기각하게 되면 신약의 효과가 있다는 것이 입증되는 것이고 그 피해는 이 약을 복용하는 환자들에게 돌아가게 되어 심각한 비용이 발생할 수 있다. 이 경우에는 제1종 오류 때문에 생기는 최대 5%의 피해를 줄이기 위하여 가설검정의 유의수준을 1%로 작게 설정한다.

예제 5.3 두 사람 A, B가 바둑 시합을 하는 경우 $H_0: p = 0.5$, $H_1: p > 0.5$으로 설정된 가설검정에서 총 7번의 바둑 시합에서 A가 B에게 5번 이겼다. 이 가설검정의 유의수준을 7%를 이용할 때 결론은 무엇인가? 단 모비율 p는 바둑 시합에서 A가 B를 이길 승률이다.

풀이 가설검정의 유의수준이 7%이므로 제 1종의 오류에 대한 최댓값이 7%가 되도록 귀무가설의 기각 기준을 정한다. 확률변수 X를 A가 B를 이긴 횟수라고 정의하면 $P(X \geq 5 | p = 0.5) = 0.2266$, $P(X \geq 6 | p = 0.5) = 0.0625$이다. 따라서 제1종 오류에 대한 최댓값이 7%가 되도록 H_0 기각 기준을 잡으면 $x \geq 6$이 된다. 즉, 총 7번의 바둑 시합에서 A가 B에게 6번 이상 이겨야 귀무가설을 기각하게 되고 실력을 인정받게 되는 것이다. 그러나 실제 표본의 결과(증거)는 총 7번의 바둑 시합에서 A가 B에게 5번만 이겼기 때문에 귀무가설을 기각하지 못하며 따라서 A가 B보다 바둑을 더 잘 한다고 볼 수 없다고 결론을 내릴 수 있다. ■

5.2 모평균에 대한 일표본 가설검정

일반적으로 가설검정을 수행하는 과정은 다음 4가지 순서를 거쳐 완성된다.

순서1. 가설검정을 수행하기 위하여 적절한 귀무가설과 대립가설을 정의하고, 유의수준 α 의 값을 설정한다.
순서2. 검정통계량의 분포로부터 유의수준 α 에 따른 기각 규칙을 설정한다.
순서3. 검정통계량 값을 구하고 기각 규칙에 따라 귀무가설의 기각 또는 채택을 결정한다.
순서4. 결론을 요약한다.

5.2.1 σ 가 알려져 있을 경우 모평균에 대한 Z검정

〈예제 4.8〉에서 언급했던 K대학생들의 평균 점심 식사시간에 대한 논의로 돌아가 보자. K대학생들은 식당이 비좁아서 본인들의 점심 식사시간이 20분 이상 여유가 없다고 주장한다. 이 식당에서 식사하는 학생들의 식사 시간이 정규분포를 따르며 모표준편차를 알고 있다고 간주할 때 이런 학생들의 주장을 어떻게 검정하여야 할까? 이러한 문제에 대한 가설검정은 표준정규분포를 응용한 검정통계량을 이용함으로서 해결할 수 있다.

모평균에 대한 가설검정은 모표준편차 σ 가 알려져 있는 경우와 그렇지 못한 경우로 나누어 해결한다. 먼저 모표준편차 σ 가 알려져 있는 경우의 가설검정은 다음과 같은 순서를 따른다.

순서 1. 검정을 위한 가설을 정의하고 유의수준 α 의 값을 설정한다.

모평균에 대한 단측검정은 대립가설의 유형에 따라 두 가지 형식으로 표시될 수 있다. 대립가설로 모평균이 μ_0 보다 크다는 사실을 주장하고 싶을 경우에는 다음과 같이 오른쪽 검정을, 반대의 경우에는 왼쪽 검정으로 가설을 정의한다. K대학교 식당의 식사시간의 문제인 경우에는 오른쪽 단측검정을 정의하면 된다.

왼쪽 단측검정: $H_0 : \mu \geq \mu_0 \qquad H_1 : \mu < \mu_0$

오른쪽 단측검정: $H_0 : \mu \leq \mu_0 \qquad H_1 : \mu > \mu_0$

귀무가설과 대립가설은 서로 반대의 주장을 표현한 것이지만 가설검정을 수행할 때 기각 규칙을 구하기 위한 귀무가설의 분포는 $\mu = \mu_0$ 인 경우만 생각하면 된다. 다음은 모평균의 양측검정에 대한 귀무가설과 대립가설을 정의한 것이다.

$$\text{양측검정: } H_0 : \mu = \mu_0 \qquad H_1 : \mu \neq \mu_0$$

가설검정에 대한 두 가설을 서로 정의한 후, 유의수준 α의 값을 5% 또는 1%로 설정한다. 예를 들어 제1종 오류로 인한 비용이 크다고 판단되면 α의 값을 1%로 작게 설정한다.

순서 2. 귀무가설이 참일 때 표본평균 $\overline{X}$의 분포는 평균이 μ_0, 표준편차가 $\sigma/\sqrt{n}$ 인 정규분포를 따른다. 따라서 모표준편차 σ를 알고 있을 때 모평균의 가설검정을 위한 검정통계량의 분포는 다음과 같다.

$$Z = \frac{\overline{X} - \mu_0}{\sigma/\sqrt{n}} \sim N(0,1)$$

유의수준이 α일 때 검정통계량의 분포로부터 검정의 기각 규칙을 정하면 다음과 같다.

왼쪽 단측검정의 기각 규칙: $Z \leq -z_\alpha$ 이면 H_0을 기각한다.

오른쪽 단측검정의 기각 규칙: $Z \geq z_\alpha$ 이면 H_0을 기각한다.

양측검정의 기각 규칙: $Z \leq -z_{\alpha/2}$ 이거나 $Z \geq z_{\alpha/2}$ 이면 H_0을 기각한다.

참고로 z_α는 3.5.3.3절에서 다루었던 표준정규분포의 $(1-\alpha)$ 분위수이다. 즉, 이 값은 엑셀 함수 =NORM.S.INV($1-\alpha$)를 이용하여 구할 수 있다. 물론 양측검정의 기각 규칙에 있는 $z_{\alpha/2}$의 값도 =NORM.S.INV($1-\alpha/2$)으로 구한다. 〈표 5.1〉은 엑셀 함수 NORM.S.INV()를 이용하여 유의수준 α가 5%, 1%일 경우의 z_α와 $z_{\alpha/2}$의 값을 표로 표시한 것이다.

표 5.1 표준정규분포의 분위수 z_α와 $z_{\alpha/2}$

유의수준 α	5%	1%
z_α	1.645	2.326
$z_{\alpha/2}$	1.96	2.576

순서 3. 검정통계량의 값 z의 값을 구하고 순서 2에서 정한 기각 규칙에 적용되는지 검토하여 귀무가설의 기각 여부를 결정한다.

$$z = \frac{\overline{x} - \mu_0}{\frac{\sigma}{\sqrt{n}}}$$

순서 4. 순서 3의 결과에 따라 결론을 내린다.

예제 5.4 K대학생들은 구내식당이 비좁아서 학생들의 점심 식사시간을 여유롭게 30분 이상 즐길 수 없다고 주장한다. 식당 매니저는 이러한 학생들의 주장이 옳은 지 조사하여 식당을 개선할 여지가 있는지 알아보고자 이 구내식당을 이용하는 학생 중에서 임의로 36명을 추출하여 이들의 식사 시간을 조사하였다. 조사 결과 36명 표본의 평균 식사시간은 $\overline{x} = 32$ (분)이었다. 식당에서 식사하는 학생들의 식사 시간이 정규분포를 따르며 모표준편차는 $\sigma = 8$ (분)으로 알려져 있다고 간주할 때 유의수준 5%에서 학생들의 식사 시간의 모평균이 30 (분)보다 큰지 가설검정하시오.

풀이 학생들이 주장과 식당 매니저의 주장이 상반되므로 이 문제는 식당 매니저의 주장을 대립가설로 세운 후 검정의 일반적인 순서에 따라 가설검정하도록 하자.

순서 1. 먼저 이 문제의 검증을 위한 귀무가설과 대립가설은 다음과 같이 오른쪽 단측검정으로 정의한다. 또한 유의수준은 5%로 설정한다.

$$H_0 : \mu \le 30 \qquad H_1 : \mu > 30$$

순서 2. 유의수준은 5%에 대하여 오른쪽 단측검정의 기각 규칙을 다음과 같이 정한다. 여기서 Z은 검정통계량으로 표준정규분포를 따른다.

기각 규칙: $Z \ge z_{0.05} = 1.645$ 이면 H_0을 기각

순서 3. 표본수 $n = 36$인 표본의 표본평균 $\overline{x} = 32$를 이용하여 검정통계량의 값 z의 값을 구하면 다음과 같다.

$$z = \frac{\overline{x} - \mu_0}{\frac{\sigma}{\sqrt{n}}} = \frac{32 - 30}{8/\sqrt{36}} = 1.5$$

이 값은 1.645 보다 크지 않으므로 유의수준은 5% 에서 오른쪽 단측검정의 기각 규칙에 합당하지 않는다. 따라서 귀무가설 H_0 를 기각하지 않는다.

순서 4. 따라서 귀무가설을 기각하지 못하므로 이 구내식당에서 식사하는 학생들의 평균 식사시간은 30 (분)보다 크다고 볼 수 없어서 학생들의 주장이 옳은 것으로 결론지을 수 있다. ■

귀무가설이 참이라고 할 때, 검정통계량의 분포에서 표본으로부터 구한 검정통계량의 값보다 클 확률을 구할 수 있다. 〈예 5.4〉에서 표본으로부터 구한 검정통계량의 값은 1.5 이었다. 이 가설검정에 대한 검정통계량의 분포가 표준정규분포이므로 다음과 같은 확률을 쉽게 구할 수 있다.

$$P(Z > z) = P(Z > 1.5) = 1 - \text{NORM.S.DIST}(1.5,\ \text{TRUE}) = 0.0668$$

이 확률은 표본으로부터 구한 $z = 1.5$ 의 값이 귀무가설과 얼마나 상반되는 증거인지를 알려주는 하나의 척도이다. 즉, 이 확률이 작으면 작을수록 표본의 증거가 귀무가설을 거부하고 있음을 뜻한다. 또한 이 확률이 작을수록 대립가설을 강하게 지지한다고 볼 수 있다. 표본으로부터 얻어진 표본통계량의 값으로 이렇게 구한 확률을 유의확률(significance probability) 또는 p−값(p−value)이라고 한다. 통계학자 피어슨(1857 ~ 1936)이 유의확률의 개념을 만들었기 때문에 피어슨의 이름을 따서 유의확률을 p−값이라고 한다.

가설검정에서 유용한 유의확률은 대립가설의 형태에 따라 다르게 구한다. 다음은 모평균의 가설검정에서 검정통계량의 값 z 에 따른 유의확률 p−값을 구하는 식을 표시한 것이다. 여기서 양측검정에 대한 유의확률은 단측검정에 대한 유의확률의 2 배이다.

왼쪽 단측검정($H_1: \mu < \mu_0$)	p−값 $= P(Z < z)$
오른쪽 단측검정($H_1: \mu > \mu_0$)	p−값 $= P(Z > z)$
양측검정($H_1: \mu \neq \mu_0$)	p−값 $= 2P(Z > \lvert z \rvert)$

오른쪽 단측검정의 경우 이 식으로 계산되는 유의확률이 작을수록 검정통계량의 값(z)이 커진다는 의미이다. 가설검정을 수행하는 순서 2의 기각 규칙을 적용하면 유의확률이 작아져서 유의수준인 α보다 작을 경우 z값이 z_{α}보다 크다는 의미이다. 따라서 귀무가설을 기각하는 결론에 이르게 될 것이다. 이를 이용하여 유의확률(p-값)을 이용한 기각 규칙을 정하면 다음과 같다. 이 기각 규칙은 모든 가설검정에 적용할 수 있으므로 이를 이용하면 쉽게 가설검정의 결론을 내릴 수 있다.

p-값을 이용한 기각 규칙: 유의확률(p-값) $\leq$ 유의수준(α)이면 H_0를 기각한다.

〈예제 5.4〉의 경우 검정통계량의 값 $z = 1.5$에 따른 유의확률은 0.0668이었다. 따라서 p-값을 이용한 기각 규칙에 의하면 유의수준 $\alpha = 0.05$인 가설검정하에서는 귀무가설 H_0를 기각할 수 없다. 즉 식당 매니저의 주장이 옳다는 증거가 약하다고 볼 수 있다. 만일 유의확률이 1%보다 크지만 5%보다 작을 경우에는 대립가설이 옳다는 결론을 내릴 수 있는 증거로서 충분한 것이며, 더욱이 유의확률이 1%보다 작으면 대립가설이 통계적으로 강력히 옳다는 결론을 내릴 수 있을 것이다.

예제 5.5 어느 공장에서 비타민 C가 들어간 음료수를 병에 담아 판매하고 있으며, 이 음료수병의 겉표지에 한 병에 포함되어 있는 음료수의 양이 100 (ml)이라고 표기되어 있다. 이 공장에서 생산되는 비타민 C 음료수 1 병에 포함된 음료수 양의 모평균이 100 (ml)인지 유의수준 5%에서 p-값을 이용하여 가설검정하시오. 단, 이 공장에서 생산한 총 20개의 음료수병을 임의로 추출하였으며 이 병속에 포함되어 있는 음료수의 양을 측정하였더니 다음과 같았으며, 음료수병의 내용량에 대한 모표준편차는 0.2로 알려져 있다.

100.2	100.1	100.0	99.8	100.1	99.6	99.8	99.9	100.2	100.1
99.7	99.9	100.3	100.0	99.6	99.7	100.1	99.8	99.5	100.0

엑셀활용 음료수 1 병에 들어 있는 음료수의 양의 모평균이 $\mu_0 = 100$ (ml)인지 검정하기 위한 두 가설은 다음과 같이 양측검정으로 표현할 수 있다.

$$H_0 : \mu = 100 \qquad H_1 : \mu \neq 100$$

먼저 표본으로부터 표본평균 $\bar{x} = 99.9$을 구하고 이 값을 바탕으로 검정통계량의 값 z를 구하면 $z = -1.789$이다. 다음으로 이 값에 대응되는 양측검정의 유의확률 p-값은 0.0736 임을 알 수 있다. p-값이 유의수준 $\alpha = 5\%$보다 작지 않기 때문에 p-값을 이용한 기각 규칙에 따라 귀무가설 H_0를 기각할 수 없다. 즉, 이 공장에서 생산되는 음료수 1 병에 들어 있는 음료수의 내용량이 100 (ml)가 아니라는 증거가 없다고 볼 수 있다.

〈그림 5.1〉은 엑셀을 이용하여 모평균에 대한 검정통계량의 값과 이 값에 대응되는 양측검정의 유의확률을 구하는 식과 함수를 표시한 것이다.

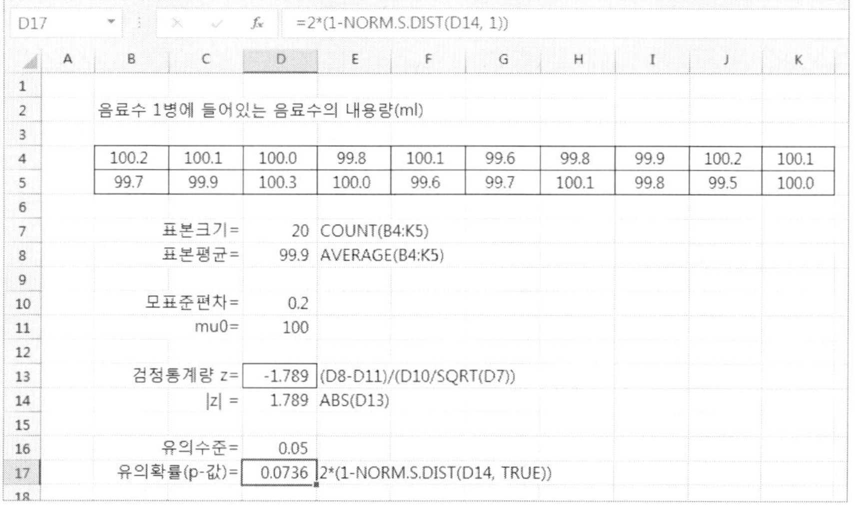

D17 =2*(1-NORM.S.DIST(D14, 1))

	A	B	C	D	E	F	G	H	I	J	K
1											
2		음료수 1병에 들어있는 음료수의 내용량(ml)									
3											
4		100.2	100.1	100.0	99.8	100.1	99.6	99.8	99.9	100.2	100.1
5		99.7	99.9	100.3	100.0	99.6	99.7	100.1	99.8	99.5	100.0
6											
7			표본크기=	20	COUNT(B4:K5)						
8			표본평균=	99.9	AVERAGE(B4:K5)						
9											
10			모표준편차=	0.2							
11			mu0=	100							
12											
13			검정통계량 z=	-1.789	(D8-D11)/(D10/SQRT(D7))						
14			|z| =	1.789	ABS(D13)						
15											
16			유의수준=	0.05							
17			유의확률(p-값)=	0.0736	2*(1-NORM.S.DIST(D14, TRUE))						

그림 5.1 모평균에 대한 Z검정

참고로 4.2.2.1절에서 모표준편차가 알려져 있을 경우 모평균의 95%의 신뢰구간이 다음과 같음을 알 수 있었다.

$$\left[\,\bar{x} - 1.96\frac{\sigma}{\sqrt{n}},\ \bar{x} + 1.96\frac{\sigma}{\sqrt{n}}\,\right]$$

이 공식을 이용하여 〈예제 5.5〉의 음료수 한 병에 들어 있는 음료수 내용량에 대한 95%의 신뢰구간을 구하기 위해 먼저 표본오차를 구하면 $1.96\frac{0.2}{\sqrt{20}} = 0.0877$이다. 따라서 음료수 내용량에 대한 95%의 신뢰구간은 [99.832, 100.008]이다. 이 신뢰구간에 귀무가설에 설정한 모평균의 값 $\mu_0 = 100$을 포함하고 있기 때문에 유의수준 $\alpha = 0.05$에서 귀무가설을 기각할 수 없다고 판단내릴 수 있다. 즉, 모평균의 값은 $\mu_0 = 100$이 맞다고 결론내린다. 이와 같이 신뢰구간과 양측검정은 서로 동일한 결론을 갖는 밀접한 관련이 있다고 볼 수 있다.

5.2.2 모분산을 모를 경우 모평균에 대한 T검정

모분산(σ^2)을 모르는 경우에는 가설검정을 수행하기 위해서 먼저 표본으로부터 모평균과 모표준편차를 각각 추정해야 한다. 모표준편차 σ를 알고 있을 때의 검정통계량은 표준정규분포를 따른다고 하였다. 그러나 모표준편차 σ를 알지 못할 때에는 모표준편차 σ를 표본표준편차 s로 추정한 후, 이를 이용한 t 분포의 검정통계량을 사용할 것이다. 다음은 모표준편차 σ를 알지 못할 때 모평균의 가설검정을 수행하는 순서이다.

순서 1. 검정을 위한 가설을 정의하고 유의수준 α의 값을 설정한다.

왼쪽 단측검정: $H_0 : \mu \geq \mu_0 \qquad H_1 : \mu < \mu_0$

오른쪽 단측검정: $H_0 : \mu \leq \mu_0 \qquad H_1 : \mu > \mu_0$

양측검정: $H_0 : \mu = \mu_0 \qquad H_1 : \mu \neq \mu_0$

순서 2. 모표준편차 σ를 알지 못할 때 모평균의 가설검정을 위한 검정통계량 T의 분포는 다음과 같이 자유도 $n-1$인 t 분포이다.

$$T = \frac{\overline{X} - \mu_0}{s/\sqrt{n}} \sim t(n-1)$$

유의수준이 α일 때 검정통계량의 분포로부터 검정의 기각 규칙을 정하면 다음과 같다.

왼쪽 단측검정의 기각 규칙: $T \leq -t_{\alpha}(n-1)$이면 H_0을 기각

오른쪽 단측검정의 기각 규칙: $T \geq t_{\alpha}(n-1)$이면 H_0을 기각

양측검정의 기각 규칙: $T \leq -t_{\alpha/2}(n-1)$이거나 $T \geq t_{\alpha/2}(n-1)$이면 H_0을 기각

참고로 $t_{\alpha}(n-1)$는 4.2.2.3절에서 다루었던 t 분포의 $(1-\alpha)$ 분위수이다. 이 값

은 엑셀 함수 T.INV(1 − α, n−1)를 이용하여 구할 수 있다. 물론 양측검정의 기각 규칙에 있는 $z_{\alpha/2}$의 값도 =T.INV(1 − $\alpha/2$, n−1)으로 구할 수 있지만 =T.INV.2T(α, n−1)의 식으로도 같은 값을 구할 수 있다. 〈표 5.2〉는 모평균에 대한 가설검정에서 유의수준 α가 5%, 1%일 경우의 $t_{\alpha}(n-1)$와 $t_{\alpha/2}(n-1)$의 값을 구하는 엑셀 함수의 식을 표시한 것이다.

표 5.2 t 분포의 분위수 $t_{\alpha}(n-1)$와 $t_{\alpha/2}(n-1)$

유의수준 α	5%	1%
$t_{\alpha}(n-1)$	=T.INV(0.95, n−1)	=T.INV(0.99, n−1)
$t_{\alpha/2}(n-1)$	=T.INV.2T(0.05, n−1)	=T.INV.2T(0.01, n−1)

순서 3. 검정통계량의 값 t를 구하고 순서2에서 정한 기각 규칙에 적용되는지 검토하여 귀무가설의 기각 여부를 결정한다.

$$t = \frac{\overline{x} - \mu_0}{\dfrac{s}{\sqrt{n}}}$$

순서 4. 순서 3의 결과에 따라 결론을 내린다.

예제 5.6 〈예제 5.5〉의 자료를 이용하여 비타민 C 음료수 1병에 포함된 음료수 양의 모평균이 100 (ml)보다 작은지 유의수준 5%에서 가설검정하시오. 단, 이 공장에서 생산된 음료수병의 내용량에 대한 모표준편차가 알려져 있지 않다.

엑셀활용 음료수 1병에 들어 있는 음료수의 양의 모평균이 $\mu_0 = 100$ (ml)보다 작은지를 검정하기 위한 두 가설은 다음과 같이 왼쪽 단측검정으로 표현할 수 있다.

$$H_0 : \mu = 100 \qquad H_1 : \mu < 100$$

먼저 표본으로부터 표본평균 $\overline{x} = 99.9$와 표본표준편차 $s = 0.2262$를 구한다. 이 값을 바탕으로 검정통계량의 값 t를 구하면 $t = -1.582$이다. 왼쪽 단측검정의 기각 규칙은 $T \leq -t_{0.05}(19) = -1.73$일 때 H_0를 기각하지만 $t = -1.582 > -1.73$이므로

H_0를 기각할 수 없다. 즉 음료수 1병에 들어 있는 음료수의 양이 100 mg보다 작다는 주장을 받아들일 수 없다.

다음으로 검정통계량의 t값에 대응되는 왼쪽 단측검정의 유의확률 $p-$값은 다음 식을 통하여 구한다.

$p-$값 $= P(T < t) = P(T < -1.582) =$ T.DIST(−1.582, 19, TRUE) = 0.0651

이렇게 구한 왼쪽 단측검정의 $p-$값이 유의수준 $\alpha = 5\%$보다 크기 때문에 $p-$값을 이용한 기각 규칙에 따라 귀무가설 H_0를 기각할 수 없다. 즉, 이 공장에서 생산되는 음료수 1병에 들어 있는 음료수의 내용량이 100(ml)보다 작다고 볼 수 없다. 참고로 엑셀을 이용하여 검정통계량 t값에 대응하는 $p-$값을 구하는 엑셀 함수의 형식은 다음과 같다.

왼쪽 단측검정에 대한 $p-$값 $= P(T < t) =$ T.DIST(t값, $n-1$, TRUE)
오른쪽 단측검정에 대한 $p-$값 $= P(T > t) =$ T.DIST.RT(t값, $n-1$)
양측검정에 대한 $p-$값 $= 2P(T > |t|) =$ T.DIST.2T(t값의 절댓값, $n-1$)

〈그림 5.2〉는 엑셀을 이용하여 모평균에 대한 검정통계량의 값과 이 값에 대응되는 왼쪽 단측검정의 기각 규칙에 대한 임계값, 그리고 유의확률을 구하는 식과 함수를 표시한 것이다.

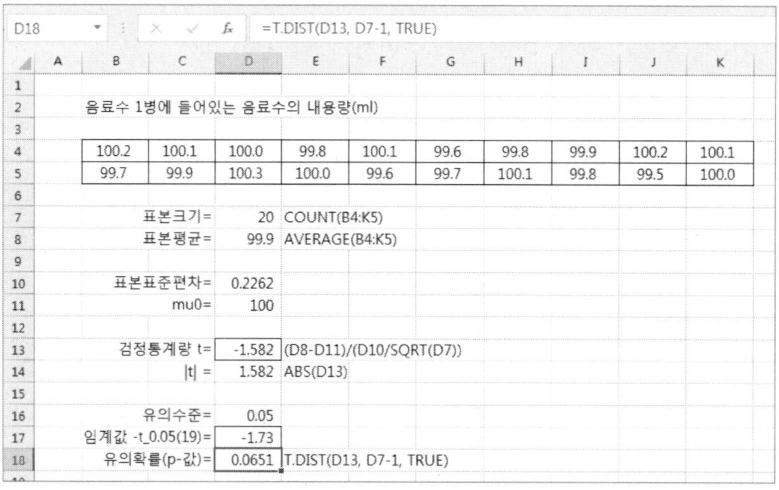
D18 =T.DIST(D13, D7-1, TRUE)

	A	B	C	D	E	F	G	H	I	J	K
1											
2		음료수 1병에 들어있는 음료수의 내용량(ml)									
3											
4		100.2	100.1	100.0	99.8	100.1	99.6	99.8	99.9	100.2	100.1
5		99.7	99.9	100.3	100.0	99.6	99.7	100.1	99.8	99.5	100.0
6											
7			표본크기=	20	COUNT(B4:K5)						
8			표본평균=	99.9	AVERAGE(B4:K5)						
9											
10			표본표준편차=	0.2262							
11			mu0=	100							
12											
13			검정통계량 t=	-1.582	(D8-D11)/(D10/SQRT(D7))						
14			|t| =	1.582	ABS(D13)						
15											
16			유의수준=	0.05							
17			임계값 -t_0.05(19)=	-1.73							
18			유의확률(p-값)=	0.0651	T.DIST(D13, D7-1, TRUE)						

그림 5.2 모평균에 대한 T검정

5.3 독립인 두 모집단의 모평균 차에 대한 신뢰구간과 가설검정

〈예제 2.11〉의 박대의 소비실태 분석으로 돌아가 보자. 박대는 군산시의 특산 어류로서 지역민에게 인기가 있는 소형 어종이다. 박대를 이용한 요리가 시민들에게 인기 있지만 남녀 모두에게 똑같이 선호되는 식품으로 인지되는지 조사할 필요가 있을 것이다. 이와 같이 독립적인 두 집단에 대하여 종속변수에 대한 두 집단의 모평균 차에 대한 신뢰구간이 얼마인지 또는 모평균의 차이가 존재하는지 가설검정할 수 있다.

먼저 종속변수에 대한 두 집단의 차이를 분석하기 위하여 모집단 1의 모평균을 μ_1, 모표준편차를 σ_1이라고 하고, 모집단 2의 모평균을 μ_2, 모표준편차를 σ_2라고 하자. 물론 두 집단은 서로 독립인 집단으로 각 집단에서 추출한 표본과 이 표본으로 얻어진 통계량들도 두 집단 간 모두 독립이다. 즉, 모집단 1에서 표본수가 n_1인 표본의 표본평균을 $\overline{X}_1$, 표본분산을 S_1^2 그리고 모집단 2에서 표본수가 n_2인 표본의 표본평균을 $\overline{X}_2$, 표본분산을 S_2^2라고 하면 통계량 $\overline{X}_1$과 $\overline{X}_2$는 서로 독립이다.

5.3.1 두 모표준편차 σ_1, σ_2가 알려져 있을 경우

서로 독립인 두 모집단의 모평균 차 $\mu_1 - \mu_2$에 대한 점추정량은 두 모집단에서 추출한 표본평균의 차 $\overline{X}_1 - \overline{X}_2$와 같다. 또한 표본평균의 차에 대한 표준오차는 다음과 같이 구할 수 있다.

$$\overline{X}_1 - \overline{X}_2 \text{에 대한 표준오차} = \sigma(\overline{X}_1 - \overline{X}_2) = \sqrt{\frac{\sigma_1^2}{n_1} + \frac{\sigma_2^2}{n_2}}$$

이 사실로부터 두 모집단의 모평균 차 $\mu_1 - \mu_2$에 대한 $100(1-\alpha)\%$ 신뢰구간은 다음과 같다.

$$\left[(\overline{X}_1 - \overline{X}_2) \pm z_{\alpha/2} \sqrt{\frac{\sigma_1^2}{n_1} + \frac{\sigma_2^2}{n_2}} \right]$$

예제 5.7 〈예제 2.11〉과 같이 조사한 바에 의하면 남녀별 박대의 선호도 차이가 없는 것으로 조사되었다. 그러나 박대를 이용한 박대구이 요리에 대한 남녀별 선호도가 차이가 있을 것으로 보여 K지역의 시민 중 무작위로 남자 $n_1 = 20$ 명, 여자 $n_2 = 15$ 명을 추출한 후 박대구이 요리에 대한 선호도를 조사하였다. 선호도 조사는 7 점 척도로 측정하였으며 조사된 자료는 다음과 같다.

남자	4	5	6	5	6	3	6	5	4	5
	6	4	5	5	5	4	5	4	5	7
여자	5	3	6	4	3	3	5	3	6	4
	4	5	3	4	5					

이 자료를 이용하여 남녀별 박대구이 선호도 차이에 대한 95% 신뢰구간을 구하시오. 단, 두 집단의 박대구이 선호도에 대한 남자 집단의 모표준편차는 $\sigma_1 = 0.9$, 여자 집단의 모표준편차는 $\sigma_2 = 1.0$으로 알려져 있다.

엑셀활용 $\overline{X_1} - \overline{X_2}$ 에 대한 표준오차를 계산하는 식이 복잡하므로 엑셀을 이용하여 신뢰구간을 추정하면 〈그림 5.3〉과 같다. 즉, $\overline{X_1} - \overline{X_2}$ 에 대한 표준오차는 0.3274 이며 95% 신뢰구간을 구하기 위한 표본오차는 $1.96 \times 0.3274 = 0.6416$ 이다. 따라서 두 모집단의 모평균에 대한 95% 신뢰구간은 $[0.108, 1.392]$ 이다.

	A	B	C	D	E	F	G	H	I	J	K	L
1												
2		남자	4	5	6	5	6	3	6	5	4	5
3			6	4	5	5	5	4	5	4	5	7
4		여자	5	3	6	4	3	3	5	3	6	4
5			4	5	3	4	5					
6												
7			남	여								
8		표본크기	20	15	COUNT(C4:L5)							
9		표본평균	4.95	4.2	AVERAGE(C4:L5)							
10		표본표준편차	0.9445	1.0823	STDEV.S(C4:L5)							
11												
12		모표준편차	0.9	1.0								
13		표준오차	0.3274	SQRT(C12^2/C8+D12^2/D8)								
14												
15		신뢰계수	0.95									
16		유의수준	0.05									
17		z값	1.96	NORM.S.INV(1-C16/2)								
18		표본오차	0.6416	C17*C13								
19												
20		표본평균차	0.75	C9-D9								
21		하한	0.108	C20-C18								
22		상한	1.392	C20+C18								
23												

그림 5.3 남녀별 박대구이 요리 선호도에 대한 95% 신뢰구간

다음으로 두 모집단의 모평균 차이가 유의한지를 알아보기 위한 검정의 귀무가설과 대립가설을 정의해 보자. 두 모집단의 모평균이 동일하다는 귀무가설 $H_0 : \mu_1 = \mu_2$ 에 대하여 대립가설은 다음과 같이 세 종류의 유형으로 정의할 수 있다.

$$\text{왼쪽 단측검정: } H_1 : \mu_1 < \mu_2$$

$$\text{오른쪽 단측검정: } H_1 : \mu_1 > \mu_2$$

$$\text{양측검정: } H_1 : \mu_1 \neq \mu_2$$

두 집단의 모표준편차 σ_1, σ_2 를 모두 알고 있다는 가정 하에서 이를 검정하기 위한 가설검정의 검정통계량은 다음과 같이 표준정규분포를 따른다.

$$Z = \frac{(\overline{X_1} - \overline{X_2}) - (\mu_1 - \mu_2)}{\sqrt{\frac{\sigma_1^2}{n_1} + \frac{\sigma_2^2}{n_2}}} \sim N(0, 1)$$

이때 두 모평균의 차이가 없다는 가정, 즉 귀무가설이 맞다는 가정에서 출발하면 두 모집단에서 추출한 표본평균 $\overline{x}_1$, $\overline{x}_2$ 으로부터 검정통계량의 값으로 z 값을 얻을 것이다.

$$z = \frac{\overline{x_1} - \overline{x_2}}{\sqrt{\frac{\sigma_1^2}{n_1} + \frac{\sigma_2^2}{n_2}}}$$

마지막으로 5.2.1절에서 언급했던 검정의 기각 규칙을 이 검정통계량의 z 값에 적용하면 가설검정의 결론을 얻을 수 있다.

왼쪽 단측검정($H_1 : \mu_1 < \mu_2$)의 기각 규칙: $Z \leq -z_\alpha$ 이면 H_0 을 기각

오른쪽 단측검정($H_1 : \mu_1 > \mu_2$)의 기각 규칙: $Z \geq z_\alpha$ 이면 H_0 을 기각

양측검정($H_1 : \mu_1 \neq \mu_2$)의 기각 규칙: $Z \leq -z_{\alpha/2}$ 이거나 $Z \geq z_{\alpha/2}$ 이면 H_0 을 기각

이와 같은 임계값을 이용한 기각 규칙 대신 유의확률(p-값)을 이용하여 가설검정을 할 수 있다. 앞에서도 언급하였듯이 p-값이 유의수준(α)보다 작으면 H_0 을 기각한다는 것이 p-값을 이용한 검정의 기각 규칙이다.

$$\text{왼쪽 단측검정} \quad p\text{-값} = P(Z < z)$$

$$\text{오른쪽 단측검정} \quad p\text{-값} = P(Z > z)$$

$$\text{양측검정} \quad p\text{-값} = 2P(Z > |z|)$$

예제 5.8 〈예제 5.7〉의 박대구이 요리에 대한 선호도를 조사 자료를 이용하여 남녀별 박대구이 선호도의 평균값이 차이가 있는지 유의수준 5%에서 가설검정하시오. 단, 두 집단의 박대구이 선호도에 대한 남자 집단의 모표준편차는 $\sigma_1 = 0.9$, 여자 집단의 모표준편차는 $\sigma_2 = 1.0$으로 알려져 있다.

엑셀활용 〈그림 5.4〉는 〈예제 5.7〉의 자료를 이용하여 양측검정을 검정하기 위한 검정통계량의 값과 기각 규칙의 임계값, 그리고 p-값을 각각 표시한 것이다. 남자의 평균 선호도가 μ_1 이고, 여자의 평균 선호도가 μ_2 일 때 이 문제의 양측검정에 대한 대립가설은 다음과 같다.

$$H_1 : \mu_1 \neq \mu_2$$

	A	B	C	D	E	F	G	H	I	J	K	L
1												
2		남자	4	5	6	5	6	3	6	5	4	5
3			6	4	5	5	5	4	5	4	5	7
4		여자	5	3	6	4	3	3	5	3	6	4
5			4	5	3	4	5					
6												
7			남	여								
8		표본크기	20	15	COUNT(C4:L5)							
9		표본평균	4.95	4.2	AVERAGE(C4:L5)							
10		표본표준편차	0.9445	1.0823	STDEV.S(C4:L5)							
11												
12		모표준편차	0.9	1.0								
13		표준오차	0.3274	SQRT(C12^2/C8+D12^2/D8)								
14												
15		유의수준	0.05									
16		임계값	1.96	NORM.S.INV(1-C16/2)								
17												
18		검정통계량 z	2.291	(C9-D9)/C13								
19												
20		p-값	0.022	2*(1-NORM.S.DIST(C18, TRUE))								

그림 5.4 남녀별 박대구이 요리 선호도 차이에 대한 가설검정

〈그림 5.4〉의 결과를 살펴보면 표본으로부터 얻어진 검정통계량의 z 값은 2.291이다. 이 값이 임계값인 1.96보다 크므로 양측검정의 기각 규칙에 의하여 귀무가설을 기각한다. 따라서 이 자료는 박대구이 요리에 대한 남자의 선호도가 여자의 선호도보다

더 크다는 충분한 근거가 됨을 알 수 있다. 유의확률인 p-값을 이용해도 같은 검정 결과를 얻을 수 있다. 즉, p-값이 0.022로서 유의수준 0.05보다 작기 때문에 당연히 귀무가설을 기각하게 된다.

참고로 엑셀의 [데이터/ 데이터 분석]을 선택하고 분석 도구 목록에서 'z-검정: 평균에 대한 두 집단 선택'을 통하여 두 집단의 평균 차에 대한 가설검정을 수행할 수 있다. 〈그림 5.5〉는 'z-검정: 평균에 대한 두 집단 선택'을 통한 가설검정의 예를 표시한 것이다. 〈그림 5.5〉의 결과로 표시되는 검정통계량 z 값과 p-값이 〈그림 5.4〉의 결과와 동일함을 알 수 있다. 단 〈그림 5.4〉의 가설검정을 위한 대화상자에서 두 집단의 모표준편차 대신 모분산을 입력해야 되는 것에 주의하여야 한다.

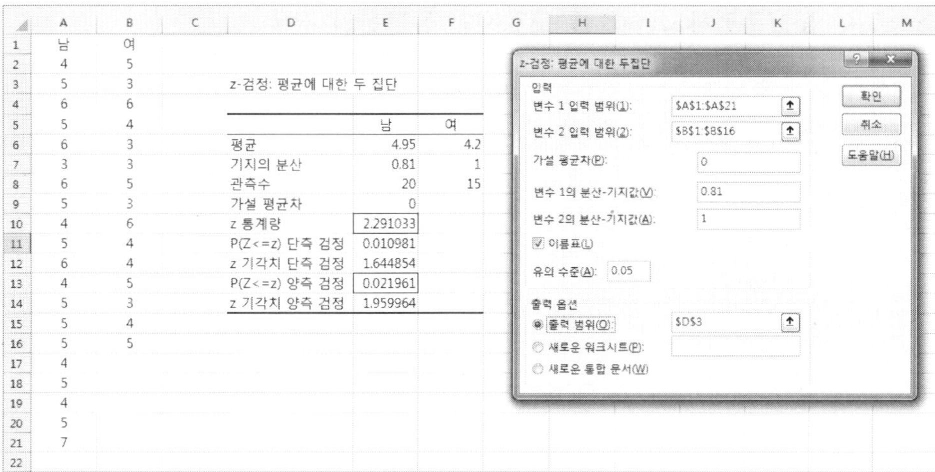

그림 5.5 [데이터/ 데이터 분석]을 통한 z-검정: 평균에 대한 두 집단의 가설검정

5.3.2 두 모표준편차 σ_1, σ_2를 모르는 경우

두 모집단의 모표준편차 σ_1, σ_2를 모르면 5.3.1절에서 언급했던 두 모집단의 모평균차 $\mu_1 - \mu_2$에 대한 점추정량 $\overline{X_1} - \overline{X_2}$의 표준오차를 구할 수 없다. 즉, 신뢰구간의 표본오차나 가설검정의 검정통계량을 구할 수 없게 된다. 추정량 $\overline{X_1} - \overline{X_2}$의 표준오차는 다음과 같이 두 유형으로 추정할 수 있다.

① 등분산($\sigma_1^2 = \sigma_2^2 = \sigma^2$)을 가정하는 경우

$$\hat{\sigma}(\overline{X}_1 - \overline{X}_2) = \sqrt{\widehat{\sigma^2}\left(\frac{1}{n_1} + \frac{1}{n_2}\right)} = \sqrt{s_p^2\left(\frac{1}{n_1} + \frac{1}{n_2}\right)}$$

여기서 $s_p^2 = \dfrac{(n_1 - 1)s_1^2 + (n_2 - 1)s_2^2}{n_1 + n_2 - 2}$ 으로 계산되는 분산 σ^2 의 불편추정량이며 이 값을 두 모분산의 합동분산 추정량이라고 한다.

② 등분산이 아닌 경우

$$\hat{\sigma}(\overline{X}_1 - \overline{X}_2) = \sqrt{\frac{\widehat{\sigma_1^2}}{n_1} + \frac{\widehat{\sigma_2^2}}{n_2}} = \sqrt{\frac{s_1^2}{n_1} + \frac{s_2^2}{n_2}}$$

5.3.2.1 두 모표준편차 σ_1, σ_2 를 모르지만 등분산인 경우

두 집단의 모표준편차가 모두 미지이지만 등분산인 경우에는 다음과 같이 자유도 $n_1 + n_2 - 2$인 t 분포를 따르는 확률변수 T의 분포를 신뢰구간과 가설검정의 검정통계량 분포로 응용할 수 있다.

$$T = \frac{(\overline{X}_1 - \overline{X}_2) - (\mu_1 - \mu_2)}{\sqrt{S_p^2\left(\frac{1}{n_1} + \frac{1}{n_2}\right)}} \sim t(n_1 + n_2 - 2)$$

즉, 두 모집단의 모평균 차 $\mu_1 - \mu_2$에 대한 $100(1-\alpha)\%$ 신뢰구간은 다음과 같다. 여기서 $t_{\alpha/2}(n_1 + n_2 - 2)$는 자유도 $n_1 + n_2 - 2$인 t 분포의 $(1-\alpha/2)$ 분위수이다.

$$\left[(\overline{x}_1 - \overline{x}_2) \pm t_{\alpha/2}(n_1 + n_2 - 2) \sqrt{s_p^2\left(\frac{1}{n_1} + \frac{1}{n_2}\right)} \right]$$

다음으로 두 모집단의 모평균이 동일하다는 귀무가설 $H_0: \mu_1 = \mu_2$에 대하여 대립가설은 다음과 같다.

왼쪽 단측검정: $H_1: \mu_1 < \mu_2$

오른쪽 단측검정: $H_1: \mu_1 > \mu_2$

양측검정: $H_1: \mu_1 \neq \mu_2$

두 집단의 모표준편차 σ_1, σ_2를 모르지만 등분산이라는 가정하에서 모평균의 차를 검정하기 위한 가설검정의 검정통계량의 값으로 t 값을 이용한다.

$$t = \frac{\overline{x}_1 - \overline{x}_2}{\sqrt{s_p^2\left(\frac{1}{n_1} + \frac{1}{n_2}\right)}}$$

이제부터는 임계값을 이용한 기각 규칙 대신 유의확률(p−값)을 이용하여 가설검정을 수행하자. 다음은 t 분포를 이용한 가설검정에서 p−값을 구하는 식이다.

왼쪽 단측검정 p−값 $= P(T < t)$

오른쪽 단측검정 p−값 $= P(T > t)$

양측검정 p−값 $= 2P(T > |t|)$

예제 5.9 〈예제 5.7〉의 박대구이 요리에 대한 선호도를 조사 자료를 이용하여 남녀별 박대구이 선호도에 대한 평균값의 차이의 95% 신뢰구간을 구하시오. 또 남자 집단의 박대구이 선호도의 평균값이 여자 집단의 평균값보다 큰지 유의수준 5%에서 가설검정하시오. 단, 박대구이 선호도에 대한 두 집단의 모표준편차를 알지 못하지만 모분산은 동일하다고 가정하자.

엑셀활용 〈그림 5.6〉은 〈예제 5.7〉의 자료를 이용하여 남녀별 박대구이 선호도 차이에 대한 95% 신뢰구간의 하한값과 상한값, 그리고 오른쪽 단측검정을 검정하기 위

E18 =(E4-F4)/E9

	A	B	C	D	E	F	G
1	남	여					
2	4	5		집단	남	여	
3	5	3		표본수	20	15	COUNT(B2:B16)
4	6	6		표본평균	4.95	4.2	AVERAGE(B2:B16)
5	5	4		표본분산	0.8921	1.1714	VAR.S(B2:B16)
6	6	3					
7	3	3		합동분산	1.0106	((E3-1)*E5+(F3-1)*F5)/(E3+F3-2)	
8	6	5					
9	5	3		표준오차	0.3434	SQRT(E7*(1/E3+1/F3))	
10	4	6		유의수준	0.05		
11	5	4		분위수	2.035	T.INV(1-E10/2, E3+F3-2)	
12	6	4					
13	4	5		표본오차	0.6986	E9*E11	
14	5	3					
15	5	4		하한	0.0514	(E4-F4)-E13	
16	5	5		상한	1.4486	(E4-F4)+E13	
17	4						
18	5			t값	2.1842	(E4-F4)/E9	
19	4			p-값	0.0181	T.DIST.RT(E18, E3+F3-2)	
20	5						
21	7						

그림 5.6 등분산인 경우 모평균 차의 신뢰구간과 검정통계량 t 값

한 검정통계량의 t 값과 이에 대응되는 p−값을 각각 표시한 것이다.

〈그림 5.6〉의 결과를 살펴보면 두 모평균의 차에 대한 95% 신뢰구간은 0.0514에서 1.4486임을 알 수 있다. 두 모평균의 차에 대한 95% 신뢰구간에 귀무가설의 모평균 차의 값 0이 포함되어 있지 않기 때문에 유의수준 5%의 양측검정을 수행할 경우 귀무가설을 기각하는 결론에 이를 것으로 분석된다. 남자 집단의 선호도 평균이 여자 집단의 선호도 평균보다 큰 지에 대한 오른쪽 단측검정을 위한 t 값은 2.1842이며 이 값에 대응하는 p−값은 0.0181이다. p−값이 유의수준 0.05보다 작기 때문에 귀무가설을 기각한다. 따라서 남자 집단의 선호도 평균이 여자 집단의 선호도 평균보다 크다는 사실을 받아들일 수 있다.

참고로 엑셀의 [데이터/ 데이터 분석]을 선택하고 분석 도구 목록의 't−검정: 등분산 가정 두집단'을 통하여 등분산인 경우 두 집단의 평균 차에 대한 가설검정을 수행할 수 있다. 〈그림 5.7〉은 't−검정: 등분산 가정 두집단'을 통한 가설검정의 예를 표시한 것이다. 이 결과로 표시되는 검정통계량 t 값과 p−값이 〈그림 5.6〉의 결과와 동일함을 알 수 있다. 여기서 공동(Pooled) 분산이란 앞에서 언급했던 합동분산과 같은 의미이다.

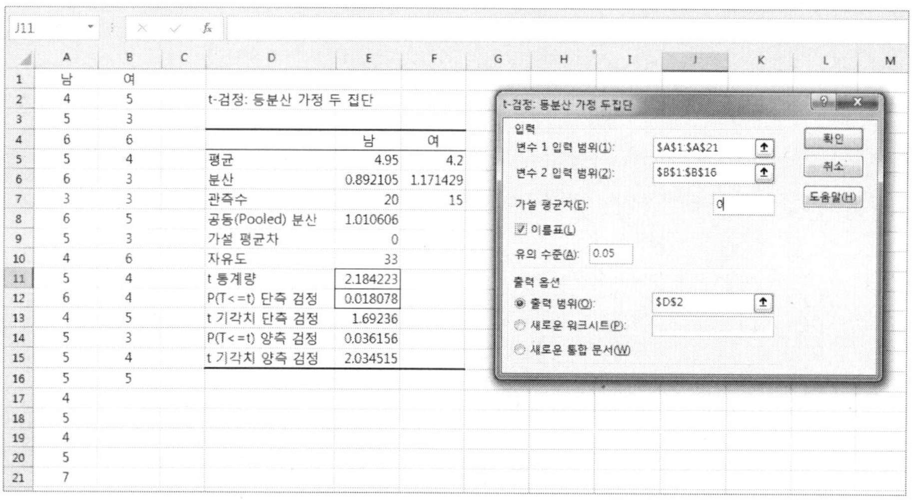

그림 5.7 [데이터/ 데이터 분석]을 통한 t−검정: 등분산 가정 두집단

5.3.2.2 두 모표준편차 σ_1, σ_2를 모르며 등분산이 아닌 경우

두 집단의 모표준편차가 모두 미지이고 두 모분산이 서로 동일하지 않은 경우에는 다

음과 같이 자유도가 ϕ 인 t 분포를 따르는 확률변수 T 의 분포를 신뢰구간과 가설검정의 검정통계량 분포로 활용할 수 있다.

$$T = \frac{(\overline{X_1} - \overline{X_2}) - (\mu_1 - \mu_2)}{\sqrt{\frac{S_1^2}{n_1} + \frac{S_2^2}{n_2}}} \sim t(\phi)$$

여기서 자유도 ϕ 는 다음과 같이 계산되며 정수가 아닌 경우에는 t 분포의 자유도로 이 값보다 작은 최대의 정수를 사용할 수 있다.

$$\phi = \left(\frac{s_1^2}{n_1} + \frac{s_2^2}{n_2}\right)^2 \Big/ \left[\frac{1}{n_1 - 1}\left(\frac{s_1^2}{n_1}\right)^2 + \frac{1}{n_2 - 1}\left(\frac{s_2^2}{n_2}\right)^2\right]$$

두 집단의 모표준편차가 모두 미지이지만 두 모분산이 서로 동일하지 않은 경우에 두 모집단의 모평균 차 $\mu_1 - \mu_2$ 에 대한 $100(1-\alpha)\%$ 신뢰구간은 다음과 같다. 여기서 $t_{\alpha/2}(\phi)$ 는 자유도 ϕ 인 t 분포의 $(1-\alpha/2)$ 분위수이다.

$$\left[(\overline{x_1} - \overline{x_2}) \pm t_{\alpha/2}(\phi) \sqrt{\frac{s_1^2}{n_1} + \frac{s_2^2}{n_2}} \right]$$

두 모집단의 모평균이 동일하다는 귀무가설 $H_0: \mu_1 = \mu_2$ 에 대하여 대립가설은 다음과 같다.

왼쪽 단측검정: $H_1: \mu_1 < \mu_2$

오른쪽 단측검정: $H_1: \mu_1 > \mu_2$

양측검정: $H_1: \mu_1 \neq \mu_2$

이제 두 집단의 모표준편차 σ_1, σ_2 를 모르며 등분산이라는 가정을 할 수 없는 경우 모평균의 차를 검정하기 위한 검정통계량의 값은 다음 t 값을 이용한다.

$$t = \frac{\overline{x_1} - \overline{x_2}}{\sqrt{\frac{s_1^2}{n_1} + \frac{s_2^2}{n_2}}}$$

예제 5.10 〈예제 5.7〉의 박대구이 요리에 대한 선호도를 조사 자료를 이용하여 남녀별 박대구이 선호도에 대한 평균값의 차이의 95% 신뢰구간을 구하시오. 또 남자 집단의 박대구이 선호도의 평균값이 여자 집단의 평균값보다 큰지 유의수준 5%에서 가설 검정하시오.

엑셀활용 〈그림 5.8〉은 〈예제 5.7〉의 자료를 이용하여 남녀별 박대구이 선호도 차이에 대한 95% 신뢰구간의 하한값과 상한값을 구한 결과이다. 두 집단의 모표준편차에 대한 가정이 없으므로 두 모표준편차가 모두 미지이며 등분산이 아닌 경우의 구간 추정값을 구한 것이다. 먼저 엑셀의 [데이터/ 데이터 분석]을 선택하고 분석 도구 목록의 't-검정: 이분산 가정 두집단'을 통하여 두 집단의 평균 차에 대한 가설검정을 수행한 결과를 표시하였다. 그 결과를 확인해 보면 오른쪽 단측검정의 검정통계량 t 값으로 2.141을 얻을 수 있다. 이 값에 대한 p-값이 0.021로서 유의수준 $\alpha = 0.05$ 보다 작기 때문에 귀무가설을 기각한다. 따라서 이 문제에서도 남자 집단의 박대요리 선호도 평균이 여자 집단의 선호도 평균보다 크다고 주장할 수 있다.

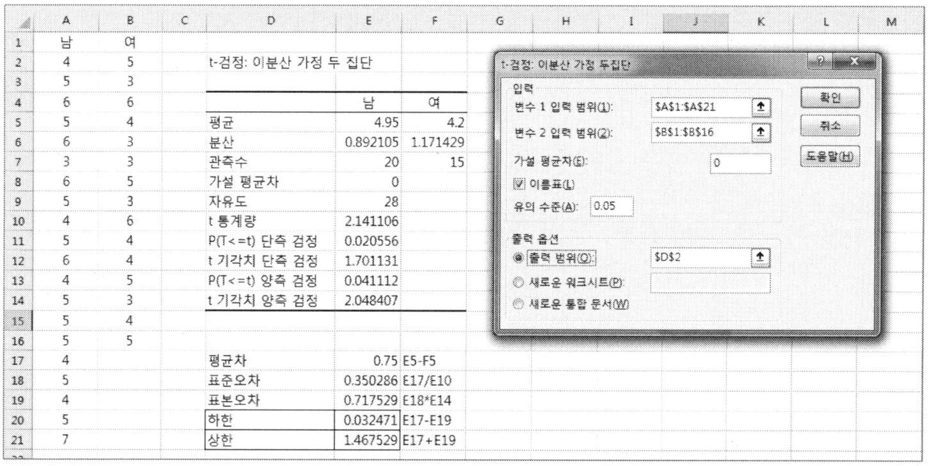

그림 5.8 [데이터/ 데이터 분석]을 통한 t-검정: 이분산 가정 두집단

〈그림 5.8〉의 't-검정: 이분산 가정 두집단' 실행 결과로부터 다음 식과 같이 표준오차와 표본오차를 각각 예측할 수 있다.

표준오차 = 평균차이 / t 값 = 0.75 / 2.141106 = 0.35

표본오차 = (t 기각치 양측 검정) * 표준오차 = 2.0484 * 0.35 = 0.7175

따라서 두 모집단의 모평균 차에 대한 95% 구간추정값은 0.032에서 1.468으로 구할 수 있다.

5.4 두 모집단의 모평균 차에 대한 신뢰구간과 가설검정: 대응표본 T 검정

〈예제 2.11〉에서 박대의 소비 실태 분석 자료에는 박대 요리 중 소비자들이 좋아하는 요리가 무엇인지 조사하는 항목이 있다고 한다. 특히 박대 요리 중에서 박대구이와 박대찜 중 어느 요리를 더 좋아하는지 7점 리커트 척도로 선호도 조사를 한다고 할 때 가설검정을 위한 표본추출은 어떻게 해야 할까?

먼저 5.3절에서 소개했던 서로 독립인 표본을 추출하는 방법이 있을 것이다. 이때 서로 독립인 표본은 다음과 같은 방법으로 추출한다. 먼저 소비자들을 두 집단으로 무작위 선정을 한다. 따라서 임의로 선정되어 구분된 두 집단은 서로 독립이다. 이 두 집단 중에서 임의로 선정된 한 집단에게는 박대구이의 선호도를 조사하고, 나머지 다른 집단의 소비자들에게는 박대찜의 선호도를 조사한다. 이렇게 조사된 두 집단의 선호도 평균에 대한 가설검정을 5.3절에서 설명한 방법으로 검정한다. 그러나 이런 방식으로 두 요리의 선호도 점수를 조사할 경우 서로 독립으로 두 집단을 잘 선정했더라도 우리가 예상치 못한 효과가 잘못 해석될 수 있다. 예를 들어 박대구이의 선호도를 조사하는 집단에 우연히 박대구이를 무지 좋아하든지 아니면 그 반대로 끔찍이 싫어하는 소비자가 많이 들어 있다면 두 요리 간 공정한 선호도 조사를 할 수 없다.

이 경우에는 조사하고자 하는 소비자를 두 집단으로 나누는 것이 아니라 한 집단으로 단순무작위로 조사 집단을 선정한 후 이 조사 집단 모두에게 박대구이의 선호도 값과 박대찜의 선호도 값을 모두 표본으로 추출한다. 이와 같이 얻어진 표본을 대응표본이라고 하며 대응표본으로 추출되면 (박대구이 선호도, 박대찜 선호도)와 같이 한 쌍의 자료를 얻게 된다. 대응표본으로 얻어진 한 쌍의 두 자료는 다른 모든 요인이 같은 조건하에서 추출된 것이므로 독립표본으로 얻어진 두 집단의 자료에 대한 표준오차보다 작게 된다.

이렇게 쌍으로 이루어진 자료 (X_1, X_2)을 대상으로 모평균 간의 차이를 비교하는 것을 대응비교(짝을 이룬 비교, 혹은 쌍체비교)라고 하며, 이때의 가설검정을 대응표본 t-검정(paired t-test)이라고 한다. 대응표본 t-검정에 대한 두 가설은 독립표본 t-검정과 동일하지만, 검정통계량 T는 두 변수의 차 $D = X_1 - X_2$에 대한 일표본 통계량을 이용하여 다음과 같이 구한다. 여기서 S_d는 변수 D의 표본표준편차이다.

$$T = \frac{\overline{X_1} - \overline{X_2}}{S_d / \sqrt{n}} \sim t(n-1)$$

확률변수 X_1에 대한 모평균을 μ_1, 확률변수 X_2에 대한 모평균을 μ_2라고 할 때, 확률변수 T의 분포를 이용하여 모평균 차 $\mu_1 - \mu_2$에 대한 $100(1-\alpha)\%$ 신뢰구간을 구하면 다음과 같다. 여기서 $t_{\alpha/2}(n-1)$는 자유도 $n-1$인 t 분포의 $(1-\alpha/2)$ 분위수이다.

$$\left[(\overline{x_1} - \overline{x_2}) \pm \text{표본오차} \right] = \left[(\overline{x_1} - \overline{x_2}) \pm t_{\alpha/2}(n-1) \frac{s_d}{\sqrt{n}} \right]$$

귀무가설 $H_0: \mu_1 = \mu_2$에 대하여 대립가설은 다음과 같다.

왼쪽 단측검정: $H_1: \mu_1 < \mu_2$

오른쪽 단측검정: $H_1: \mu_1 > \mu_2$

양측검정: $H_1: \mu_1 \neq \mu_2$

쌍으로 이루어진 대응표본에 대하여 두 모평균의 차를 검정하기 위한 검정통계량의 값으로 다음 t 값을 이용한다.

$$t = \frac{\overline{x_1} - \overline{x_2}}{\frac{s_d}{\sqrt{n}}}$$

다음은 p-값을 이용한 기각 규칙을 표시한 것이다.

p-값을 이용한 기각 규칙
유의확률(p-값)과 유의수준(α)를 비교하여, p-값 $< \alpha$이면 H_0을 기각

대응표본에 대한 가설검정을 수행할 경우 다음과 같이 자유도가 $n-1$인 t 분포에서 p-값을 구한다. 참고로 엑셀 함수 T.DIST( ) 또는 T.DIST.RT( )를 이용하면 p-값을 어렵지 않게 구할 수 있다. 여기서 $|t|$는 t의 절댓값이다.

왼쪽 단측검정 p-값 = $P(T< t)$ = T.DIST(t, n-1, TRUE)
오른쪽 단측검정 p-값 = $P(T> t)$ = T.DIST.RT(t, n-1)
양측검정 p-값 = $2P(T> |t|)$ = 2*T.DIST.RT(|t|, n-1)

예제 5.11 K지역의 주민 15명을 무작위로 추출하여 박대 요리 중에서 박대구이와 박대찜 중 어느 요리를 더 좋아하는지 조사하기로 하였다. 표본으로 추출된 15명에게 두 요리를 시식하게 한 후 7점 리커트 척도로 각 요리의 선호도 점수를 부탁하여 다음의 자료를 얻었다.

표본번호	1	2	3	4	5	6	7	8	9	10	11	12	13	14	15
박대구이(X_1)	7	5	6	5	6	5	6	5	4	7	6	5	4	4	3
박대찜(X_2)	4	6	4	4	3	6	3	4	4	5	5	3	5	5	5

두 요리 박대구이와 박대찜에 대하여 K지역 주민들의 선호도 평균값의 차이의 95% 신뢰구간을 구하시오. 또 박대구이 선호도의 평균값이 박대찜의 선호도 평균값보다 큰지 유의수준 5%에서 가설검정하시오.

엑셀활용 박대구이 선호도의 평균값이 박대찜의 선호도 평균값보다 큰지 검정하기 위한 귀무가설과 대립가설은 다음과 같이 오른쪽 단측검정으로 정의할 수 있다.

$$H_0: \mu_1 = \mu_2 \qquad H_1: \mu_1 > \mu_2$$

여기서 μ_1은 박대구이 요리에 대한 선호도의 모평균이고 μ_2는 박대찜에 대한 선호도

의 모평균이다. 엑셀의 [데이터/ 데이터 분석]을 선택하고 분석 도구 목록의 't-검정: 쌍체비교'을 통하여 쌍으로 이루어진 대응비교 두 집단의 평균 차에 대한 가설검정을 수행할 수 있다. <그림 5.9>에 표시된 그 결과를 확인해 보면 오른쪽 단측검정의 검정 통계량 t 값이 1.824이며 이 값에 대응하는 단측검정에 대한 p-값이 0.045이다. p-값이 유의수준인 0.05보다 작으므로 p-값에 대한 검정의 기각 규칙에 따라 귀무가설 H_0을 기각한다. 즉, 이 자료가 대립가설을 지지하는 증거로서 작용하므로 박대구이 요리가 박대찜 요리보다 더 선호하는 요리임을 알 수 있다.

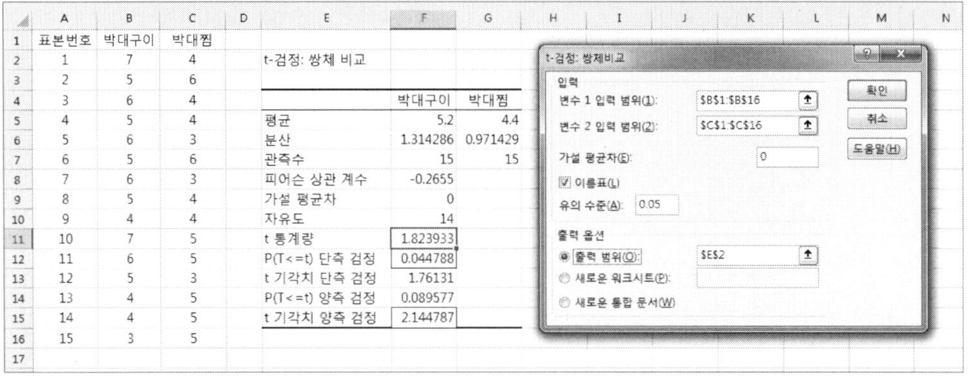

표본번호	박대구이	박대찜
1	7	4
2	5	6
3	6	4
4	5	4
5	6	3
6	5	6
7	6	3
8	5	4
9	4	4
10	7	5
11	6	5
12	5	3
13	4	5
14	4	5
15	3	5

t-검정: 쌍체 비교

	박대구이	박대찜
평균	5.2	4.4
분산	1.314286	0.971429
관측수	15	15
피어슨 상관 계수	-0.2655	
가설 평균차	0	
자유도	14	
t 통계량	1.823933	
P(T<=t) 단측 검정	0.044788	
t 기각치 단측 검정	1.76131	
P(T<=t) 양측 검정	0.089577	
t 기각치 양측 검정	2.144787	

그림 5.9 [데이터/ 데이터 분석]을 통한 t-검정: 쌍체비교

<그림 5.9>의 't-검정: 쌍체비교' 실행 결과로부터 다음과 같이 신뢰도 95%의 구간추정에 대한 표본오차를 구할 수 있다.

$$\frac{s_d}{\sqrt{n}} = \frac{\overline{x_1} - \overline{x_2}}{t} = (5.2 - 4.4) / 1.824 = 0.4386$$

$$\text{표본오차} = (\text{t 기각치 양측 검정}) * \frac{s_d}{\sqrt{n}} = 2.145 * 0.4386 = 0.941$$

따라서 두 요리의 선호도 모평균 차에 대한 95% 구간추정값은 −0.141에서 1.741임을 알 수 있다.

연습문제

[5.1] 어떤 약을 만든 제조회사는 이 약의 평균 효능이 적어도 60이 된다고 주장하고 있다. 이 제조회사의 주장이 맞는지 알아보기 위하여 여러 상황이 비슷한 환자 9명을 임의로 뽑아서 이 약의 효능에 대하여 측정하였더니 다음과 같은 결과를 얻었다. 이 약과 비슷한 약효를 보이는 약들의 효능은 일반적으로 표준편차가 6이라고 알려져 있다. 적절한 가설을 설정하고 유의수준 5%에서 이를 검정하시오.

58	65	59	64	54	60	61	59	60

[5.2] 일반적으로 식초는 상온에서 약 98 일간 보관이 가능하다고 한다. 유근피 추출액을 첨가하여 식초를 제조할 경우 저장성이 연장된다는 주장에 대하여 실제로 유근피 추출액을 첨가한 식초의 시제품 50 개를 생산하여 저장시간을 조사한 결과 평균 저장시간이 $\overline{x}=102$(일)이었다. 다음 두 경우에 각각 가설검정을 수행하시오.

(1) 유근피 추출액을 첨가한 식초의 저장시간에 대한 표준편차가 $\sigma=15$ (일)로 알려져 있다.

(2) 식초 시제품 50 개의 저장시간에 대한 표본표준편차가 14.5 (일)이었다.

[5.3] K대학교 신입생들의 음식에 포함된 나트륨에 대한 지식 점수가 작년 신입생들의 지식 점수보다 높은지 알아보기 위하여 신입생 14 명을 임의로 추출하여 조사한 후 다음과 같은 자료를 얻었다. 작년 신입생들의 나트륨에 대한 지식 점수의 평균이 13 점이라고 할 때 유의수준 5% 에서 적절한 가설을 세우고 이를 검정하시오. 단 지식 점수의 만점은 16 점이다.

15	13	14	15	14	14	13	15	14	10	13	14	15	13

[5.4] 다음은 어느 식품 가공회사에 근무하는 사원 중 임의로 뽑은 남녀 직원에 대한 월급을 조사한 것이다. (단위는 만원) 이 조사결과를 통하여 다음 가설들을 유의수준 5%에서 검정하시오.

남 직원	220	340	285	250	245	410	270	265	320	205
여 직원	215	290	245	280	240	205	255	230		

(1) 이 회사의 남자 직원의 월급의 평균은 250 (만원)이라고 할 수 있는가?
(2) 이 회사의 여자 직원의 월급의 평균은 250 (만원)이라고 할 수 있는가?
(3) 이 회사의 남녀 직원의 월급의 평균은 차이가 있는가?

[5.5] 도시와 농촌 지역의 고등학생들의 급식 음식에 대한 만족도를 조사하여 다음과 같은 결과를 얻었다. 두 지역의 고등학생들의 급식 음식에 대한 만족도 평균이 서로 같은지를 5% 유의수준에서 가설검정하시오. 단, 급식 음식에 대한 만족도는 5 점 척도를 이용하여 평정하였다.

지역	인원수	평균	표준편차
농촌	$n_1 = 40$	$\overline{x}_1 = 3.5$	$s_1 = 0.78$
도시	$n_2 = 45$	$\overline{x}_2 = 3.1$	$s_2 = 0.85$

[5.6] 농촌과 도시 주민의 폐활량이 서로 다른지의 여부를 알아보기 위하여 농촌 지역 300명의 평균은 4040, 표준편차는 300이었으며, 반면에 도시 지역 200명의 평균은 4000, 표준편차는 400이었다. 두 지역 주민들의 폐활량이 서로 다른지 적절한 가설을 설정하고 유의수준 5%에서 이를 검정하시오.

[5.7] 연습문제 [2.7]의 대장균 수 자료를 이용하여 어린잎 채소 농산물의 g당 대장균 수의 모평균이 8 보다 큰지 유의수준 5%에서 가설검정하시오.

[5.8] 연습문제 [2.8]의 냉장 시스템 고장 시간 자료를 이용하여 두 집단 I, II 간 냉장 시스템 고장 시간의 모평균 차가 있는지 유의수준 5%에서 가설검정하시오.

[5.9] 먼저 연습문제 [2.9]의 〈표 2.3〉과 〈표 2.4〉의 자료를 통합(총 응답자 60명)한 후 다음 각 물음에 답하시오.

(1) 박대 생선에 대한 긍정문항 요인의 평균이 남녀별로 차이가 나는지 유의수준 5%에서 가설검정하시오. 남녀별 긍정문항 요인의 평균 차에 대한 95% 신뢰구간을 구하고 이 결과를 가설검정의 결과와 비교 분석하시오.

(2) 박대 생선에 대한 부정문항 요인의 평균이 남녀별로 차이가 나는지 유의수준 5%에서 가설검정하시오. 남녀별 부정문항 요인의 평균 차에 대한 95% 신뢰구간을 구하고 이 결과를 가설검정의 결과와 비교 분석하시오.

(3) 박대 생선에 대한 선호도의 평균이 남녀별로 차이가 나는지 유의수준 5%에서 가설검정하시오. 남녀별 선호도의 평균 차에 대한 95% 신뢰구간을 구하고 이 결과를 가설검정의 결과와 비교 분석하시오.

VI

비율에 대한 추정과 독립성 검정

6.1 정규분포를 이용한 모비율의 검정

K지역에서는 이 지역에서 생산되는 생선인 박대의 수요를 증진시킬 목적으로 매년 정해진 시기에 판촉 행사를 개최한다고 한다. 이 판촉 행사를 개최하는 주최자는 박대 요리의 판촉 행사가 박대의 수요 증가에 영향을 주는지 분석하고 싶다. 이 문제에 대한 가설은 어떻게 정의하며 가설검정을 위한 검정통계량은 무엇인가?

4.2.2.2절의 모비율에 대한 구간추정에서 표본의 크기 n이 충분히 클 때 특히 $np \geq 5$이고 $n(1-p) \geq 5$인 조건을 만족하면 표본비율 $\hat{p}$의 표본분포를 표준화하여 다음과 같이 표준정규분포를 얻을 수 있다고 설명하였다.

$$Z = \frac{\hat{p} - p}{\sqrt{\frac{p(1-p)}{n}}} \dot{\sim} N(0,\ 1)$$

이 분포를 이용하면 모비율에 대한 가설검정을 수행할 수 있다. 모비율에 대한 오른쪽 단측검정은 다음과 같이 두 가설을 정의한다.

$$H_0 : p = p_0 \qquad H_1 : p > p_0$$

귀무가설이 옳다는 가정하에서 얻을 수 있는 검정통계량의 값은 다음과 같이 z값으로 계산되며 $p-$값은 이 z값에 대응되는 유의확률이다.

$$z = \frac{\hat{p} - p_0}{\sqrt{\frac{p_0(1-p_0)}{n}}}$$

$p-$값 = $P(Z > z)$ = 1-NORM.S.DIST(z, TRUE)

$p-$값을 이용한 검정의 기각 규칙에 의하여 이렇게 구한 $p-$값이 유의확률보다 작으면 귀무가설을 기각하여 모비율 p가 귀무가설에서 설정한 p_0보다 크다는 주장을 받아들이게 된다.

다음은 표준정규분포를 이용한 모비율의 가설검정에서 $p-$값을 구하는 식이다.

왼쪽 단측검정 $p-$값 = $P(Z < z)$ = NORM.S.DIST(z, TRUE)

양측검정 $p-$값 = $2P(Z > |z|)$ = 2 * (1-NORM.S.DIST(|z|, TRUE))

예제 6.1 박대요리의 판촉 행사를 개최한 주최자는 박대 리의 판촉 행사가 박대의 선호도 증가에 영향을 주는지 알아보고자 한다. 판촉 행사가 끝난 이후 이 지역 시민 200명을 대상으로 박대요리의 선호를 조사하였더니 92명이 박대요리를 선호한다고 응답하였다. 판촉 행사가 개최되기 이전에 박대요리를 선호하는 시민의 비율이 40% 라고 할 때 이 판촉행사가 박대요리의 선호 비율을 더 증가시키는지 유의수준 5%에서 가설검정하시오.

엑셀활용 엑셀을 이용하면 모비율에 대한 검정통계량과 p-값을 쉽게 구할 수 있다. 먼저 문제의 가설검정에 대한 귀무가설과 대립가설은 다음과 같이 정의한다.

$$H_0: p = 0.4 \qquad H_1: p > 0.4$$

〈그림 6.1〉은 모비율에 대한 가설검정을 수행하는 엑셀 화면을 표시한 것이다. 이 결과를 살펴보면 귀무가설이 참이라고 가정할 경우의 검정통계량 값은 1.703이며 이에 대응하는 오른쪽 단측검정의 p-값은 0.044이다. p-값이 유의수준 0.05보다 작기 때문에 귀무가설을 기각한다. 따라서 박대요리에 대한 판촉행사가 박대요리의 선호 비율을 더 증가시키는 것으로 볼 수 있다. 참고로 검정통계량의 값 1.703에 대응하는 오른쪽 단측검정의 p-값은 엑셀에서 다음 식을 이용하여 구하고 있음을 알 수 있다.

$$p\text{-값(단측)} = P(Z > 1.703) = 1\text{-NORM.S.DIST}(1.703,\ \text{TRUE})$$

	A	B	C	D	E	F	G
1							
2		표본크기	200				
3		선호 응답수	92				
4							
5		표본비율	0.46	C3/C2			
6		p0	0.4				
7							
8		표준오차	0.035242	SQRT(C5*(1-C5)/C2)			
9		검정통계량 z	1.702513	(C5-C6)/C8			
10							
11		p-값(단측)	0.04433	1-NORM.S.DIST(C9, TRUE)			
12							

그림 6.1 모비율에 대한 가설검정

6.2 두 집단의 모비율 차에 대한 추정

서로 독립인 두 집단에서 동일하게 특정한 성질을 갖는 모비율을 각각 p_1, p_2라고 하자. 또한 두 집단에서 각각 독립적으로 표본수가 n_1, n_2인 표본을 추출하여 이 중에서 특정한 성질을 갖는 수를 확률변수 X_1, X_2라고 정의하자. 이때 각 표본의 표본비율 $\hat{p_1}$, $\hat{p_2}$은 각 집단의 모비율을 추정하는 불편추정량이다.

$$\hat{p_1} = \frac{X_1}{n_1}, \quad \hat{p_2} = \frac{X_2}{n_2}$$

물론 n_1, n_2가 충분히 크면 표본비율 $\hat{p_1}$, $\hat{p_2}$은 모두 근사적으로 정규분포를 따른다. 따라서 두 집단의 모비율 차 $p_1 - p_2$에 대한 점추정량은 $\hat{p_1} - \hat{p_2}$이며, 이 추정량의 분포는 다음과 같이 표준정규분포로 근사하는 확률변수 Z로 변형할 수 있다.

$$Z = \frac{\hat{p_1} - \hat{p_2}}{\sqrt{\frac{\hat{p_1}(1-\hat{p_1})}{n_1} + \frac{\hat{p_2}(1-\hat{p_2})}{n_2}}} \sim N(0, 1)$$

이 분포를 이용하면 두 모비율의 차 $p_1 - p_2$에 대한 $100(1-\alpha)\%$ 신뢰구간은 다음과 같다.

$$[(\hat{p_1} - \hat{p_2}) \pm \text{표본오차}] = \left[(\hat{p_1} - \hat{p_2}) \pm z_{\alpha/2}\sqrt{\frac{\hat{p_1}(1-\hat{p_1})}{n_1} + \frac{\hat{p_2}(1-\hat{p_2})}{n_2}}\right]$$

다음으로 모비율의 차에 대한 가설검정을 수행하기 위한 귀무가설과 양측검정의 대립가설을 정의하면 다음과 같다.

$$H_0 : p_1 = p_2 \qquad H_1 : p_1 \neq p_2$$

귀무가설이 옳다는 가정 하에서 두 집단의 동일한 모비율을 $p_1 = p_2 = p$라고 하면 두 집단의 표본으로부터 p의 합동추정량 $\hat{p}$을 구할 수 있다.

$$\hat{p} = \frac{X_1 + X_2}{n_1 + n_2} = \frac{n_1\hat{p_1} + n_2\hat{p_2}}{n_1 + n_2}$$

각 집단의 모비율의 추정량 $\widehat{p_1}$, $\widehat{p_2}$ 을 구하고 p 의 합동추정량 $\hat{p}$ 을 구한 후 이를 이용하여 검정통계량의 값 z 값을 구한다.

$$z = \frac{\widehat{p_1} - \widehat{p_2}}{\sqrt{\hat{p}(1-\hat{p})\left(\frac{1}{n_1} + \frac{1}{n_2}\right)}}$$

양측검정일 경우 이 검정통계량의 z 값에 대응되는 p-값을 구하는 식은 다음과 같으며, 이렇게 구해진 p-값이 유의수준 α 보다 작으면 귀무가설 H_0 을 기각한다.

양측검정에 대한 p-값 = $2P(Z > |z|)$ = 2*(1-NORM.S.DIST(|z|, TRUE))

예제 6.2 박대요리의 판촉 행사를 개최한 주최자는 박대요리의 판촉 행사가 판촉 행사를 실시한 지역과 그렇지 않은 지역 간에 박대요리의 선호 비율이 차이가 나는지 조사하기로 하였다. 판촉 행사를 실시한 K지역의 주민 200 명과 행사를 실시하지 않은 S지역의 주민 300 명에게 박대요리의 선호를 조사하여 다음 표와 같은 결과를 얻었다.

	K지역	S지역
표본수	200	300
선호 응답수	92	110

엑셀활용 엑셀을 이용하면 모비율 차에 대한 구간추정과 가설검정을 쉽게 해결할 수 있다. 〈그림 6.2〉는 엑셀을 통해 두 집단의 모비율 차에 대한 신뢰도 95% 의 신뢰

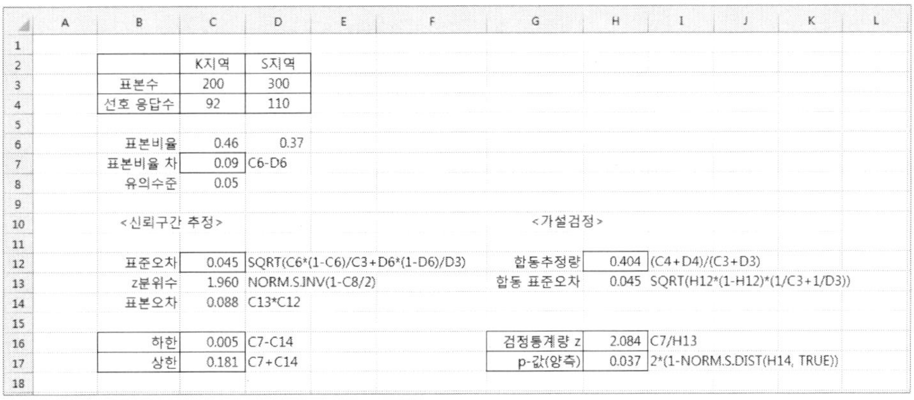

그림 6.2 모비율 차에 대한 신뢰구간과 가설검정

구간과 유의수준 5%에서 수행한 두 집단의 모비율 차의 동일성에 대한 검정의 결과를 표시한 것이다.

〈그림 6.2〉에서 신뢰구간 추정의 하한은 0.005이고 상한은 0.181이므로 두 모비율 차이의 95% 신뢰구간이 0.5%p에서 18.1%p임을 알 수 있다. 즉, 판촉행사를 개최한 지역의 주민의 박대요리 선호도가 더 높아진다고 분석된다.

두 집단의 모비율차에 대한 양측검정의 가설은 다음과 같은 형태로 정의된다.

$$H_0 : p_1 = p_2 \qquad H_1 : p_1 \neq p_2$$

〈그림 6.2〉에서 가설검정의 결과를 살펴보면 귀무가설이 참이라고 가정할 경우의 검정통계량 값은 2.084이다. 이에 대응하는 양측검정의 p-값은 0.037이며 p-값이 유의수준 0.05보다 작기 때문에 귀무가설을 기각한다. 따라서 박대요리에 대한 판촉행사를 진행한 지역의 박대요리의 선호 비율은 판촉행사가 없는 지역의 비율과 다르다는 주장을 할 수 있다. 참고로 검정통계량의 값 2.084에 대응하는 양측검정의 p-값은 엑셀에서 다음과 같이 엑셀 함수식을 이용하여 구한다.

p-값(양측) = $2P(Z > 2.084)$ = 2*(1-NORM.S.DIST(2.084, TRUE))

6.3 χ^2 분포

서로 독립인 확률변수 $Z_1, Z_2, \cdots, Z_r$가 모두 표준정규분포 $N(0,1)$을 따를 때, 다음과 같이 변환된 확률변수 X는 자유도 r을 갖는 카이제곱분포를 따른다고 하며, 이를 $X \sim \chi^2(r)$와 같이 표시한다. 카이제곱분포는 분산에 대한 가설검정이나 적합도 검정 또는 독립성 검정 등에서 중요한 역할을 한다.

$$X = \sum_{k=1}^{r} Z_k^2 \sim \chi^2(r)$$

참고로 확률변수 X가 자유도 r을 갖는 카이제곱분포일 때 X의 기댓값과 분산은 다음과 같다.

$$E(X) = r, \qquad V(X) = 2r$$

〈그림 6.3〉은 자유도에 따른 카이제곱분포의 확률밀도함수를 표시한 것으로 카이제곱분포의 확률밀도함수는 자유도의 값에 따라 그 형태가 달라지며 양의 왜도를 갖는 우향왜곡 분포이다.

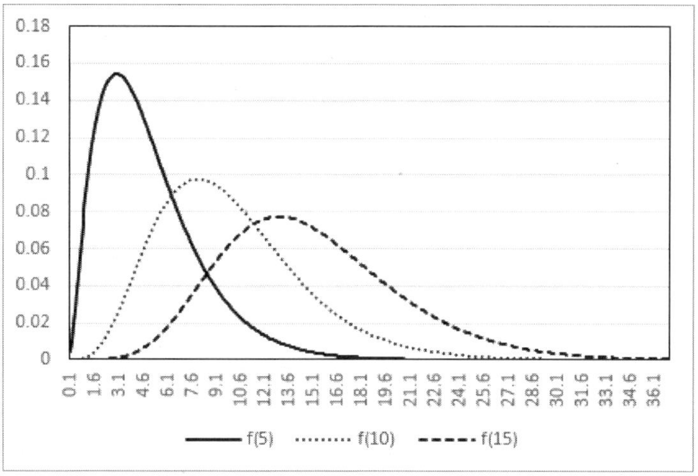

그림 6.3 χ^2 분포의 확률밀도함수 ($r=5, 10, 15$)

표준정규분포나 t 분포와 마찬가지로 다음 식을 만족하는 $(1-\alpha)$ 분위수를 구할 수 있다. 자유도 r을 갖는 카이제곱분포의 $(1-\alpha)$ 분위수를 $\chi^2_\alpha(r)$으로 표시하면 다음 식을 만족한다.

$$X \sim \chi^2(r)\text{일 때 } P(X > \chi^2_\alpha(r)) = \alpha$$

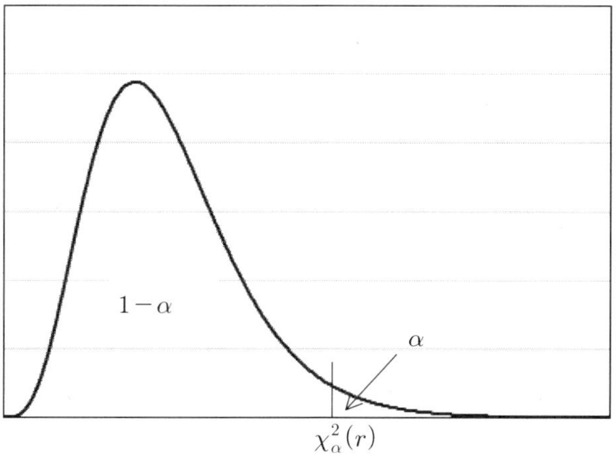

그림 6.4 카이제곱분포의 $\chi^2_\alpha(r)$ 분위수

엑셀 함수 CHISQ.INV.RT()을 이용하여 카이제곱분포의 $(1-\alpha)$ 분위수를 구할 수 있다. 예를 들어 자유도 $r=5$인 카이제곱분포의 95% 분위수를 구하고자 할 경우에는 다음과 같이 엑셀 함수식을 사용하면 된다.

$$\chi^2_{0.05}(5) = \text{CHISQ.INV.RT}(0.05,\ 5) = 11.0705$$

〈표 6.1〉은 오른쪽 꼬리 부분의 확률 α와 자유도 r이 주어졌을 때 $\chi^2_\alpha(r)$의 값을 구하여 표로 구성한 것이다.

표 6.1 카이제곱분포의 $(1-\alpha)$ 분위수 $\chi^2_\alpha(r)$

r \ α	0.20	0.10	0.05	0.025	0.01	0.005
1	1.642	2.706	3.841	5.024	6.635	7.879
2	3.219	4.605	5.991	7.378	9.210	10.597
3	4.642	6.251	7.815	9.348	11.345	12.838
4	5.989	7.779	9.488	11.143	13.277	14.860
5	7.289	9.236	11.070	12.833	15.086	16.750
6	8.558	10.645	12.592	14.449	16.812	18.548
7	9.803	12.017	14.067	16.013	18.475	20.278
8	11.030	13.362	15.507	17.535	20.090	21.955
9	12.242	14.684	16.919	19.023	21.666	23.589
10	13.442	15.987	18.307	20.483	23.209	25.188
11	14.631	17.275	19.675	21.920	24.725	26.757
12	15.812	18.549	21.026	23.337	26.217	28.300
13	16.985	19.812	22.362	24.736	27.688	29.819
14	18.151	21.064	23.685	26.119	29.141	31.319
15	19.311	22.307	24.996	27.488	30.578	32.801
16	20.465	23.542	26.296	28.845	32.000	34.267
17	21.615	24.769	27.587	30.191	33.409	35.718
18	22.760	25.989	28.869	31.526	34.805	37.156
19	23.900	27.204	30.144	32.852	36.191	38.582
20	25.038	28.412	31.410	34.170	37.566	39.997

〈표 6.1〉을 통해 몇 가지 확률을 유추할 수 있다. 예를 들어 $\alpha=0.1$이고 $r=15$일 때의 22.307은 다음 식을 만족하는 값이다.

$$P(X \geq 22.307) = 0.1$$

즉, 확률변수 X가 자유도 15인 카이제곱분포를 따를 때, X가 22.307 이상일 확률은 0.1이다. 〈표 6.1〉에는 표시하지 않았지만 왼쪽 꼬리의 확률이 주어질 경우 이 확률에 대응하는 X의 값을 엑셀 함수 CHISQ.INV( )를 이용하여 구할 수 있다. 예를 들어 다음 식에서 자유도 15인 카이제곱분포에서 왼쪽 꼬리의 확률이 0.1이 되는 x의 값은 8.547이다.

$P(X < x) = 0.1$을 만족하는 x = CHISQ.INV(0.1, 15) = 8.547

따라서 자유도가 15인 카이제곱분포에서 $P(8.547 \le X \le 22.307)$의 확률은 0.8임을 알 수 있다.

엑셀을 이용한 카이제곱분포의 확률 계산은 다음 두 개의 함수를 이용하여 구할 수 있다. 먼저 CHISQ.DIST( ) 함수는 자유도가 deg_freedom인 카이제곱분포에서 x보다 작거나 같은 확률을 구할 때 사용한다.

```
=CHISQ.DIST(x, deg_freedom, TRUE)
```

예를 들어 자유도가 15인 카이제곱분포에서 $P(X \le 22.307)$의 확률은 다음과 같이 실행하여 0.90을 얻을 수 있다.

$P(X \le 22.307)$ = CHISQ.DIST(22.307, 15, TRUE)

또한 =CHISQ.DIST(22.307, 15, TRUE)을 실행하여 확률 $P(X \le 8.547)$의 값으로 0.1을 얻고, 따라서 확률 $P(8.547 \le X \le 22.307)$의 값은 $0.9 - 0.1 = 0.8$이 된다.

카이제곱을 이용한 가설검정에서 p-값을 구하기 위해서는 검정통계량의 값보다 클 확률을 구해야 한다. 이와 같이 카이제곱분포에서 주어진 값의 오른쪽 꼬리 부분의 확률은 CHISQ.DIST.RT( ) 함수를 사용하여 쉽게 구할 수 있다.

```
=CHISQ.DIST.RT(x, deg_freedom)
```

예를 들어 자유도가 15인 카이제곱분포에서 $P(X > 22.307)$의 확률은 다음과 같이 엑셀 함수를 실행하여 0.10을 얻을 수 있다.

$P(X > 22.307)$ = CHISQ.DIST.RT(22.307, 15)

6.4 동일성 검정

6.2절에서 두 지역의 주민들을 대상으로 박대요리의 선호 비율에 대한 차를 가설검정 하였다. 이 절에서는 3개 이상 집단의 모비율에 대한 동일성에 대한 가설검정을 하는 방법에 대하여 알아보자. 예를 들어 K지역에서 박대요리의 판촉 행사를 진행하는 주최측은 이 행사에 참가한 주민들의 지역을 조사하였더니 4개 지역(K지역, I지역, J지역, S지역)으로 구분할 수 있었다. 박대요리의 판촉 행사에 참가한 주민들에게 박대요리의 선호를 조사할 때 지역별로 선호 비율이 동일한지 알아보고자 가설검정을 수행할 수 있을까?

박대요리에 대한 4개 지역 주민들의 선호 비율을 각각 p_1, p_2, p_3, p_4 라고 할 때, 4개 모집단의 모비율의 동일성에 대한 귀무가설은 다음과 같다.

$$H_0: p_1 = p_2 = p_3 = p_4$$

물론 이 귀무가설에 대립되는 대립가설은 이 4개의 모비율이 전부 같지 않다고 정의하는 것일 것이다. 대립가설이 채택된다면 4개의 모비율 중 적어도 한 개는 다른 모비율과 같지 않음을 의미한다.

판촉행사에 참가한 주민들의 지역별로 박대요리에 대한 선호 비율이 동일한지를 검정하기 위해서 먼저 각 지역별로 표본을 추출하여 다음과 같은 자료를 얻었다. 이 표는 박대요리의 선호에 대한 응답(좋아함, 좋아하지 않음)을 행으로 4개의 지역을 열로 구성되어 있다. 따라서 관측도수는 총 8개의 칸(셀)을 갖는 것으로 볼 수 있다.

표본조사에서 얻어진 각 셀의 빈도수를 관측도수(O; observed frequency)라고 하며, 귀무가설이 옳다는 가정하에서 각 셀에서 특정 비율로 계산된 빈도수를 기대도수(E; expected frequency)라고 한다. 박대요리 선호 여부 조사에서 각 셀의 관측도수와 기대도수가 서로 차이가 나는 이유는 단순히 확률표본의 우연성 때문일 수도 있지만 각 지역별 박대 생선 소비자들의 실제적인 선호 비율에 대한 차이때문에 발생할 여

표 6.2 지역에 따른 박대요리의 선호 여부에 대한 표본

	K지역	I지역	J지역	S지역	합
좋아함	92	46	82	110	330
좋아하지 않음	108	104	118	190	520
합	200	150	200	300	850

지가 많을 것이다. 즉, 관측도수와 기대도수 간에 많은 차이가 존재하면 귀무가설을 기각할 것이다. 이 경우 모비율이 전부 동일하다는 주장이 기각되어 최소 어느 한 모비율은 다른 모비율들과 차이가 있다는 증거를 받아들일 수 있다.

귀무가설이 참이라고 가정하면 조사된 총 850명 중에서 박대요리를 선호하는 주민들의 비율은 $330/850 = 0.388$이다. 따라서 K지역의 주민 200명 중 박대요리를 선호하는 주민들의 기대도수는 $200 \times 0.388 = 77.6$명으로 기대할 수 있을 것이다. 반대로 K지역의 주민 200명 중 박대요리를 선호하지 않는 기대 비율은 0.612이며, 이 셀에 대한 기대도수는 $200 \times 0.612 = 122.4$명으로 계산된다. 이와 같이 귀무가설 H_0가 옳다는 가정 하에 i번째 행, j번째 열에 해당하는 셀의 기대도수 E_{ij}를 구하는 식은 다음과 같다. 여기서 n은 총 표본의 수이다.

$$E_{ij} = \frac{(i\text{행의 합}) \times (j\text{열의 합})}{n}$$

예를 들어 판촉 행사에 참가한 S지역 주민 300명 중에서 박대요리를 선호하는 사람들의 기대도수는 $E_{14} = \dfrac{330 \times 300}{850} = 116.5$이다. 이와 같이 계산된 기대도수와 실제 관측도수와의 비교를 통한 검정은 카이제곱 검정통계량을 이용한다.

일반적으로 k개의 집단에 대한 모비율의 동일성에 대하여 귀무가설 H_0을 검정하기 위한 검정통계량은 다음과 같이 자유도가 $k-1$인 카이제곱 분포를 근사적으로 따른다.

$$\chi^2 = \sum_{i=1}^{2}\sum_{j=1}^{k} \frac{(O_{ij} - E_{ij})^2}{E_{ij}} \sim \chi^2(k-1)$$

카이제곱 검정통계량은 항상 양수이므로 모비율의 동일성 검정은 오른쪽 단측검정을 통해 수행된다. 즉, 카이제곱 검정통계량의 χ^2 값이 임계값 $\chi^2_\alpha(k-1)$보다 작으면 귀무가설을 채택하고, χ^2 값이 $\chi^2_\alpha(k-1)$보다 크면 귀무가설을 기각하는 결정을 내린다. 마찬가지로 $p-$값을 이용한 기각 규칙($p-$값 $< \alpha$이면 H_0 기각)을 이용하여 가설검정을 수행할 수 있다.

예제 6.3 〈표 6.2〉의 자료를 이용하여 판촉행사에 참가한 주민들의 지역별로 박대요리에 대한 선호 비율이 동일한지를 유의수준 5%에서 가설검정하시오.

엑셀활용 먼저 박대요리에 대한 4개 지역 주민들의 선호 비율을 각각 p_1, p_2, p_3, p_4라고 할 때 귀무가설 $H_0: p_1 = p_2 = p_3 = p_4$이 맞다는 가정하에 기대도수와 카이제곱 검정통계량의 값을 구하면 다음 표와 같다.

지역	선호여부	관측도수	기대도수	차이(O–E)	차이 제곱	카이제곱
K지역	Yes	92	77.6	14.35	206.01	2.653
	No	108	122.4	−14.35	206.01	1.684
I지역	Yes	46	58.2	−12.24	149.70	2.571
	No	104	91.8	12.24	149.70	1.631
J지역	Yes	82	77.6	4.35	18.95	0.244
	No	118	122.4	−4.35	18.95	0.155
S지역	Yes	110	116.5	−6.47	41.87	0.359
	No	190	183.5	6.47	41.87	0.228
	합	850	850.0			9.525

따라서 카이제곱 검정통계량의 값으로 9.525을 얻을 수 있으며, 이 값에 대응되는 오른쪽 단측검정의 p−값은 다음과 같이 함수 CHISQ.DIST.RT( )로 구할 수 있다.

모비율의 동일성 검정의 p−값 = CHISQ.DIST.RT(9.525, 3) = 0.023

p−값이 유의수준인 0.05보다 작으므로 귀무가설을 기각한다. 따라서 네 지역의 주민들의 박대요리 선호 비율이 모두 같지 않다는 결론을 내릴 수 있으며 특히 I지역의 주민들이 다른 지역 주민들보다 박대요리를 선호하지 않는 것으로 분석할 수 있다. 가설검정의 임계값을 구하여 똑같은 검정의 결론에 도달할 수도 있을 것이다. 엑셀을 이용하면 유의수준이 주어졌을 때 유의수준에 대응하는 임계값을 다음과 같이 구한다. 이때 검정통계량 값이 임계값인 7.815보다 크므로 귀무가설을 기각한다.

유의수준 $\alpha = 0.05$에 대응하는 임계값 = CHISQ.INV.RT(0.05, 3) = 7.815

6.5 독립성 검정

어느 모집단을 두 가지 속성(분류변수)으로 관측할 때 두 속성 간 연관성이 존재하는지에 대한 검정, 반대로 얘기하면 두 속성이 서로 독립적인지를 검정하는 것을 독립성 검정(test of independence)이라고 한다. 여기서 두 가지 속성에 의해 모집단를 분류할 때 두 속성(변수)이 서로 영향을 미치지 않으면 두 속성(변수)은 상호 독립적이라고 한다. K지역의 박대요리 판촉 행사에 참가한 주민들을 대상으로 4종류의 박대요리(박대구이, 박대찜, 박대찌개, 박대튀김) 중 가장 좋았던 요리를 조사하였다. 이 조사에서 응답자들의 성별도 같이 조사되었는데 가장 좋았던 박대요리의 종류와 응답자의 성별이 서로 독립인지에 대한 독립성 검정을 분석할 수 있다. 좋아하는 박대요리와 성별이 서로 독립이라면 주민들이 좋아하는 박대요리는 남녀 불문하고 비슷한 비율일 것이다. 그러나 박대요리와 성별이 서로 독립이 아니면 남자 집단이 좋아하는 박대요리와 여자 집단이 좋아하는 박대요리가 다른 결과가 나올 것이다. 두 속성(박대요리 취향, 성별)이 서로 독립이 아닐 경우 남자 집단을 위한 박대요리와 여자 집단을 위한 박대요리를 다르게 준비하여 공략할 필요가 있다.

분류변수와 같이 모집단의 속성을 표현하는 범주형 변수에 대하여 두 개의 범주형 변수를 행과 열에 배치하고 행과 열이 만나는 각 셀의 관측도수를 표로 작성한 것을 분할표(contingency table)라고 한다. 범주형 변수의 수가 2개로 구성된 2차원 분할표가 r개의 행과 c개의 열로 이루어져 있을 때 이를 $r \times c$ 분할표라고 한다. 다음은 성별과 박대요리 취향으로 구성된 2×4 분할표를 나타낸 예이다.

표 6.3 2×4 분할표

	박대구이	박대찜	박대찌개	박대튀김	합
남	O_{11}	O_{12}	O_{13}	O_{14}	r_1
여	O_{21}	O_{22}	O_{23}	O_{24}	r_2
합	c_1	c_2	c_3	c_4	n

여기서 O_{ij} 은 i 행과 j 열의 교차점에서 관측도수를 나타내며, r_i 는 i 행의 관측도수의 합, c_j 는 j 열의 관측도수의 합이다. n 은 조사된 전체 표본수이다.

$$r_i = \sum_{j=1}^{c} O_{ij}\,, \quad c_j = \sum_{i=1}^{r} O_{ij}\,, \quad n = \sum_{i=1}^{r}\sum_{j=1}^{c} O_{ij} = \sum_{i=1}^{r} r_i = \sum_{j=1}^{c} c_j$$

분할표로 구성된 두 변수 $X,\ Y$의 자료에 대하여 독립성 검정에 대한 귀무가설은 다음과 같다.

H_0 : 두 변수 $X,\ Y$는 서로 독립이다.

예를 들어 성별에 따라 좋아하는 박대요리의 종류가 서로 독립인지를 검정하기 위한 귀무가설과 대립가설은 다음과 같이 정의할 수 있다.

H_0 : 좋아하는 박대요리의 종류는 성별과 서로 독립이다.

H_1 : 좋아하는 박대요리의 종류는 성별과 독립적이지 않다.

두 범주형 변수 $X,\ Y$가 서로 독립일 때 즉, 귀무가설 H_0가 사실이라는 가정 하에서 각 셀의 사건이 일어날 확률 $P(X=i, Y=j)$의 추정값은 다음과 같다.

$$P(X=i,\ Y=j) = P(X=i)\,P(Y=j) \approx \frac{r_i}{n} \times \frac{c_j}{n}$$

따라서 서로 독립인 두 변수 $X,\ Y$의 분할표에서 셀 $(X=i,\ Y=j)$에서 기대되는 기대도수 E_{ij}는 다음과 같이 구할 수 있다.

$$E_{ij} = n \times \frac{r_i}{n} \times \frac{c_j}{n} = \frac{r_i\,c_j}{n} = \frac{(i\,\text{행의 합}) \times (j\,\text{열의 합})}{n}$$

귀무가설 H_0가 사실이라는 가정하에서 구한 각 셀의 기대도수와 실제 관측도수의 값이 차이가 많이 날 때 두 값의 차이가 귀무가설이 옳지 않기 때문에 생긴 오차로 보는 것이 타당할 것이다. 따라서 그 경우에는 귀무가설이 옳지 않다고 판단하는 것이 자연스럽기 때문에 귀무가설을 기각하게 된다.

3개 이상의 모집단의 모비율에 대한 동일성 검정과 마찬가지로 독립성 검정을 위한 검정통계량의 분포도 자유도 $(r-1)(c-1)$인 카이제곱분포를 이용한다.

$$\chi^2 = \sum_{i=1}^{r}\sum_{j=1}^{c} \frac{(O_{ij} - E_{ij})^2}{E_{ij}} \sim \chi^2((r-1)(c-1))$$

동일성 검정이나 독립성 검정에 사용되는 카이제곱 검정통계량은 항상 양수이므로 동일성 검정과 마찬가지로 독립성 검정도 오른쪽 단측검정을 실시한다. 다음은 독립성 검정을 실시함에 있어서 귀무가설의 기각 규칙을 표시한 것이다.

(1) 임계값 방식의 기각 규칙: χ^2 값이 $\chi^2_{\alpha}((r-1)(c-1))$ 보다 크면 H_0을 기각

(2) p-값을 이용한 기각 규칙: p-값 $<\alpha$ 이면 H_0을 기각

유의수준이 α일 때 임계값 $\chi^2_{\alpha}((r-1)(c-1))$은 엑셀 함수 CHISQ.INV.RT( )를 이용하고, p-값은 CHISQ.DIST.RT( ) 함수를 이용한다. 두 함수의 사용 방법은 다음과 같다.

$$\chi^2_{\alpha}((r-1)(c-1)) = \text{CHISQ.INV.RT}(\alpha, (r-1)(c-1))$$

$$\text{p-값} = \text{CHISQ.DIST.RT}(\chi^2, (r-1)(c-1))$$

예제 6.4 박대요리 판촉행사에 참가한 300명의 참가자를 대상으로 4가지 박대요리(박대구이, 박대찜, 박대찌개, 박대튀김) 중에서 가장 좋아하는 요리가 무엇인지 성별로 조사하여 다음 자료를 얻었다. 이 자료로부터 주민들이 가장 좋아하는 박대요리의 취향이 남녀별로 서로 독립인지를 유의수준 5%에서 검정하시오.

	박대구이	박대찜	박대찌개	박대튀김	합
남	58	30	16	26	130
여	50	54	36	30	170
합	108	84	52	56	300

엑셀활용 박대요리에 대한 주민들의 취향이 성별과는 무관하다는 독립성의 가정 하에 주어진 자료에 대한 각 셀의 기대도수와 카이제곱 검정통계량의 값을 구하면 다음 표와 같다.

성별	박대요리	관측도수	기대도수	차이(O-E)	차이 제곱	카이제곱
남	구이	58	46.8	11.2	125.44	2.680
	찜	30	36.4	-6.4	40.96	1.125
	찌개	16	22.5	-6.5	42.68	1.894
	튀김	26	24.3	1.7	3.00	0.124
여	구이	50	61.2	-11.2	125.44	2.050
	찜	54	47.6	6.4	40.96	0.861
	찌개	36	29.5	6.5	42.68	1.449
	튀김	30	31.7	-1.7	3.00	0.095
합		300	300.0			10.277

이 표로부터 검정통계량의 값이 10.277임을 알 수 있으며, 자유도가 3인 카이제곱 분포에서 이 검정통계량에 대응되는 p-값이 0.016이다.

임계값=	7.815	CHISQ.INV.RT(0.05, 3)
p-값=	0.016	CHISQ.DIST.RT(10.277, 3)

임계값이 검정통계량의 값보다 크며 특히 p-값이 유의수준인 0.05보다 작기 때문에 귀무가설을 기각한다. 따라서 좋아하는 박대요리의 취향은 성별과 서로 독립적이지 않음을 주장할 수 있다.

독립성 검정에서 귀무가설이 기각되면 두 범주형 변수의 어느 부분에서 독립적이지 않은지를 좀 더 분석할 필요가 있다. 다음 표는 성별의 각 집단에서 각 셀이 차지하는 백분율을 조사한 것이다. 이 결과를 살펴보면 남자 집단은 박대구이를 가장 좋아하고 (남자 전체의 44.6%) 다음으로 박대찜, 박대튀김의 순서로 좋아함을 알 수 있다. 그러나 여자 집단은 31.8%로 박대찜을 제일 좋아하고 박대구이, 박대찌개 순으로 좋아하는 나타나 두 집단의 취향이 서로 다름을 알 수 있다.

행%	박대구이	박대찜	박대찌개	박대튀김	합
남	44.6	23.1	12.3	20.0	100
여	29.4	31.8	21.2	17.6	100
합	36.0	28.0	17.3	18.7	100

다음 그림은 성별의 각 집단별로 좋아하는 박대요리의 취향을 엑셀을 이용하여 그

린 막대그래프(묶은 세로 막대형 차트)이다.

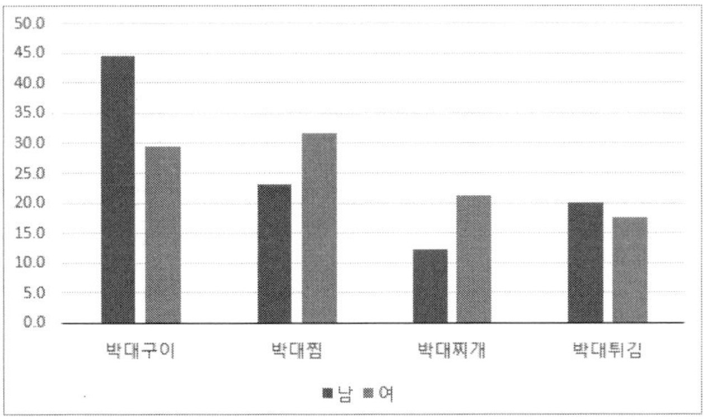

연습문제

[6.1] 모분산이 σ^2인 정규분포를 따르는 모집단에서 크기가 10인 표본의 표본분산 S^2를 이용하여 구한 다음 확률변수 X는 자유도가 9인 χ^2 분포를 따른다고 알려져 있다.

$$X = \frac{9S^2}{\sigma^2} \sim \chi^2(9)$$

(1) 확률변수 X가 8보다 작을 확률은 얼마인가?

(2) 확률변수 X가 7보다 크고 11보다 작을 확률은 얼마인가?

(3) $P(X < x_0) = 0.025$를 만족하는 x_0의 값은?

(4) $P(X > x_1) = 0.025$를 만족하는 x_1의 값은?

[6.2] K대학교 현 학생회장의 지지율이 50% 이상인가를 알아보기 위하여 K대학생 중에서 500명을 임의추출하여 조사를 하였더니 255명이 현 학생회장을 지지하였다. 적절한 가설을 설정하고 유의수준 5%에서 이를 검정하시오.

[6.3] K대학교 현 학생회장단의 가을 축제 계획안에 대하여 남학생과 여학생 두 집단의 서로 찬반이 다른지의 여부를 알아보기 위하여 조사하였다. 남학생 300명 중 126명이 가을 축제 계획안에 찬성을 하였지만, 여학생은 200명 중 78명이 가을 축제 계획안에 찬성하였다. 현 학생회장단의 가을 축제 계획안에 대하여 남학생 집단과 여학생 집단의 찬성율이 같은지의 여부를 적절한 가설을 설정하고 유의수준 5%에서 이를 검정하시오.

[6.4] p_1과 p_2를 각각 어느 새의 수컷과 암컷이 그들이 부화한 장소로 돌아오는 비율을 나타낸다고 하자. 894마리 수컷 중 124마리가 돌아왔고, 700마리 암컷 중 70마리가 돌아왔을 때, 유의수준 α=0.05 하에서 $H_0 : p_1 = p_2$와 $H_1 : p_1 \neq p_2$에 대한 가설검정을 실시하시오.

[6.5] 농촌지역과 도시지역의 고등학생들을 대상으로 식습관을 조사하여 다음과 같은 결과를 얻었다. 다음 표의 행은 일주일 중에 아침 식사를 한 요일수이며 열은 고등학생이 거주하는 지역이다. 식습관 조사에 응한 학생들의 총 인원은 180 명으로 농촌지역에서 80 명, 도시지역에서 100 명이다.

아침식사	농촌지역	도시지역
거의안함	12	17
1~2일	10	13
3~4일	25	13
5일이상	33	57

(1) 일주일 중에서 아침 식사를 하는 요일 수와 학생들이 거주하는 지역과는 무관하다는 독립성의 가정하에 주어진 자료에 대한 각 셀의 기대도수와 카이제곱 검정통계량의 값을 구하시오.

(2) 이 자료로부터 일주일 중에서 아침 식사를 하는 요일수와 학생이 거주하는 지역이 서로 독립인지를 유의수준 5%에서 검정하시오.

VII

분산분석

7.1 F 분포

확률변수 U와 V가 자유도가 각각 r_1, r_2인 카이제곱분포를 따르며 서로 독립일 때, 다음과 같이 변수 변환된 확률변수 F는 자유도가 (r_1, r_2)인 F 분포를 따른다고 하며, 이를 $F \sim F(r_1, r_2)$와 같이 표시한다. 여기서, r_1을 분자의 자유도, r_2을 분모의 자유도라고 한다. F 분포는 두 집단의 분산의 동일성에 대한 검정 또는 세 집단 이상의 모평균에 대한 가설검정 등에 적용할 수 있다.

$$F = \frac{U/r_1}{V/r_2} \sim F(r_1, r_2)$$

〈그림 7.1〉은 분자와 분모의 자유도에 따른 F 분포의 확률밀도함수를 표시한 것으로 F 분포의 확률밀도함수는 특히 분모의 자유도 r_2의 값에 따라 평균의 위치가 달라지며 카이제곱분포와 같이 양의 왜도를 갖는 분포이다.

참고로 F 분포를 생성하는 변환 식의 형태를 고려할 때 $F \sim F(r_1, r_2)$이면 확률변수 F의 역수도 F 분포를 따를 것이다. 즉 F의 역수인 확률변수 $\frac{1}{F}$도 분자의 자유도 r_2, 분모의 자유도 r_1인 F 분포를 따른다.

엑셀을 이용한 F 분포의 확률 계산은 엑셀 함수 F.DIST()와 F.DIST.RT()를 이용한다. 이 중에서 F.DIST() 함수는 분자의 자유도가 deg_freedom1, 분모의 자유도가 deg_freedom2인 F 분포에서 x보다 작거나 같은 누적 확률을 구할 때 사용한다.

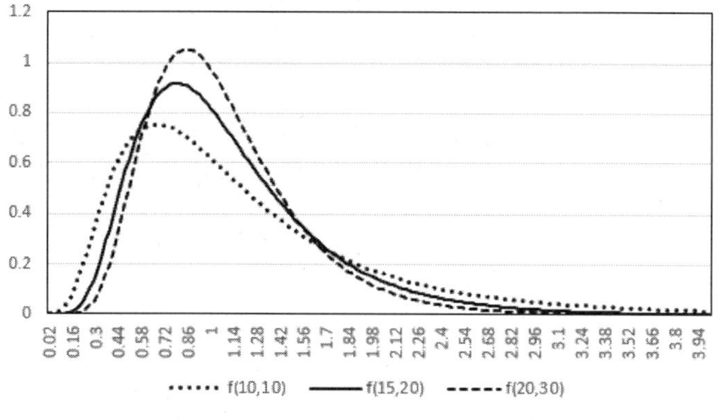

그림 7.1 자유도에 따른 F 분포의 확률밀도함수

```
=F.DIST(x, deg_freedom1, deg_freedom2, TRUE)
```

확률변수 X가 분자의 자유도가 15이고 분모의 자유도가 20인 F분포를 따른다고 할 때 $P(X \le 1.7)$의 확률 계산은 다음과 같이 실행한다.

$$P(X \le 1.7) = \text{F.DIST}(1.7,\ 15,\ 20,\ \text{TRUE}) = 0.8672$$

마찬가지로 =F.DIST(0.44, 15, 20, TRUE)을 실행하면 확률 $P(X \le 0.44) = 0.0548$이다. 이를 응용하면 확률 $P(0.44 \le X \le 1.7)$의 값은 $0.8672 - 0.0548 = 0.8124$이다.

분산분석이나 회귀분석에서는 가설검정의 검정통계량 분포로 F분포를 이용할 것이다. 이와 같이 F분포를 이용한 검정에서 검정의 기각 규칙의 임계값 또는 p-값을 구해야 한다. 특히 F분포에서 p-값을 구하기 위해서는 주어진 값의 오른쪽 꼬리 부분의 확률을 구해야 한다. F분포에서 이 오른쪽 꼬리 부분의 확률은 엑셀 함수 F.DIST.RT( )를 사용하여 쉽게 구할 수 있다.

```
=F.DIST.RT(x, deg_freedom1, deg_freedom2)
```

예를 들어 $X \sim F(15, 20)$일 때 엑셀 함수 F.DIST.RT( )를 사용하여 $P(X > 1.84)$의 값 0.1010을 얻을 수 있다.

$$P(X > 1.84) = \text{F.DIST.RT}(1.84,\ 15,\ 20) = 0.1010$$

예제 7.1 확률변수 X가 $X \sim F(20, 30)$일 때 다음 표의 확률들을 엑셀 함수를 이용하여 구하시오.

a	$P(X \le a)$	b	$P(X \ge b)$
0.3		1.6	
0.4		1.7	
0.5		1.8	
0.6		1.9	

엑셀활용 F 분포를 따르는 확률변수 X 에 대하여 $P(X \le a)$의 확률은 F.DIST() 함수를 이용하여 구하고, $P(X \ge b)$의 확률은 F.DIST.RT() 함수를 이용하여 구하면 된다. 다음 〈그림 7.2〉는 엑셀 함수 F.DIST()와 F.DIST.RT()를 이용하여 표의 각 확률을 구한 모습을 표시한 것이다.

	A	B	C	D	E	F	G	H
1								
2								
3		a	P(X<a)	b	P(X>b)			
4		0.3	0.0033	1.6	0.1190			
5		0.4	0.0180	1.7	0.0918			
6		0.5	0.0547	1.8	0.0707			
7		0.6	0.1181	1.9	0.0543	F.DIST.RT(D7, 20, 30)		
8			F.DIST(B7, 20, 30, TRUE)					
9								

그림 7.2 F분포의 확률 구하기

F 분포의 경우에도 다음 식을 만족하는 F 분포에 대한 $(1-\alpha)$ 분위수를 구할 수 있다. 자유도가 (r_1, r_2) 인 F 분포의 $(1-\alpha)$ 분위수를 $F_\alpha(r_1, r_2)$ 으로 표시하면 다음 식이 성립할 것이다.

$$F \sim F(r_1, r_2) \text{ 일 때 } P(F > F_\alpha(r_1, r_2)) = \alpha$$

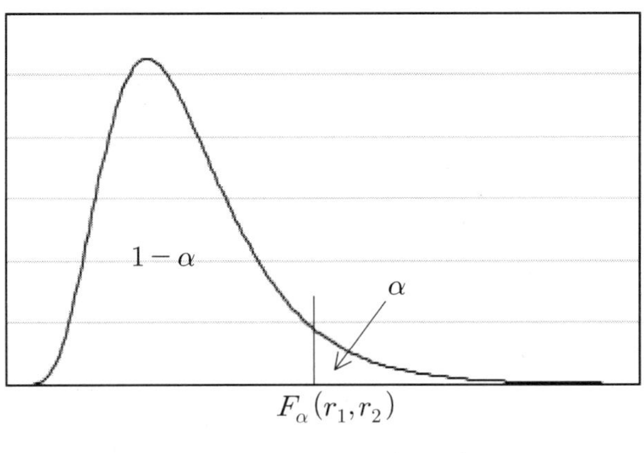

그림 7.3 $F(r_1, r_2)$분포의 $(1-\alpha)$ 분위수

엑셀 함수 F.INV.RT()을 이용하여 F 분포의 $(1-\alpha)$ 분위수를 구할 수 있다. 예를 들어 분자, 분모의 자유도가 각각 $r_1 = 15$, $r_2 = 20$인 F 분포의 95% 분위수는 다음과

같이 엑셀 함수식을 사용하여 구한다.

$$F_{0.05}(15, 20) = \text{F.INV.RT(0.05, 15, 20)} = 2.203$$

〈표 7.1〉은 F 분포에서 오른쪽 꼬리 부분의 확률 α 와 분자의 자유도가 $r_1 = 15$ 이고 분모의 자유도가 r_2 로 주어졌을 때 분위수 $F_\alpha(15, r_2)$ 의 값을 구하여 표로 구성한 것이다.

표 7.1 $F(15, r_2)$ 분포의 $(1-\alpha)$ 분위수 $F_\alpha(15, r_2)$

r_2 \ α	0.20	0.10	0.05	0.025	0.01	0.005
1	15.037	61.220	245.950	984.867	6157.285	24630.205
2	4.415	9.425	19.429	39.431	99.433	199.433
3	2.982	5.200	8.703	14.253	26.872	43.085
4	2.450	3.870	5.858	8.657	14.198	20.438
5	2.175	3.238	4.619	6.428	9.722	13.146
6	2.007	2.871	3.938	5.269	7.559	9.814
7	1.893	2.632	3.511	4.568	6.314	7.968
8	1.811	2.464	3.218	4.101	5.515	6.814
9	1.749	2.340	3.006	3.769	4.962	6.032
10	1.700	2.244	2.845	3.522	4.558	5.471
11	1.661	2.167	2.719	3.330	4.251	5.049
12	1.628	2.105	2.617	3.177	4.010	4.721
13	1.601	2.053	2.533	3.053	3.815	4.460
14	1.578	2.010	2.463	2.949	3.656	4.247
15	1.558	1.972	2.403	2.862	3.522	4.070
16	1.541	1.940	2.352	2.788	3.409	3.920
17	1.526	1.912	2.308	2.723	3.312	3.793
18	1.513	1.887	2.269	2.667	3.227	3.683
19	1.500	1.865	2.234	2.617	3.153	3.587
20	1.490	1.845	2.203	2.573	3.088	3.502

〈표 7.1〉에 표시되어 있는 값은 유의수준 α 에 대한 가설검정의 임계값이다. 예를 들어 유의수준 5% 의 가설검정에서 $F(15,20)$ 검정통계량의 값이 〈표 7.1〉에 표시되어 있는 2.203보다 크면 귀무가설 H_0 을 기각하게 된다.

반대로 F 분포에서 왼쪽 꼬리의 확률이 주어질 경우 이 확률에 대응하는 X 의 값을 엑셀 함수 F.INV( )를 이용하여 구할 수 있다. 예를 들어 다음 식에서 분자, 분모의 자유도가 각각 15, 20인 F 분포에서 왼쪽 꼬리의 확률이 0.05가 되는 x의 값은 0.43이다.

$X \sim F(15, 20)$일 때 $P(X < x) = 0.1$을 만족하는 x = F.INV(0.05, 15, 20) = 0.43

7.2 일원배치법

7.2.1 분산분석

5.3절을 통해 서로 독립인 두 집단의 모평균 차에 대한 가설검정을 수행하였다. 일반적으로 두 모집단의 모분산은 미지이기 때문에 표본으로부터 모분산을 추정한 이후 검정을 실시해야 되므로 검정통계량으로 t 분포를 이용한다. 이와 같이 두 모집단의 모평균의 동일성에 대한 t 검정법은 모집단의 수가 3개 이상일 경우 적용할 수 없다. 먼저 모집단의 수가 a 개인 경우 검정하고자 하는 귀무가설은 다음과 같이 정의할 수 있을 것이다.

$$H_0 : \mu_1 = \mu_2 = \cdots = \mu_a$$

H_1 : 모든 집단의 모평균 중 적어도 하나는 다르다.

이렇게 정의한 귀무가설을 t 검정법으로 검정할 수 있는 방법은 모든 쌍의 두 집단 간 모평균의 평균 비교를 수행하는 것이다. 그러나 이 방법은 모든 집단의 모평균을 동시에 비교할 수 없을 뿐 아니라 쌍으로 t 검정하는 순간 두 집단의 모평균 이외 다른 집단의 모평균은 무시하게 된다. 또 비교하고자 하는 모집단의 수가 늘어날수록 많은 쌍의 t 검정을 수행하게 되며 그 가운데 불필요한 오류가 발생하게 된다.

따라서 세 개 이상의 모평균을 동시에 비교할 수 있는 방법으로 분산분석법을 이용한다. 분산분석법은 피셔(R.A. Fisher)가 농사 실험설계를 하면서 도입한 분석법으로 실험 연구에서 얻어진 다양한 자료들의 모평균 비교 검정법으로 사용되고 있다. 3개 집단 이상의 모평균 비교 검정을 위한 F 검정법인 분산분석(Analysis of Variance; ANOVA)을 수행하기 위해서 먼저 다음 사항들이 가정되어야 한다.

- 각 집단에 추출된 표본은 정규분포 또는 근사정규분포를 따른다.

- 모든 표본은 서로 독립적이다.
- 각 집단의 모분산은 서로 동일하다.

a 개의 모집단의 모평균이 모두 같다면 이 모평균들의 추정량인 각 집단의 표본평균의 값들도 서로 비슷한 값이 얻어질 것이다. 반대로 각 집단의 표본평균의 값들이 서로 다른 값을 보인다면 이는 귀무가설을 기각하는 강한 증거가 될 것이다. 각 집단의 표본평균들이 비슷한 값을 보이는지 아니면 서로 다른 값을 보이는지에 대한 답은 a 개의 표본평균들의 분산을 구해봄으로서 짐작할 수 있다. 즉, a 개의 표본평균들의 분산이 작으면 표본평균들이 비슷한 값이라고 할 수 있고, 표본평균들의 분산이 크면 표본평균들이 크게 흩어져 있다고 볼 수 있다. 이와 같이 각 집단의 표본평균들을 이용하여 구한 분산을 급간분산 추정량(between-group variance estimator)이라고 한다. 모든 집단의 모평균이 모두 같으면 급간분산 추정량은 분산분석의 가정에서 언급했던 모분산과 비슷한 값을 가질 것이라고 추정할 수 있다.

각 집단의 표본을 이용하여 구한 집단별 표본분산으로 각 집단의 모분산을 추정할 수 있다. 분산분석에서는 각 집단의 모분산이 동일하다는 가정을 하기 때문에 5.3.2절에서 다루었던 합동분산 추정량 기법을 이용하면 동일한 모분산을 추정할 수 있다. 이와 같이 합동분산 추정량 기법을 이용한 분산을 급내분산 추정량(within-group variance estimator)이라고 한다.

만일 모든 집단의 모평균 간 차이가 존재하지 않으면 급간분산 추정량과 급내분산 추정량이 거의 유사할 것이다. 즉, 두 분산 추정량의 비는 1에 가까운 값을 갖게 된다. 그러나 각 집단의 모평균들이 서로 유의한 차이가 존재하면 급간분산 추정량이 급내분산 추정량보다 커질 것이며, 두 분산 추정량의 비는 1보다 큰 값을 보일 것이다. 귀무가설이 참이라는 가정하에서 두 분산 추정량의 비 F 값은 F 분포를 따르므로 F 값이 1보다 매우 큰 값을 가지면 집단들의 모든 모평균이 동일하다는 귀무가설을 기각하게 된다.

이와 같이 분산분석은 표본의 공통 모분산을 추정할 수 있는 두 개의 추정량을 구하고 두 추정량의 비의 값을 이용하여 모평균의 동일성을 검정하는 검정법이라고 할 수 있다. 두 개의 추정량 중 하나인 급간분산 추정량은 모평균의 변동을 설명하는 것으로 이 값이 일반적인 오차분산 추정량인 급내분산 추정량보다 상대적으로 매우 크면 모평균들이 서로 동일하지 않을 것이라고 추정할 수 있다.

〈예제 2.2〉에 언급했던 어린잎 적양무 가루를 첨가한 쿠키 제조로 돌아가 보자. 쿠키를 만들 때 사용되는 재료는 적양무 가루를 비롯하여 밀가루, 버터, 설탕, 소금, 달걀 등이 있다. 이 재료들의 배합 이율에 따라 최종 제조된 쿠키의 경도가 달라질 것이다. 또한 배합된 반죽을 냉장고에 숙성시키는 시간, 오븐에 구울 때의 온도, 굽는 시간 등에 따라서도 쿠키의 경도는 달라질 것이다. 이 모든 것들이 최종 제조된 쿠키의 경도에 영향을 주는 요인이라고 볼 수 있다. 이런 요인들 중에 실험에서 의도적으로 분석하고자 하는 요인을 인자(factor)라고 하자. 쿠키 제조의 경우에 쿠키의 경도에 영향을 주는 여러 요인 중에서 설탕만을 분석하고자 할 때 설탕이 하나의 인자가 된다. 또한 설탕과 적양무 가루의 양을 조합하여 하나의 인자로 분석할 수 있을 것이다. 이 경우 설탕과 적양무 가루의 양의 조합을 처리(treatment)라고 한다. 이때 인자 또는 처리를 하나의 변수로 취급하여 독립변수라고 하고, 이 독립변수의 각 수준(집단)에 대하여 실험에서 얻어진 표본(자료)의 값을 종속변수 또는 반응변수라고 한다. 예를 들어 적양무 가루를 첨가한 쿠키 제조에서 설탕의 양에 따라 쿠키의 경도가 달라지는지 여부를 분석할 때 설탕이 인자(또는 처리)가 되고 이 인자의 각 수준에서 측정된 쿠키의 경도가 반응변수가 된다. 7.2.2절에서는 분석하고자 하는 인자가 1개인 경우 또는 분석하고자 하는 인자들의 조합인 처리가 1개인 경우의 일요인 분산분석을 다루게 될 것이다.

종속변수에 영향을 미치는 요인을 분석하고자 할 때 분석하고자 하는 요인, 즉 인자가 1개일 경우의 실험계획법을 일원배치법이라고 하며, 일원배치법을 통해 얻어진 자료를 분석하는 기법인 분산분석을 일요인 분산분석이라고 한다. 인자의 수가 2개일 경우의 실험계획법을 이원배치법이라고 하며 이원배치법의 분산분석을 이요인 분산분석이라고 한다. 이원배치법은 두 인자의 각 수준 조합에서의 자료가 1개일 경우 반복이 없는 이원배치법이라고 하며, 두 인자의 각 수준 조합에서의 자료가 2개 이상일 경우를 반복이 있는 이원배치법이라고 한다. 반복이 있는 이원배치법인 경우에는 두 인자의 상호작용을 별도로 검출할 수 있다.

7.2.2 일원배치법과 일요인 분산분석

일요인 분산분석(one-way ANOVA)은 하나의 요인(인자 또는 처리)이 반응변수에 영향을 주는지 분석하기 위한 분석법으로 인자의 각 수준에 따라 실험, 자료 수집, 분석 등의 과정인 일원배치법(one-way factorial design)의 통계적 분석법이라고 할 수 있다. 일요인 분산분석법은 한 요인의 각 수준에 대하여 종속변수의 모평균 비교를 검정함으로서 이 요인이 종속변수에 영향을 미치는지의 여부를 분석하기 때문에 여러 개의 집단의 모평균의 동일성 검정에 사용하기 시작하였다.

일요인 분산분석의 단계를 좀 더 구체적으로 설명하면 먼저 자료로부터 종속변수의 총제곱합을 구한 후, 이를 요인(source)의 처리제곱합과 오차제곱합으로 분해한다. 여기서 요인이란 일원배치법에 포함된 인자 또는 인자들의 조합인 처리를 말한다. 다음으로 분해된 두 제곱합으로부터 처리제곱평균(mean square due to treatments)과 오차제곱평균(MSE; mean square due to error)을 구한다. 인자(처리)의 처리제곱평균은 급간분산 추정량을 의미하며, 오차제곱평균은 급내분산 추정량을 의미한다. 따라서 분산분석의 최종 단계는 실험의 요인인 인자 또는 처리가 오차에 비해 전체 모분산에 영향을 주는지 판정하는 것이다. 분산분석은 다음과 같이 계산되는 F 값을 이용하여 검정의 결론을 내린다. 여기서 계산되는 검정통계량 F의 분포는 귀무가설이 참인 가정하에서 일원배치법에 포함된 인자(처리)의 수준수와 전체 표본수가 연관된 F 분포를 따른다.

$$F = (\text{처리제곱평균}) \ / \ (\text{오차제곱평균})$$

이때 F 값이 매우 크면 실험에 포함된 인자가 종속변수에 영향을 주는 것으로 판정하여 귀무가설을 기각한다. 분산분석 결과 귀무가설이 기각되면 실험의 요인으로 인해 구분된 인자의 수준(집단) 중 최소한 한 집단의 모평균은 다른 수준(집단)의 모평균과 다름을 의미하는 것으로 결론내릴 수 있다.

〈표 7.2〉는 일원배치법을 통해 얻어진 자료를 기호로 표시한 것이다. 일원배치법에

표 7.2 일원배치법 자료와 인자 수준별 통계량

인자의 수준(집단)	1		i		a
모평균	μ_1		μ_i		μ_a
자료	x_{11} x_{12} $\vdots$ x_{1n_1}	$\cdots$	x_{i1} x_{i2} $\vdots$ x_{in_i}	$\cdots$	x_{a1} x_{a2} $\vdots$ x_{an_a}
표본의 수	n_1		n_i		n_a
표본평균	$\bar{x}_1$		$\bar{x}_i$		$\bar{x}_a$
표본분산	s_1^2		s_i^2		s_a^2

포함된 인자의 i 번째 수준(집단)에서 얻어진 j 번째 자료를 x_{ij} 라고 표시하면 각 수준의 표본수와 표본평균, 표본분산을 각각 구할 수 있다.

먼저 〈표 7.2〉의 일원배치법의 자료로부터 종속변수의 총제곱합 SST를 구해 보자. 총제곱합은 다음과 같이 모분산의 추정량인 전체 표본분산의 편차제곱합이다.

$$SST = \sum_{i=1}^{a} \sum_{j=1}^{n_i} (x_{ij} - \bar{x})^2$$

여기서 $\bar{x} = \frac{1}{N} \sum_{i=1}^{a} \sum_{j=1}^{n_i} x_{ij}$ 이고 $N = \sum_{i=1}^{a} n_i$ 은 전체 총 표본수이다. 총제곱합은 두 종류의 제곱합으로 분해할 수 있다. 그 중의 하나는 급간분산 추정량(처리제곱평균)을 구하기 위한 처리제곱합 SSA 이고 다른 하나는 급내분산 추정량(오차제곱평균)을 구하기 전 단계인 오차제곱합 SSE 이다.

$$SST = \sum_{i=1}^{a} \sum_{j=1}^{n_i} (\bar{x}_i - \bar{x})^2 + \sum_{i=1}^{a} \sum_{j=1}^{n_i} (x_{ij} - \bar{x}_i)^2 = SSA + SSE$$

여기서 $SSA = \sum_{i=1}^{a} n_i (\bar{x}_i - \bar{x})^2$ 으로, $SSE = \sum_{i=1}^{a} (n_i - 1) s_i^2$ 으로 변형한 후, 각 집단의 표본평균과 표본분산으로 구할 수 있다. 처리제곱평균의 자유도는 $a-1$ 이고 오차제곱평균의 자유도는 $\sum_{i=1}^{a} (n_i - 1) = N - a$ 이다. 두 제곱합을 자유도로 나누어 주면 제곱평균을 각각 구할 수 있다. 즉,

$$처리제곱평균 = MSA = \frac{SSA}{a-1}$$

$$오차제곱평균 = MSE = \frac{SSE}{N-a}$$

귀무가설이 참이라면 처리제곱평균과 오차제곱평균은 모두 동일한 모분산을 추정할 수 있는 두 개의 독립적인 불편추정량이 된다. 이 중에서 처리제곱평균은 표본평균들의 변동을 의미하며, 오차제곱평균은 인자의 효과가 설명해주지 못하는 오차의 변동을 의미한다. 귀무가설이 참일 때 두 제곱평균의 비 $F = MSA/MSE$는 분자의 자유도 $a-1$, 분모의 자유도 $N-a$ 인 F 분포를 따르므로 3개 이상의 집단의 모평균에 대한

동일성을 판단하는 검정통계량으로 F값을 사용한다. 즉, 실험계획법의 자료로부터 구한 F값이 검정의 유의수준에 대응되는 임계값보다 크면 귀무가설을 기각하고, 임계값보다 작으면 귀무가설을 채택한다.

분산분석에서 유의수준 α에 대응되는 임계값은 엑셀 함수 F.INV.RT( )를 사용한다. 다음은 $\alpha = 0.05$일 때 F검정을 위한 임계값을 구하는 예이다.

유의수준 $\alpha = 0.05$일 때 F검정을 위한 임계값 = F.INV.RT(0.05, a−1, N−a)

예제 7.2 다음 표는 어린잎 적양무 가루를 첨가한 쿠키를 제조하는 과정에서 첨가한 설탕의 양(30 g, 40 g, 50 g)에 따라 쿠키의 경도가 달라지는지의 여부를 일원배치법으로 실험한 후 얻어진 자료이다. 유의수준 5%에서 다음 귀무가설을 기각할 수 있는지 가설검정하시오.

$$H_0 : \mu_1 = \mu_2 = \mu_3$$

설탕(g)	30	40	50
경도	1.16	1.25	1.72
	0.86	1.1	1.71
	1.05	1.36	1.79
	1.27	1.21	1.1
	1.44	1.3	1.11
	1.27	1.28	1.3
	0.88	1.21	1.32
	0.96	1.22	1.21
	0.98	1.4	1.1
	1.24	1.21	1.35
	1.14	1.44	1.22
	1.24	1.45	1.3
	1.25	1.44	1.32

엑셀활용 엑셀 함수 AVERAGE( )과 VAR.S( )을 이용하여 각 수준(집단)별 표본평균과 표본분산, 그리고 전체 평균을 구하면 다음과 같다.

인자: 설탕	30g	40g	50g		
표본평균	1.134	1.298	1.350	전체평균	1.261
표본분산	0.031	0.012	0.057		

이 자료를 이용하여

$$SSA = \sum_{i=1}^{a} n_i (\overline{x}_i - \overline{x})^2 = 13(-0.127)^2 + 13(0.037)^2 + 13(0.089)^2 = 0.330651$$

$$SSE = \sum_{i=1}^{a} (n_i - 1) s_i^2 = 12(0.031) + 12(0.012) + 12(0.057) = 1.202738$$

을 얻을 수 있으며, 제곱평균은 다음과 같이 자유도로 나누어 구한다.

$$MSA = \frac{0.330651}{2} = 0.165326$$

$$MSE = \frac{1.202738}{36} = 0.033409$$

이제 검정을 위한 검정통계량의 값으로 $F = 0.165326/0.033409 = 4.948477$을 얻을 수 있다. 유의수준 $\alpha = 0.05$일 때 F검정의 임계값은 =F.INV.RT(0.05, 2, 36)= 3.259이므로 귀무가설을 기각한다. 따라서 추가되는 설탕의 양에 따라 적양무 가루를 첨가하여 제조된 쿠키의 경도가 달라진다고 볼 수 있다.

이상과 같이 3개 이상의 모집단 평균의 동일성에 대한 일요인 분산분석을 시행하는 과정에서 얻어지는 결과를 하나의 표로 정리할 수 있다. 〈표 7.3〉과 같은 형식으로 작성된 표를 분산분석표(ANOVA table)라고 한다. 분산분석표를 이용하면 제곱합의 계산부터 제곱평균, 검정통계량의 값인 F비, 검정 규칙의 임계값 등을 차례대로 구할 수 있다.

표 7.3 일요인 분산분석표

변동요인	제곱합	자유도	제곱평균	F비	F 기각치	p-값
인자(처리)	SSA	$a-1$	MSA	$F = \frac{MSA}{MSE}$	$F_\alpha(a-1, N-a)$	
오차	SSE	$N-a$	MSE			
계	SST	$N-1$				

일요인 분산분석표의 F 기각치는 가설검정의 임계값을 의미하는 것으로 〈예제 7.2〉의 풀이에서 언급하였듯이 엑셀 함수 F.INV.RT()를 이용하여 구할 수 있다. 반면에 분산분석표에 제시되는 p-값은 모집단 평균의 동일성 검정에 대한 검정통계량의 F 비에 대하여 오른쪽 꼬리 부분의 확률이므로 F.DIST() 함수를 이용하거나 다음과 같이 F.DIST.RT() 함수를 이용하여 구한다.

$$p\text{-값} = \text{F.DIST.RT}(F\text{ 비, a}-1\text{, N}-\text{a})$$

다음은 가설검정을 수행할 경우 일반적으로 p-값을 이용한 기각 규칙을 표시한 것이다. 이 기각 규칙은 일요인 분산분석에서도 적용할 수 있다. 즉, 분산분석표에 제시된 p-값이 유의수준(α)보다 작으면 모든 모평균이 동일하다는 귀무가설을 기각하고 따라서 모든 모평균이 같은 것이 아니라는 결론을 얻게 된다.

p-값을 이용한 기각 규칙

유의확률(p-값)과 유의수준(α)를 비교하여, p-값 $< \alpha$ 이면 H_0을 기각

예제 7.3 〈예제 7.2〉의 자료를 이용하여 설탕의 3수준에서 쿠키의 경도에 대한 모평균이 모두 동일하는지의 가설검정을 수행하기 위한 분산분석표를 작성하시오. 이때 분산분석표에 제시된 p-값을 이용하여 가설검정의 결론을 논하시오.

엑셀활용 엑셀의 [데이터/ 데이터 분석]을 선택하고 분석 도구 목록의 '분산 분석: 일원배치법'을 통하여 여러 집단의 모평균에 대한 동일성 검정의 분산분석표를 구할 수 있다. 〈그림 7.4〉는 '분산 분석: 일원배치법' 분석 도구를 실행하여 얻어진 간단한 요약표와 분산분석표이다.

〈그림 7.4〉의 분산분석표에 제시된 p-값은 0.012628이며 이 값은 유의수준 $a = 5\%$ 보다 작은 값이다. 따라서 귀무가설이 기각되고 설탕의 양에 따른 쿠키의 경도의 모평균이 모두 같지 않다는 대립가설을 채택하게 된다. 즉, 쿠키에 추가되는 설탕의 양은 쿠키의 경도에 영향을 미치는 것으로 결론지을 수 있다.

일요인 분산분석을 통해 귀무가설이 채택되면 더 이상 통계분석을 할 이유가 없다. 그러나 귀무가설이 기각되어 대립가설이 채택되면 모집단들의 평균들 중 서로 동일한 모평균과 그렇지 않은 모평균들을 집단화할 필요가 있다. 즉, 모든 가능한 두 개씩의 수

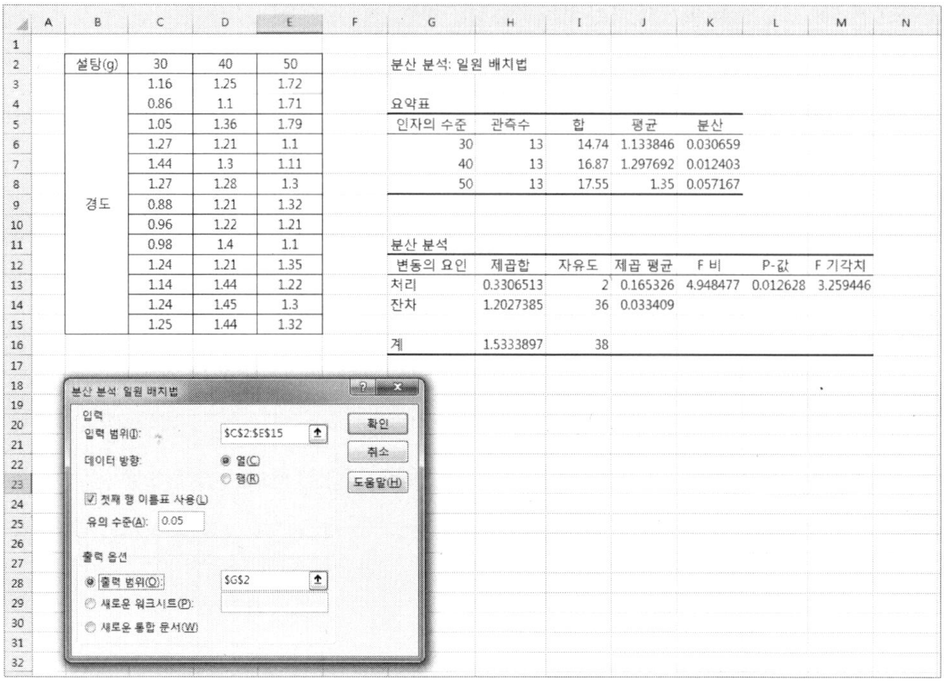

그림 7.4 분산 분석: 일원배치법 분석 도구

준 조합에 따라 평균 차이를 검정하기 위한 다중비교를 실시한다. 다중비교를 수행하는 분석법을 사후분석이라고 하며 다중비교를 위한 사후분석법이 다양하게 제시되어 있지만 가장 간단한 LSD법과 자주 쓰이는 Scheffé법을 간단히 7.2.3절에 소개할 것이다.

7.2.3 사후분석

모든 가능한 2개의 요인 수준 조합에 대하여 평균 차이를 검정하는 절차를 사후분석(post-hoc analysis)이라고 한다. 사후분석 과정에서 두 집단 간 모평균의 비교를 여러번 수행하기 때문에 사후분석을 다중비교(multiple comparison)라고도 한다. 인자의 2개의 수준(집단) 간 모평균 차이 검정을 위한 다중비교는 F검정 결과 귀무가설이 기각되지 않는 자료에 대해서도 다중비교 방법에 따라 모평균 간에 차이가 있는 모집단의 쌍이 존재할 수 있다. 반대로 일요인 분산분석에서 모든 모평균들이 같다는 귀무가설을 기각하더라도 사후분석인 다중비교에 의해 유의적으로 모평균이 차이가 나는 두 집단이 전혀 존재하지 않을 수도 있다. 즉, 사후분석에서의 다중비교 결과가 사후분석 방법에 따라 예측과 다르게 나타날 수 있다.

일반적으로 인자의 수준수(즉, 모집단의 수)가 3개일 경우에는 LSD 방법이 효과적이며, 두 집단의 모평균 차에 대한 귀무가설의 수가 인자의 자유도인 $(a-1)$ 보다 크지 않을 때에는 Bonferroni 방법을 권장한다. 반대로 비교하고자 하는 모평균 차의 검정의 수가 자유도 $(a-1)$보다 클 경우 Student–Newman–Keuls 방법을 사용한다. 인자의 각 수준에서 추출된 표본수가 모두 동일할 경우에는 Tukey 방법이 널리 사용되고, 각 집단에서 추출된 표본수가 동일하지 않을 경우에는 사후분석으로 Scheffé 방법을 사용하는 것이 좋다. 이 절에서는 LSD 방법과 Scheffé 방법에 대하여 간단히 알아보자. 사후분석으로 다중비교 방법을 이용하여 동시에 검정하고자 하는 귀무가설은 다음과 같이 $a(a-1)/2$ 개를 정의할 수 있다.

$$H_0 : \mu_i = \mu_j \qquad H_1 : \mu_i \neq \mu_j \qquad (i, j = 1,2,\cdots,a,\ i \neq j)$$

(1) LSD 다중비교

LSD 다중비교법은 최소유의차(Least Significant Difference)인 LSD를 구한 후, 인자의 두 수준(집단)의 표본평균의 차 $|\overline{x}_i - \overline{x}_j|$가 최소유의차(LSD)보다 크면 두 집단의 평균이 동일하다는 귀무가설을 기각한다. 이때 최소유의차(LSD)를 구하는 식은 다음과 같다.

$$LSD = t_{\alpha/2}(\phi_e)\sqrt{(\mathrm{MSE})\left(\frac{1}{n_i} + \frac{1}{n_j}\right)}$$

여기서 MSE는 〈표 7.3〉의 분산분석표의 오차제곱평균이며, ϕ_e는 오차의 자유도인 $\phi_e = N-a$이다. $t_{\alpha/2}(\phi_e)$는 자유도가 $N-a$인 t 분포의 $(1-\alpha/2)$ 분위수이다. 참고로 엑셀 함수 =T.INV.2T(α, $N-a$)를 이용하여 $t_{\alpha/2}(\phi_e)$의 값을 구할 수 있다.

인자의 각 수준에서 추출한 자료의 수가 모두 동일하면 즉, $n_i = n_j$이면 최소유의차(LSD)는 유일한 값을 가질 것이다. 두 수준의 각 조합에서 $|\overline{x}_i - \overline{x}_j|$의 값이 LSD보다 작으면 귀무가설 $H_0 : \mu_i = \mu_j$을 채택하게 되고, 따라서 두 모평균의 차이가 통계적으로 유의하지 않다고 결론을 내린다. 그러나 $|\overline{x}_i - \overline{x}_j|$의 값이 LSD보다 크면 두 모평균은 유의수준 α에서 통계적으로 유의한 차가 있다고 볼 수 있다.

인자의 두 수준에 대한 모평균차 $(\mu_i - \mu_j)$의 $100(1-\alpha)\%$ 신뢰구간은 다음 식으로 구할 수 있으며, 이 신뢰구간을 이용하여 두 모평균의 차에 대한 가설검정을 수행할 수 있다. 예를 들어 이 신뢰구간에 0 이 포함되면 유의수준 α 에서 μ_i 와 μ_j 가 동일한 값으로, 반대로 0 이 포함되지 않으면 μ_i 와 μ_j 간에 유의한 차가 있다고 결론내릴 수 있다.

$$[(\overline{x}_i - \overline{x}_j) \pm LSD]$$

예제 7.4 〈예제 7.3〉의 결과로부터 LSD 다중비교법을 이용하여 사후분석을 실시하시오. 또한 인자의 모든 두 수준의 모평균 차에 대한 95% 신뢰구간을 구하시오.

엑셀활용 〈그림 7.4〉에 표시된 요약표와 분산분석표로부터 다음 값들을 구할 수 있다.

$$\overline{x}_1 = 1.13,\ \overline{x}_2 = 1.30,\ \overline{x}_3 = 1.35,\ MSE = 0.0334,\ \phi_e = 36,\ n_1 = n_2 = n_3 = 13$$

$$t_{\alpha/2}(\phi_e) = t_{0.025}(36) = \text{T.INV.2T}(0.05,\ 36)\ =\ 2.028$$

이 값들을 이용하여 최소유의차(LSD)를 구하면 다음과 같다.

$$LSD = t_{\alpha/2}(\phi_e)\sqrt{(\text{MSE})\left(\frac{1}{n_i} + \frac{1}{n_j}\right)} = 2.028\sqrt{0.0334\,\frac{2}{13}} = 0.1454$$

〈그림 7.5〉는 최소유의차를 이용한 LSD 다중비교법을 통해 두 수준의 모평균차에 대한 가설검정을 실시한 결과를 표시한 것이다. 검정결과의 기호 *는 두 수준의 모평균차가 유의한 차이를 보일 때 표시하기로 하자. 즉, 인자의 1 수준의 모평균과 2 수준의 모평균, 그리고 인자의 1 수준의 모평균과 3 수준의 모평균은 서로 유의한 차이가 있지만 인자의 2 수준의 모평균과 3 수준의 모평균은 서로 유의한 차이가 나지 않음을 알 수 있다.

17									
18						모평균차에 대한 95% 신뢰구간			
19	분위수	2.028	수준 i	수준 j	모평균 차	검정결과	하한	상한	
20	LSD	0.1454	1	2	-0.164	*	-0.309	-0.018	G20+C20
21	C19*SQRT(J14*(1/H6+1/H7))		1	3	-0.216	*	-0.362	-0.071	G21+C20
22			2	3	-0.052		-0.198	0.093	G22+C20
23									

그림 7.5 LSD 다중비교방법을 이용한 사후분석

참고로 다음 〈그림 7.6〉은 설탕 인자의 세 수준에 대하여 각 수준의 표본평균을 도표로 표시한 것이다. 이 그림으로부터 설탕의 양이 증가할수록 쿠키의 경도가 커지고 있음을 알 수 있다.

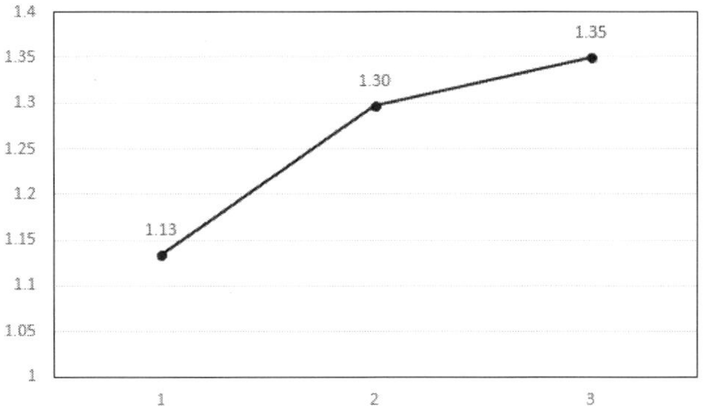

그림 7.6 설탕의 각 수준(집단)에서 경도에 대한 표본평균

(2) Scheffé 다중비교

Scheffé 다중비교법은 F 분포의 검정통계량을 이용하여 모평균 간 차이의 다중비교 검정을 실시한다. LSD 다중비교법과 비슷하게 다음 SCHEFFE 값을 구한 후, 인자의 두 수준(집단)의 표본평균의 차 $|\overline{x}_i - \overline{x}_j|$가 SCHEFFE보다 크면 두 집단의 평균이 동일하다는 귀무가설을 기각한다. 반대로 $|\overline{x}_i - \overline{x}_j|$가 SCHEFFE보다 작으면 두 집단의 평균이 동일하다는 귀무가설을 채택할 것이다.

$$\text{SCHEFFE} = \sqrt{(a-1)F_{\alpha}(a-1, N-a)}\ \sqrt{(MSE)\left(\frac{1}{n_i} + \frac{1}{n_j}\right)}$$

여기서 MSE는 〈표 7.3〉의 분산분석표의 오차제곱평균이며, $F_{\alpha}(a-1, N-a)$는 분자의 자유도가 $a-1$, 분모의 자유도가 $N-a$인 F 분포의 $(1-\alpha)$ 분위수이다. 참고로 엑셀 함수 =F.INV.RT(α, $a-1$, $N-a$)를 이용하여 $F_{\alpha}(a-1, N-a)$의 값을 구할 수 있다.

SCHEFFE 값을 이용하여 모평균차 $(\mu_i - \mu_j)$의 $100(1-\alpha)\%$ 신뢰구간을 다음 식으로 구할 수 있다.

$$[(\overline{x}_i - \overline{x}_j) \pm \text{SCHEFFE}]$$

예제 7.5 〈예제 7.3〉의 결과로부터 Scheffe 다중비교법을 이용하여 사후분석을 실시하시오. 또한 인자의 모든 두 수준의 모평균 차에 대한 95% 신뢰구간을 추정하시오.

엑셀활용 〈그림 7.4〉에 표시된 요약표와 분산분석표로부터 다음 값들을 구할 수 있다.

$$\bar{x}_1 = 1.13,\ \bar{x}_2 = 1.30,\ \bar{x}_3 = 1.35,\ MSE = 0.0334,\ n_1 = n_2 = n_3 = 13$$

$$F_{\alpha}(a-1, N-a) = F_{0.05}(2,36) = \text{F.INV.RT}(0.05,\ 2,\ 36) = 3.259$$

따라서 $SCHEFFE = \sqrt{2 \times 3.259}\sqrt{0.0334\frac{2}{13}} = 0.1830$이다.

17									
18							모평균차에 대한 95% 신뢰구간		
19	분위수	3.259	수준 i	수준 j	모평균 차	검정결과	하한	상한	
20	SCHEFFE	0.1830	1	2	-0.164		-0.347	0.019	G20+C20
21	SQRT(I13*C19)*SQRT(J14*(1/H6+1/H7))		1	3	-0.216	*	-0.399	-0.033	G21+C20
22			2	3	-0.052		-0.235	0.131	G22+C20
23									

그림 7.7 Scheffé 다중비교 방법을 이용한 사후분석

〈그림 7.7〉의 결과를 살펴보면 LSD 다중비교 방법과 조금 다른 결과를 보이고 있다. 두 집단 간의 모평균 차에 대한 검정 결과 LSD 다중비교 방법에서는 인자의 1 수준 모평균과 2 수준 모평균의 차가 존재하는 것으로 분석되었으나 Scheffé 다중비교에서는 두 수준의 모평균 차가 없는 것으로 분석되었다. 이와 같이 다중비교 방법에 따라 사후분석 결과도 다를 수 있음을 알 수 있다.

7.3 반복이 없는 이원배치법

〈예제 7.2〉의 자료는 어린잎 적양무 가루 첨가 쿠키를 제조하는 과정에서 설탕의 양을 하나의 인자로 하여 밀가루 등 다른 재료들과 같이 반죽한 후 만들어진 쿠키의 경도를 측정하였다. 그러나 선행 실험 결과 쿠키의 경도는 이를 측정하는 측정분석기에 따라 차이가 있는 것으로 분석되었다. 즉, 제조된 쿠키의 경도는 설탕이란 인자 외에도 측정분석기(이 연구실에 총 4 대가 설치됨)에 따라 달라지리라 추측되는 상황이다. 따라서 쿠키의 경도에 미치는 인자로서 3 수준의 설탕의 양과 4 수준의 측정분석기를 들

표 7.4 반복이 없는 이원배치법 자료

A \ B	1	⋯	j	⋯	b
1	x_{11}	⋯	x_{1j}	⋯	x_{1b}
⋮	⋮	⋮	⋮	⋮	⋮
i	x_{i1}	⋯	x_{ij}	⋯	x_{ib}
⋮	⋮	⋮	⋮	⋮	⋮
a	x_{a1}	⋯	x_{aj}	⋯	x_{ab}

수 있다. 반응변수(쿠키 경도)에 대하여 두 개의 인자(설탕, 측정분석기)를 행과 열에 각각 배치한 실험계획을 이원배치법이라고 한다. 또한 이원배치법의 자료로부터 두 개의 인자 각각의 효과에 대한 유의성을 판단하기 위한 분석법을 이원 분산분석법(two-way ANOVA)이라고 한다. 인자의 효과에 대한 유의성 검정의 귀무가설은 각 인자의 모든 수준에서의 모평균이 동일하다는 것으로 귀무가설이 기각되어 모든 모평균이 동일하지 않으면 반응변수(종속변수)를 최적화하는 인자의 수준이 최소한 한 개 존재한다는 의미이다.

반복이 없는 이원배치법은 〈표 7.4〉와 같이 두 인자(A, B)의 모든 조합에서 오직 1 개의 자료만 추출되는 이원배치법을 말한다. 이 경우에는 두 인자의 교호작용(상호작용) 효과가 검출되지 않으며 각 인자의 주효과만 검출할 수 있다.

여기서 x_{ij}는 A인자의 i 수준과 B인자의 j 수준의 조합에서 얻어진 반응변수(종속변수)의 자료이다. 반응변수에 대하여 A인자 효과의 유의성을 검정하기 위한 귀무가설은 다음과 같이 정의한다. $\mu(A_i)$는 A인자의 i 수준에서 추정하고자 하는 반응변수의 모평균이다.

$$H_0 : \mu(A_1) = \mu(A_2) = \cdots = \mu(A_a)$$

이렇게 정의한 A인자 효과의 유의성 검정의 귀무가설이 채택되면 A인자의 모든 수준에서 반응변수의 모평균이 모두 동일하다는 의미이다. 이 경우에는 A인자의 수준에 따라 반응변수의 값이 달라지지 않으므로 "A인자의 효과가 유의하지 않다" 또는 "A인자의 수준간 반응변수의 모평균차가 유의하지 않다"라고 말한다.

또한 반응변수에 대하여 B인자 효과의 유의성을 검정하기 위한 귀무가설은 다음과 같다. 마찬가지로 $\mu(B_j)$는 B인자의 j 수준에서 추정하고자 하는 반응변수의 모평균이다.

$$H_0 : \mu(B_1) = \mu(B_2) = \cdots = \mu(B_b)$$

반복이 없는 이원배치법의 분산분석은 일원배치법의 분산분석법과 유사하게 〈표 7.4〉의 자료로부터 총제곱합 SST를 분해하는 것으로 시작한다.

$$SST = \sum_{i=1}^{a}\sum_{j=1}^{b}(x_{ij} - \overline{x})^2 = \sum_{i=1}^{a}\sum_{j=1}^{b}x_{ij}^2 - \frac{1}{ab}\left(\sum_{i=1}^{a}\sum_{j=1}^{b}x_{ij}\right)^2$$

여기서 $\overline{x} = \frac{1}{ab}\sum_{i=1}^{a}\sum_{j=1}^{b}x_{ij}$ 이다. 반복이 없는 이원배치법의 분산분석은 먼저 총제곱합 SST를 두 인자 각각의 변동을 나타내는 2 개의 제곱합(SSA, SSB)과 오차제곱평균을 구하기 위한 오차제곱합 SSE으로 분해한다. A인자의 i 수준에서의 표본평균을 $\overline{x}_{i.}$ 으로 표기하고, B인자의 j 수준에서의 표본평균을 $\overline{x}_{.j}$ 으로 표기하자.

$$\begin{aligned} SST &= \sum_{i=1}^{a}\sum_{j=1}^{b}(\overline{x}_{i.} - \overline{x})^2 + \sum_{i=1}^{a}\sum_{j=1}^{b}(\overline{x}_{.j} - \overline{x})^2 + \sum_{i=1}^{a}\sum_{j=1}^{b}(x_{ij} - \overline{x}_{i.} - \overline{x}_{.j} + \overline{x})^2 \\ &= SSA + SSB + SSE \end{aligned}$$

여기서 $SSA = b\sum_{i=1}^{a}(\overline{x}_{i.} - \overline{x})^2$ 으로, $SSB = a\sum_{j=1}^{b}(\overline{x}_{.j} - \overline{x})^2$ 으로 변형하면 각 집단의 표본평균으로 제곱합 SSA, SSB을 구할 수 있다. 일원배치법과 다르게 오차제곱합은 다음 식과 같이 총제곱합에서 각 인자의 제곱합을 빼서 구한다.

$$SSE = SST - SSA - SSB$$

SSA 의 자유도는 $a-1$ 이고 SSB의 자유도는 $b-1$ 이다. 따라서 오차제곱합 SSE의 자유도는 $(ab-1)-(a-1)-(b-1) = (a-1)(b-1)$이다. 각 제곱합을 자기의 자유도로 나누어 주면 제곱평균을 구할 수 있다. 즉,

$$\text{A인자의 제곱평균} = MSA = \frac{SSA}{a-1}$$

$$\text{B인자의 제곱평균} = MSB = \frac{SSB}{b-1}$$

$$\text{오차제곱평균} = MSE = \frac{SSE}{(a-1)(b-1)}$$

A인자의 모평균의 동일성에 대한 귀무가설이 참이라면 A인자의 제곱평균과 오차제곱평균은 모두 동일한 모분산을 추정할 수 있는 독립적인 불편추정량이 된다. 이 중에서 A인자의 제곱평균은 표본평균 $\overline{x}_{i.}$ 들의 변동을 의미하며, 오차제곱평균은 A인자의 효과가 설명해주지 못하는 오차의 변동을 의미한다. A인자의 모평균의 동일성에 대한 귀무가설이 참일 때 두 제곱평균의 비 $F = MSA/MSE$ 는 분자의 자유도 $a-1$, 분모의 자유도 $(a-1)(b-1)$ 인 F 분포를 따르므로 F값이 검정의 유의수준에 대응되는 임계값보다 크면 귀무가설을 기각하고, 임계값보다 작으면 귀무가설을 채택한다. 검정 결과 A인자의 모평균의 동일성에 대한 귀무가설을 기각하면 A인자가 반응변수에 유의한 영향을 준다고 결론지을 수 있다.

또한 B인자의 모평균의 동일성에 대한 귀무가설이 참일 때 두 제곱평균의 비 $F = MSB/MSE$ 는 분자의 자유도 $b-1$, 분모의 자유도 $(a-1)(b-1)$ 인 F 분포를 따르므로 F값이 검정의 유의수준에 대응되는 임계값보다 크면 귀무가설을 기각하고, 임계값보다 작으면 귀무가설을 채택한다. A인자의 분석과 마찬가지로 B인자의 모평균의 동일성에 대한 귀무가설을 기각하면 B인자가 반응변수에 유의한 영향을 준다고 결론지을 수 있다.

분산분석에서 유의수준 α 에 대응되는 임계값은 엑셀 함수 F.INV.RT( )를 사용한다. 다음은 $\alpha = 0.05$ 일 때 반복이 없는 이원배치법의 F 검정을 위한 임계값을 구하는 예이다.

① A인자의 F 검정을 위한 임계값(F 기각치) = F.INV.RT(0.05, a−1, (a−1)(b−1))
② B인자의 F 검정을 위한 임계값(F 기각치) = F.INV.RT(0.05, b−1, (a−1)(b−1))

반복이 없는 이원배치법에서 p−값을 이용한 기각 규칙을 적용하여 가설검정을 수행할 수 있다. F 비에 따른 p−값은 엑셀 함수 F.DIST.RT( )를 이용한다.

③ A인자의 F 비에 대응하는 p−값 = F.DIST.RT(F 비, $a-1$, $(a-1)(b-1)$)
④ B인자의 F 비에 대응하는 p−값 = F.DIST.RT(F 비, $b-1$, $(a-1)(b-1)$)

이상의 결과를 하나의 표로 요약하면 〈표 7.5〉와 같은 반복이 없는 이원배치법의 분산분석표를 작성할 수 있다.

표 7.5 반복이 없는 이원배치법의 분산분석표

요인(Source)	제곱합	자유도	평균제곱	F 비	임계값	p-값
인자 A	SSA	$a-1$	MSA	MSA/MSE	①	③
인자 B	SSB	$b-1$	MSB	MSB/MSE	②	④
오차	SSE	$(a-1)(b-1)$	MSE			
전체	SST	$ab-1$				

예제 7.6 다음 표는 어린잎 적양무 가루 첨가 쿠키를 제조하는 과정에서 반죽에 혼합된 설탕의 양(수준수=3)에 따른 쿠키를 제조한 후 실험실에 설치된 4대의 측정분석기를 통하여 경도를 측정한 자료이다. 쿠키의 경도에 두 개의 인자(설탕과 분석기)가 유의한 영향을 미치는지 유의수준 5%에서 가설검정하시오.

	설탕=30	설탕=40	설탕=50
분석기=1	1.05	1.25	1.42
분석기=2	1.14	1.28	1.79
분석기=3	1.08	1.12	1.11
분석기=4	0.96	1.15	1.35

엑셀활용 엑셀의 [데이터 / 데이터 분석]을 선택하고 분석 도구 목록의 '분산 분석: 반복 없는 이원배치법'을 통하여 반복이 없는 이원배치법의 분산분석을 수행할 수 있다. 먼저 '분산 분석: 반복 없는 이원배치법' 분석 도구를 실행하여 얻어진 요약표의 결과를 이용하면 다음과 같이 간단한 평균 도표(묶은 세로 막대형과 꺾은선형 차트)를 작성할 수 있다.

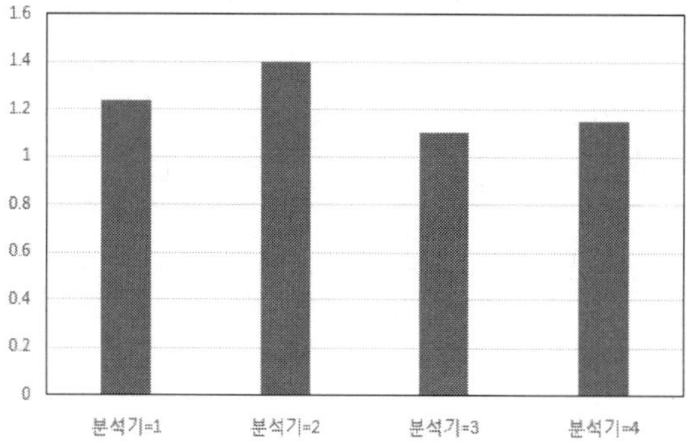

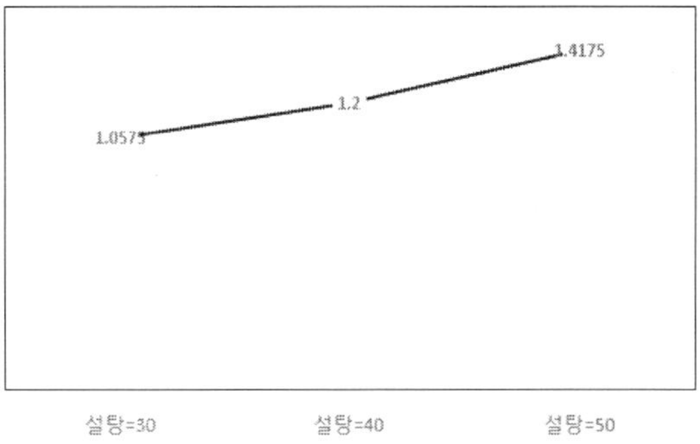

〈그림 7.8〉은 '분산 분석: 반복 없는 이원배치법' 분석 도구를 실행하여 얻어진 간단한 요약표와 분산분석표이다. 인자A(행)에 경도를 측정하는 측정분석기에 따른 쿠키의 경도의 모평균의 동일성에 대한 F 비로 2.673 으로 표시하고 있으며 이 값에 대한 $p-$값은 0.141 이다. $p-$값이 유의수준인 $\alpha = 5\%$ 보다 크기 때문에 귀무가설을 기각할 수 없다. 따라서 경도 측정분석기에 따라 경도의 모평균 값이 다르지 않음을 알 수 있으며 이는 어느 측정분석기를 이용하나 경도 측정에 문제가 없음을 의미하는 결과라고 할 수 있다. 반면에 인자 B(열)에 표시된 F 비는 6.763 으로 이에 대응하는 $p-$값이 0.029 이다. 따라서 인자 B(설탕)의 각 수준에 대한 경도의 모평균 값이 동일하다는 귀무가설을 기각할 것이다. 즉, 설탕의 양에 따라 쿠키의 경도가 유의수준 5% 에서 유의한 영향을 받는 것으로 분석될 수 있다. 〈그림 7.8〉에 표시된 F 기각치는 유의수준 5% 에 대응되는 임계값이다. F 비가 이 임계값보다 크면 해당 인자의 귀무가설을 기각한다.

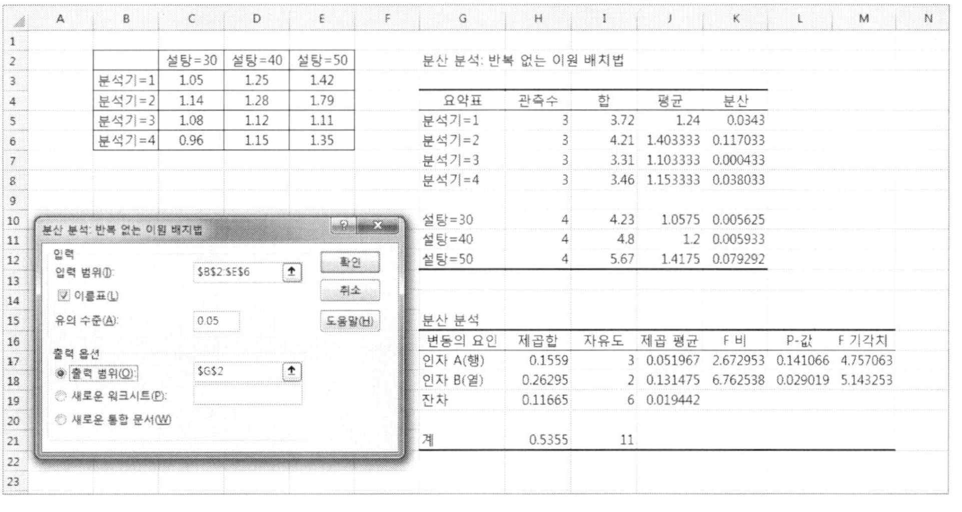

	설탕=30	설탕=40	설탕=50
분석기=1	1.05	1.25	1.42
분석기=2	1.14	1.28	1.79
분석기=3	1.08	1.12	1.11
분석기=4	0.96	1.15	1.35

분산 분석: 반복 없는 이원 배치법

요약표	관측수	합	평균	분산
분석기=1	3	3.72	1.24	0.0343
분석기=2	3	4.21	1.403333	0.117033
분석기=3	3	3.31	1.103333	0.000433
분석기=4	3	3.46	1.153333	0.038033
설탕=30	4	4.23	1.0575	0.005625
설탕=40	4	4.8	1.2	0.005933
설탕=50	4	5.67	1.4175	0.079292

분산 분석

변동의 요인	제곱합	자유도	제곱 평균	F 비	P-값	F 기각치
인자 A(행)	0.1559	3	0.051967	2.672953	0.141066	4.757063
인자 B(열)	0.26295	2	0.131475	6.762538	0.029019	5.143253
잔차	0.11665	6	0.019442			
계	0.5355	11				

그림 7.8 분산 분석: 반복 없는 이원배치법 분석 도구

7.4 반복이 있는 이원배치법

7.4.1 상호작용

반응변수에 영향을 주리라 기대되는 인자의 수가 2개일 때 반복이 없는 이원배치법은 두 인자의 수준 조합에서 얻어진 자료가 동일하게 1개인 경우의 이원배치법이다. 두 인자의 수준 조합에서 얻어진 자료가 2개 이상, 즉 실험의 반복의 원리를 적용하여 자료를 얻을 수 있을 때 이를 반복이 있는 이원배치법이라고 한다. 반복이 있는 이원배치법의 장점은 실험에 포함된 두 인자 A, B의 주효과의 유의성을 검정할 수 있을 뿐만 아니라 A, B의 상호작용(교호작용, interaction) 효과의 유의성을 검정할 수 있다는 것이다.

인자 A의 효과가 다른 인자 B의 수준에 따라서 달라지는 경우에 "두 인자 A, B 간에 상호작용 $A \times B$가 존재한다."라고 말한다. 두 인자의 수준조합에서 자료의 표본평균을 그래프로 표시할 때 두 인자 간에 상호작용이 존재하지 않으면 〈그림 7.9〉와 같이 두 직선이 평행하다. 그러나 〈그림 7.10〉에서 A인자의 수준이 1에서 2로 변화할 때 B인자의 1수준과의 수준조합에서는 반응변수의 평균이 증가하지만, B인자의 2수준과의 수준조합에서는 반응변수의 평균이 반대로 감소함을 알 수 있다. 즉, 〈그림 7.10〉과 같이 인자의 수준조합에서의 표본평균을 이용하여 그린 두 직선이 서로 평행하지 않으면 두 인자 간에 상호작용이 있는 것으로 추정할 수 있다.

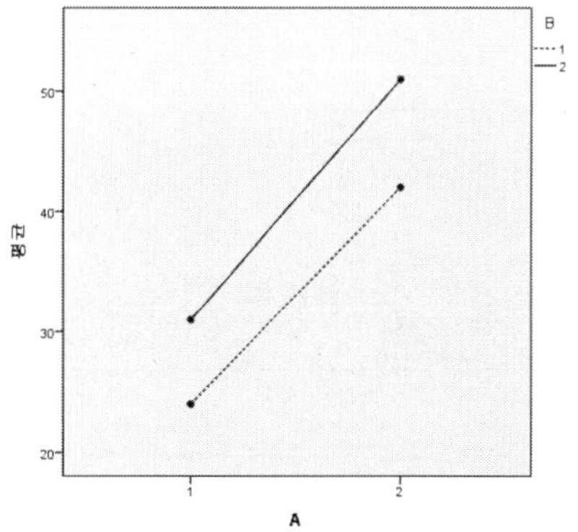

그림 7.9 상호작용이 없는 경우

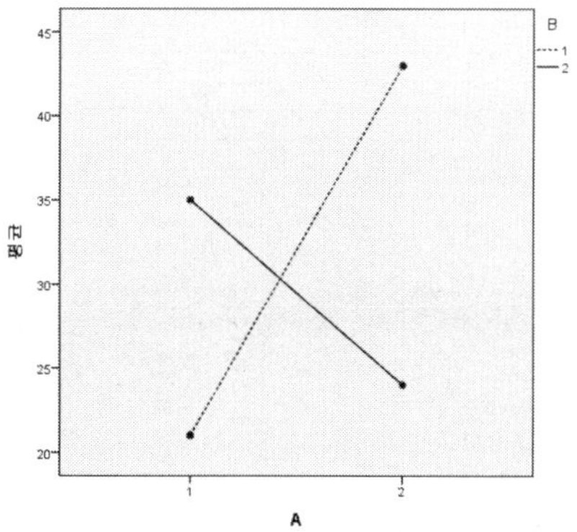

그림 7.10 상호작용이 있는 경우

반복이 있는 이원배치법은 실험 상황에 따라 반응변수의 값을 최대 또는 최소로 하는 두 인자의 최적 조건을 구하고자 하는 데에 목적이 있다. 두 인자 간에 상호작용이 존재하지 않으면 사후분석을 통해 반응변수를 최대(또는 최소)로 만드는 두 인자의 최적인 수준과 추정을 실시한다. 그러나 두 인자 간 상호작용이 존재하면 두 인자의 주효과에 대한 분석(인자의 각 수준에서 모평균에 대한 추정 등)은 의미가 없다. 이 경우에는 두 인자의 최적인 수준조합을 구하고 이 수준조합에서 반응변수의 모평균에 대한 추정을 실시한다.

7.4.2 이요인 분산분석

반복이 있는 이원배치법은 실험을 통하여 두 인자(A, B)의 모든 조합에서 복수의 자료를 추출하는 이원배치법을 말한다. 일반적으로 수준조합 A_iB_j 에서 추출되는 자료의 수는 동일하지 않아도 문제가 없지만 이 절에서는 모든 수준조합에서의 자료의 수가 r 개로 동일하다고 가정하자. 다음은 A인자의 i 수준과 B인자의 j 수준의 수준조합에서 얻어진 r 개의 표본을 표시한 것이다. 즉, x_{ijk} 는 A인자의 i 수준과 B인자의 j 수준의 조합에서 얻어진 k 번째의 반응변수 값이다.

$$x_{ij1},\ x_{ij2},\ \cdots\ ,\ x_{ijr}$$

반복이 있는 이원배치법의 분산분석에 대한 순서는 두 인자의 상호작용 효과를 먼저 검정하는 것이다. 두 인자 간 상호작용 효과가 존재하는지의 여부를 검정하기 위한 귀무가설은 다음과 같다.

H_0 : 두 인자의 상호작용 효과가 없다.

분산분석을 통하여 상호작용의 효과에 대한 귀무가설이 기각되면, 즉 상호작용의 효과가 유의하면, 두 인자 A와 B를 동시에 고려한 최적의 조합조건에 대한 추정을 실시한다. 그러나 두 인자 A, B의 주효과에 대한 분석은 의미가 없다.

반면에 상호작용 효과에 대한 귀무가설이 채택됨으로서 두 인자 간 상호작용이 존재하지 않는다면 두 인자 A와 B의 주효과에 대한 유의성을 검정해야 한다.

$\mu(A_i)$ 를 A인자의 i 수준에서 추정하고자 하는 반응변수의 모평균이라고 할 때, 반응변수에 대한 A인자 효과의 유의성을 검정하기 위한 귀무가설은 다음과 같다.

$$H_0 : \mu(A_1) = \mu(A_2) = \cdots = \mu(A_a)$$

또한 반응변수에 대한 B인자 효과의 유의성을 검정하기 위한 귀무가설은 다음과 같다. 마찬가지로 $\mu(B_j)$는 B인자의 j 수준에서 추정하고자 하는 반응변수의 모평균이다.

$$H_0 : \mu(B_1) = \mu(B_2) = \cdots = \mu(B_b)$$

반복이 있는 이원배치법의 분산분석은 실험에서 얻어진 총 $N = abr$ 개의 자료로부터 다음 총제곱합 SST를 인자의 주효과들과 상호작용 효과에 기인하는 변동으로 분해할 것이다.

$$SST = \sum_{i=1}^{a}\sum_{j=1}^{b}\sum_{k=1}^{r}(x_{ijk} - \overline{x})^2 = \sum_{i=1}^{a}\sum_{j=1}^{b}\sum_{k=1}^{r} x_{ijk}^2 - \frac{1}{abr}\left(\sum_{i=1}^{a}\sum_{j=1}^{b}\sum_{k=1}^{r} x_{ijk}\right)^2$$

여기서 $\overline{x} = \dfrac{1}{abr}\sum_{i=1}^{a}\sum_{j=1}^{b}\sum_{k=1}^{r} x_{ijk}$ 이다. 즉, 이렇게 계산된 총제곱합 SST을 두 인자의 주효과에 기인하는 변동인 인자제곱합(SSA, SSB)과 상호작용 제곱합 $SS(A \times B)$, 그리고 오차제곱평균을 구하기 위한 오차제곱합 SSE으로 분해한다. A인자의 i 수준에서의 표본평균을 $\overline{x}_{i..}$ 으로 표기하고, B인자의 j 수준에서의 표본평균을 $\overline{x}_{.j.}$ 으로 표기하자. A인자의 i 수준과 B인자의 j 수준에서의 수준조합에서 얻어진 표본평균을 $\overline{x}_{ij.}$ 으로 표기하면 총제곱합 SST에 표시된 잔차 $(x_{ijk} - \overline{x})$를 다음과 같이 4가지 요소로 분해할 수 있다.

$$(x_{ijk} - \overline{x}) = (\overline{x}_{i..} - \overline{x}) + (\overline{x}_{.j.} - \overline{x}) + (\overline{x}_{ij.} - \overline{x}_{i..} - \overline{x}_{.j.} + \overline{x}) + (x_{ijk} - \overline{x}_{ij.})$$

이렇게 분해된 요소의 식을 제곱한 후 모두 합하면 다음과 같이 인자A의 제곱합, 인자B의 제곱합, 인자 A, B 간의 상호작용 제곱합, 그리고 오차제곱합을 각각 구할 수 있다.

인자A의 제곱합: $SSA = \sum_{i=1}^{a}\sum_{j=1}^{b}\sum_{k=1}^{r}(\overline{x}_{i..} - \overline{x})^2 = br\sum_{i=1}^{a}(\overline{x}_{i..} - \overline{x})^2$

인자B의 제곱합: $SSB = \sum_{i=1}^{a}\sum_{j=1}^{b}\sum_{k=1}^{r}(\overline{x}_{.j.} - \overline{x})^2 = ar\sum_{j=1}^{b}(\overline{x}_{.j.} - \overline{x})^2$

인자 A, B 간의 상호작용 제곱합: $SS(A\times B)=r\sum_{i=1}^{a}\sum_{j=1}^{b}(x_{ij.}-\overline{x}_{i..}-\overline{x}_{.j.}+\overline{x})^2$

$$SSE=\sum_{i=1}^{a}\sum_{j=1}^{b}\sum_{k=1}^{r}(x_{ijk}-\overline{x}_{ij.})^2=SST-SSA-SSB-SS(A\times B)$$

SSA 의 자유도는 $a-1$ 이고 SSB 의 자유도는 $b-1$ 이다. 두 인자의 상호작용 효과에 대한 상호작용 변동 $SS(A\times B)$ 의 자유도는 두 인자의 자유도을 곱하면 된다. 즉,

상호작용 변동 $SS(A\times B)$ 의 자유도 $=(a-1)(b-1)$

이 자유도는 반복이 없는 이원배치법에서 오차제곱합의 자유도이다. 반복이 있는 이원배치법에서의 오차제곱합SSE 의 자유도는 $ab(r-1)$ 이다. 만일 두 인자의 수준조합에서 추출된 자료의 수가 $r=1$ 이면 오차제곱합의 자유도가 0 이 되어 분산분석을 실시할 수 없지만 상호작용의 효과를 무시하고 그 대신 오차항의 변동으로 대치하여 분산분석을 수행하는 과정은 반복이 없는 이원배치법의 일요인 분산분석법이다.

제곱합을 자유도로 나누어 준 것을 제곱평균이라고 한다.

$$\text{A인자의 제곱평균} = MSA=\frac{SSA}{a-1}$$

$$\text{B인자의 제곱평균} = MSB=\frac{SSB}{b-1}$$

$$\text{상호작용 효과의 제곱평균} = MS(A\times B)=\frac{SS(A\times B)}{(a-1)(b-1)}$$

$$\text{오차제곱평균} = MSE=\frac{SSE}{ab(r-1)}$$

분산분석을 통해 두 인자의 상호작용의 효과가 있는지 검정하기 위한 검정통계량은 $F=MS(A\times B)/MSE$이다. 유의수준 α에서 이 F값이 임계값(또는 기각값)인 $F_\alpha((a-1)(b-1),ab(r-1))$보다 크면 귀무가설을 기각하고, 작으면 귀무가설을 채택한다. 상호작용 효과에 대한 귀무가설을 기각하면 두 인자 A와 B를 동시에 고려한 최적의 조합조건에 대한 추정을 실시한다. 반대로 상호작용 효과에 대한 귀무가설을 기각하지 못하면 두 인자 A, B의 효과에 대한 가설검정을 실시하고 최적의 수준에 대한 모평균을 추정한다.

A인자의 모평균의 동일성에 대한 귀무가설이 참이라면 A인자의 제곱평균과 오차제

곱평균은 모두 동일한 모분산을 추정할 수 있는 독립적인 불편추정량이 된다. 이 중에서 A인자의 제곱평균은 표본평균 $\overline{x}_{i..}$ 들의 변동을 의미하며, 오차제곱평균은 A인자의 효과가 설명해주지 못하는 오차의 변동을 의미한다. A인자의 모평균의 동일성에 대한 귀무가설이 참일 때 두 제곱평균의 비 $F = MSA/MSE$는 분자의 자유도 $a-1$, 분모의 자유도 $ab(r-1)$인 F분포를 따른다. 두 제곱평균의 비인 F값이 검정의 유의수준 α에 대응되는 임계값 $F_{\alpha}(a-1, ab(r-1))$보다 크면 귀무가설을 기각하고, 임계값보다 작으면 귀무가설을 채택한다. A인자의 모평균의 동일성에 대한 귀무가설을 기각하면 A인자가 반응변수에 유의한 영향을 준다고 결론지을 수 있다.

또한 B인자의 모평균의 동일성에 대한 귀무가설이 참일 때 두 제곱평균의 비 $F = MSB/MSE$는 분자의 자유도 $b-1$, 분모의 자유도 $ab(r-1)$인 F분포를 따르므로 F값이 검정의 유의수준 α에 대응되는 임계값 $F_{\alpha}(b-1, ab(r-1))$보다 크면 귀무가설을 기각하고, 임계값보다 작으면 귀무가설을 채택한다. A인자의 분석과 마찬가지로 B인자의 모평균의 동일성에 대한 귀무가설을 기각하면 B인자가 반응변수에 유의한 영향을 준다고 결론지을 수 있다.

분산분석에서 유의수준 α에 대응되는 임계값은 엑셀 함수 F.INV.RT( )를 사용한다. 다음은 $\alpha = 0.05$일 때 반복이 있는 이원배치법의 F검정을 위한 임계값(F 기각치)을 구하는 예이다.

① A와 B 간 상호작용의 F검정 임계값 = F.INV.RT(0.05, (a−1)(b−1), ab(r−1))
② A인자의 F검정을 위한 임계값 = F.INV.RT(0.05, a−1, ab(r−1))
③ B인자의 F검정을 위한 임계값 = F.INV.RT(0.05, b−1, ab(r−1))

p−값을 이용한 기각 규칙을 적용하여 가설검정을 수행할 때, F 비에 따른 p−값은 엑셀 함수 F.DIST.RT( )를 이용한다.

④ 상호작용의 F 비에 대응하는 p−값 = F.DIST.RT(F 비, $(a-1)(b-1)$, $ab(r-1)$)
⑤ A인자의 F 비에 대응하는 p−값 = F.DIST.RT(F 비, $a-1$, $ab(r-1)$)
⑥ B인자의 F 비에 대응하는 p−값 = F.DIST.RT(F 비, $b-1$, $ab(r-1)$)

이상의 결과를 하나의 표로 요약하면 〈표 7.6〉과 같은 반복이 있는 이원배치법의 분산분석표를 작성할 수 있다.

표 7.6 반복이 있는 이원배치법의 분산분석표

요인(Source)	제곱합	자유도	평균제곱	F 비	임계값	p-값
인자 A	SSA	$a-1$	MSA	MSA/MSE	②	⑤
인자 B	SSB	$b-1$	MSB	MSB/MSE	③	⑥
상호작용 $A\times B$	$SS(A\times B)$	$(a-1)(b-1)$	$MS(A\times B)$	$MS(A\times B)/MSE$	①	④
오차	SSE	$ab(r-1)$	MSE			
전체	SST	$ab-1$				

예제 7.7 다음 표는 어린잎 적양무 가루 첨가 쿠키를 제조하는 과정에서 적양무 가루의 첨가량(수준수=3)에 따른 반죽에 혼합되는 설탕의 양(수준수=3)을 달리하면서 쿠키를 제조한 후 쿠키의 기호도에 대한 관능평가를 실시한 자료이다. 기호도는 1점에서 5점 사이의 연속적인 값을 소수점 한자리 평점법으로 평가하였다.

	설탕 30 g	설탕 40 g	설탕 50 g
적양무 3 g	3.5	4.1	3.6
	4.0	4.6	4.0
	4.8	4.7	4.2
적양무 6 g	4.3	4.9	4.6
	4.4	4.5	4.8
	4.3	4.7	4.4
적양무 9 g	3.8	4.8	4.3
	3.5	4.8	4.2
	3.9	4.5	4.2

(1) 분산분석표를 작성하고 적양무 가루의 첨가량과 혼합되는 설탕의 양이 쿠키의 기호도에 상호작용 효과가 있다고 할 수 있는지 유의수준 5%에서 가설검정하시오.

(2) 적양무 가루의 첨가량에 따라 쿠키의 기호도가 차이가 있는지 유의수준 5%에서 가설검정하시오.

(3) 혼합되는 설탕의 양에 따라 쿠키의 기호도가 차이가 있는지 유의수준 5%에서 가설검정하시오.

엑셀활용 먼저 두 인자(적양무 가루의 첨가량, 혼합되는 설탕의 양)의 각 수준조합에서의 평균값을 구하고 이를 이용하여 평균 도표를 작성하면 다음 〈그림 7.11〉과 같다. 〈그림 7.11〉을 보면 설탕의 양에 따른 적양무 가루 첨가량의 평균 기호도가 거의 평행(점선으로 된 두 직선)을 이루고 있음을 알 수 있다. 물론 실선으로 된 9 g이 첨가된 적양무 가루의 평균 도표가 다른 점선과 평행을 이루고 있지 않지만 전반적으로 적양무 가루와 상관없이 설탕의 양에 따른 기호도의 경향이 비슷해 보이므로 두 인자의 상호작용의 효과가 적다고 예측할 수 있다.

	설탕 30 g	설탕 40 g	설탕 50 g
적양무 3 g	4.10	4.47	3.93
적양무 6 g	4.33	4.70	4.60
적양무 9 g	3.73	4.70	4.23

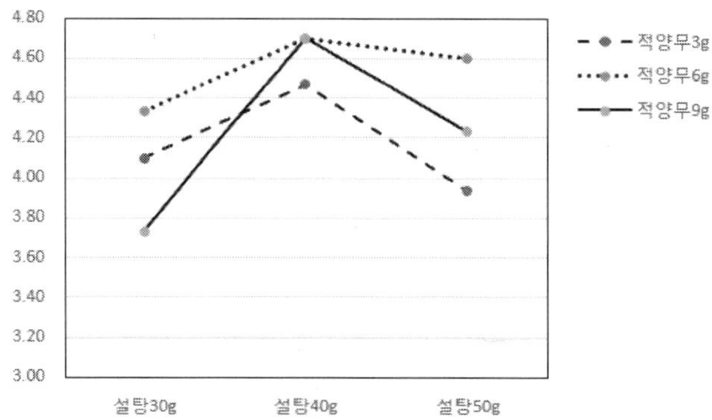

그림 7.11 두 인자 간 평균 도표

(1) 엑셀의 [데이터 / 데이터 분석]을 선택하고 분석 도구 목록의 '분산 분석: 반복 있는 이원배치법'을 통하여 반복이 있는 이원배치법의 분산분석을 수행할 수 있다. '분산 분석: 반복 있는 이원배치법' 분석 도구를 실행하고 분석하고자 하는 자료의 영역을 선택한 모습은 〈그림 7.12〉와 같다.

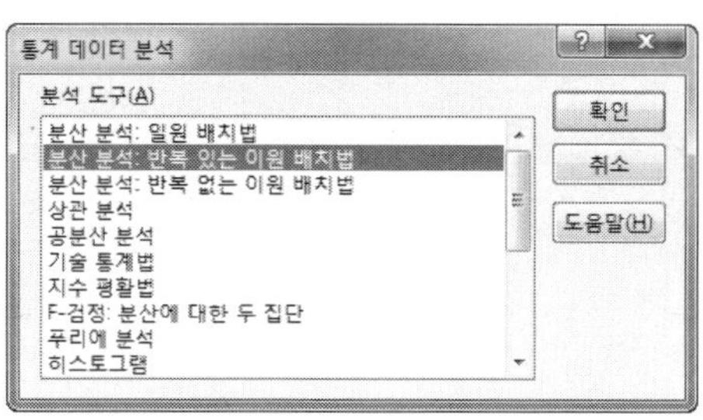

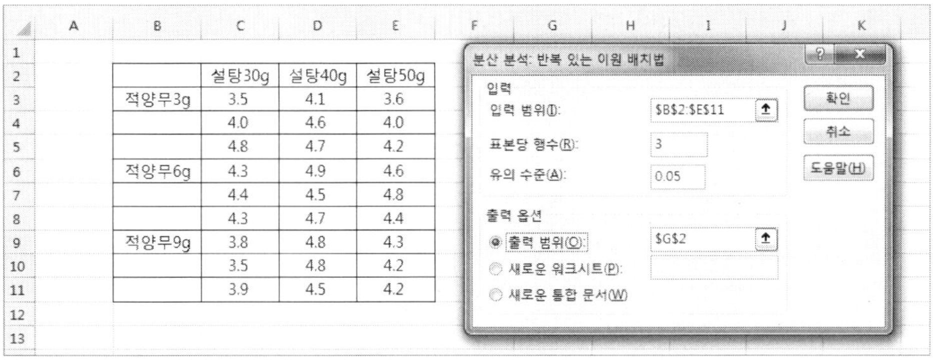

그림 7.12 분산분석: 반복이 있는 이원배치법

다음 결과는 〈그림 7.12〉의 반복이 있는 이원배치법을 실행한 후 얻어진 두 인자의 기술통계량에 대한 요약표이다. 이 결과를 이용하여 앞에서 설명했던 평균도표를 작성한다.

분산 분석: 반복 있는 이원 배치법

요약표	설탕30g	설탕40g	설탕50g	계
적양무3g				
관측수	3	3	3	9
합	12.3	13.4	11.8	37.5
평균	4.1	4.466667	3.933333	4.166667
분산	0.43	0.103333	0.093333	0.2125
적양무6g				
관측수	3	3	3	9
합	13	14.1	13.8	40.9
평균	4.333333	4.7	4.6	4.544444
분산	0.003333	0.04	0.04	0.047778
적양무9g				
관측수	3	3	3	9
합	11.2	14.1	12.7	38
평균	3.733333	4.7	4.233333	4.222222
분산	0.043333	0.03	0.003333	0.194444
계				
관측수	9	9	9	
합	36.5	41.6	38.3	
평균	4.055556	4.622222	4.255556	
분산	0.187778	0.056944	0.117778	

다음 〈표 7.7〉은 쿠키의 기호도에 대하여 적양무 가루와 설탕의 양을 두 인자 A, B로 한 반복이 있는 이원배치법의 분산분석표를 작성한 것이다.

표 7.7 쿠키의 기호도에 대한 분산분석표

변동의 요인	제곱합	자유도	제곱 평균	F 비	p-값	F 기각치
인자 A(행)	0.748889	2	0.374444	4.283898	0.030078	3.554557
인자 B(열)	1.486667	2	0.743333	8.504237	0.002511	3.554557
교호작용	0.577778	4	0.144444	1.652542	0.204697	2.927744
잔차	1.573333	18	0.087407			
계	4.386667	26				

〈표 7.7〉의 교호작용의 F 비는 1.652542 이고 이 값에 대응되는 p-값은 유의수준인 $\alpha = 0.05$ 보다 크다. 따라서 쿠키의 기호도에 대하여 적양무 가루의 첨가량과 혼합되는 설탕의 양 간에 유의수준 5% 에서 상호(교호)작용 효과가 있다고 할 수 없다. 이 사실은 F 기각치를 통해서도 확인해 볼 수 있다. 즉, 두 인자 간 상호작용 효과에 대한 F 기각치(2.927744)가 F 비보다 크기 때문에 상호작용 효과가 없다는 귀무가설을 기각할 수 없다.

(2) 적양무 가루의 첨가량(A)에 따라 쿠키의 기호도가 차이가 없다는 귀무가설에 대하여 이 검정의 p-값이 0.030078 이다. 따라서 p-값이 유의수준 0.05 보다 작으므로 귀무가설을 기각한다. 즉, 쿠키의 기호도는 적양무 가루의 첨가량(A)에 따라 차이가 있음을 알 수 있다. 앞에서 표시한 요약표를 보면 적양무 가루가 6 g이 첨가될 때 가장 높은 기호도를 나타내고 있다.

(3) 반죽에 혼합되는 설탕의 양(B)에 따라 쿠키의 기호도가 차이가 없다는 귀무가설에 대하여 이 검정의 p-값이 0.002511 이다. 따라서 p-값이 유의수준 0.05 보다 매우 작으므로 귀무가설을 기각하며, 쿠키의 기호도는 반죽에 혼합되는 설탕의 양(B)에 따라 매우 큰 차이가 있음을 알 수 있다. 앞에서 표시한 요약표를 보면 가장 높은 기호도를 나타내고 있는 설탕의 양은 40 g일 때이다.

반복이 있는 이원배치법의 분산분석 결과로부터 상호작용 $A \times B$의 효과가 유의하면 인자 A와 B의 수준 조합 $A_i B_j$에서 모평균을 추정하고, 이를 바탕으로 반응변수(종속변수)의 최적인 조합조건을 찾는다. 두 요인의 수준 조합에서의 모평균을 $\mu(A_i B_j)$ 이라고 할 때, $\mu(A_i B_j)$ 의 점추정값은 $A_i B_j$ 조합에서 얻어진 r 개 데이터들의 평균값 $\overline{x}_{ij.}$ 이며, 신뢰수준 $100(1-\alpha)\%$ 에서 $\mu(A_i B_j)$ 의 신뢰구간은 다음 식을 이용하여 구한다.

$$\left[\bar{x}_{ij.} \pm t_{\alpha/2}(ab(r-1)) \sqrt{\frac{MSE}{r}} \right]$$

반면에 반복이 있는 이원배치법의 분산분석 결과로부터 상호작용 $A \times B$의 효과가 유의하지 않으면 인자 A와 B의 각 수준에서 모평균을 추정하고, 이를 바탕으로 반응변수(종속변수)의 최적인 조합조건을 찾는다. 두 요인의 수준 조합에서의 모평균을 $\mu(A_i B_j)$ 이라고 할 때, $\mu(A_i B_j)$ 의 점추정값은 각 인자의 평균값의 합에서 전체 평균을 뺀 값 $\bar{x}_{i..} + \bar{x}_{.j.} - \bar{x}$ 이다. 이 점추정값을 이용하여 $\mu(A_i B_j)$ 에 대한 신뢰수준 $100(1-\alpha)\%$ 의 신뢰구간을 구하면 다음과 같다. 여기서 $n_e = \dfrac{abr}{a+b-1}$ 이다.

$$\left[(\bar{x}_{i..} + \bar{x}_{.j.} - \bar{x}) \pm t_{\alpha/2}(ab(r-1)) \sqrt{\frac{MSE}{n_e}} \right]$$

예제 7.8 〈예제 7.7〉의 자료를 이용하여 반응변수인 쿠키의 기호도를 최적으로 하는 A인자(적양무 가루의 첨가량)와 B인자(반죽에 혼합되는 설탕의 양)의 수준조합의 조건을 구하고 이 조건에서 반응변수의 95% 신뢰구간을 구하시오.

엑셀활용 〈예제 7.7〉의 분산분석 결과로 두 인자의 상호작용의 효과가 없는 것으로 조사되었다. 따라서 쿠키의 기호도를 최적으로 하는 인자의 조합은 각 인자별로 최적인 수준을 구해서 결합하면 된다. 즉, 〈예제 7.7〉의 결과 중에서 요약표로부터 적양무 가루가 6 g일 때, 그리고 설탕의 양이 40 g일 때 쿠키의 기호도가 최적이 된다. 두 수준 조합에 대한 쿠키 기호도의 모평균 추정값은 $4.54 + 4.62 - 4.31$ 이며, 이를 이용하여 두 인자의 수준조합에 대한 95% 신뢰구간은 다음과 같다. 여기서 $t_{\alpha/2}(ab(r-1)) = t_{0.025}(18)$은 함수 =T.INV.2T(0.05, 18)를 이용한다.

$$\left[4.31 \pm 2.101 \sqrt{\frac{0.0874}{5.4}} \right] = [4.588, 5.123]$$

연습문제

[7.1] 확률변수 F가 분자와 분모의 자유도가 각각 5, 20인 F분포를 따른다고 할 때 다음을 구하시오.

(1) 확률변수 F가 2 이하일 확률은 얼마인가?

(2) 확률변수 F가 1 이상 3 이하일 확률은 얼마인가?

(3) $P(F < x_0) = 0.025$을 만족하는 x_0의 값은?

(4) $P(F > x_1) = 0.025$을 만족하는 x_1의 값은?

[7.2] 먼저 연습문제 [2.9]의 〈표 2.3〉과 〈표 2.4〉의 자료를 통합(총 응답자 60명)한 후 다음 각 물음에 답하시오.

(1) 박대 생선에 대한 긍정문항 요인의 평균이 연령대별로 차이가 나는지 유의수준 5%에서 가설검정하시오.

(2) 박대 생선에 대한 위생 요인의 평균이 연령대별로 차이가 나는지 유의수준 5%에서 가설검정하시오.

(3) 박대 생선에 대한 부정문항 요인의 평균이 연령대별로 차이가 나는지 유의수준 5%에서 가설검정하시오.

(4) 박대 생선에 대한 선호도 요인의 평균이 연령대별로 차이가 나는지 유의수준 5%에서 가설검정하시오.

[7.3] 배추가 농장에서 출하할 시점에서 배추의 무게에 영향을 주는 인자로 품종과 비료를 고려해 볼 수 있다. 다음 자료는 4종류의 배추 품종을 3종류의 비료를 사용하여 재배하여 출하 시점에서의 무게(kg)를 측정하여 다음 표와 같은 자료를 얻었다. 배추의 무게가 배추 품종 그리고 비료의 영향을 받는지 유의수준 5%에서 가설검정하시오.

	품종1	품종2	품종3	품종4
비료1	2.9	3.5	2.9	2.9
비료2	2.6	3.3	3.0	2.8
비료3	3.2	3.4	3.3	3.4

[7.4] 비타민이 첨가된 사료가 돼지의 체중 증가를 유도하는 지 알아보기 위하여 3 품종의 돼지에 비타민의 양을 차별하여 혼합한 3 종류의 사료를 4 개월동안 사육하여 돼지 체중의 증가량을 조사하여 다음 표를 얻었다. 돼지 체중의 증가량이 비타민을 혼합한 사료와 품종에 영향을 받는지 유의수준 5%에서 가설검정하시오.

	사료1	사료2	사료3
품종1	16.1	15.5	16.5
품종2	7.3	14.6	8.5
품종3	13.5	21.3	13.5

[7.5] 어린잎 적양무 가루 첨가 쿠키를 제조하는 과정에서 적양무 가루의 첨가량(인자 A, 수준수=3)에 따른 반죽에 혼합되는 설탕의 양(인자 B, 수준수=3)을 달리하면서 쿠키를 제조한 후 쿠키의 맛에 대한 관능평가를 실시한 자료이다. 제조된 쿠키의 맛은 1점에서 5점 사이의 연속적인 값을 소수점 한자리 평점법으로 평가하였다.

	설탕 30 g	설탕 40 g	설탕 50 g
적양무 3 g	4.1	4.7	4.2
	3.7	4.3	4.7
	3.5	4.2	4.5
적양무 6 g	3.7	4.5	4.6
	3.8	4.8	4.7
	4.2	4.3	4.8
적양무 9 g	3.7	4.1	4.0
	3.6	3.5	3.8
	3.9	3.7	4.0

(1) 이 자료로부터 총제곱합(SST), 인자A의 제곱합(SSA), 인자B의 제곱합(SSB) 그리고 두 인자의 상호작용 제곱합 $SS(A \times B)$를 직접 계산하시오.

(2) 오차제곱합 SSE를 (1)의 결과로부터 계산하시오.

(3) 분산분석표를 작성하시오.

(4) 두 인자 A와 B 간에 상호작용 효과가 있는 지 유의수준 5%에서 가설검정하시오.

(5) 두 인자 A, B 각각 반응변수에 영향을 주는 인자인지 유의수준 5%에서 가설검정하시오.

(6) 반응변수를 최적으로 하는 A, B 인자의 수준조합의 조건을 구하고 이 조건에서 반응변수의 95% 신뢰구간을 구하시오.

[7.6] 먼저 연습문제 [2.9]의 〈표 2.3〉과 〈표 2.4〉의 자료를 통합(총 응답자 60명)한 후 다음 각 물음에 답하시오.

(1) 박대 생선에 대한 선호도 요인의 평균에 대하여 성별과 연령대 변인의 상호작용 효과가 있는지 유의수준 5%에서 가설검정하시오.

(2) 박대 생선에 대한 선호도 요인의 평균이 성별과 연령대에 따라 영향을 받는지 유의수준 5%에서 가설검정하시오.

VIII

상관분석과 회귀분석

8.1 상관분석

5.4절에서 짝을 이루는 자료에 대한 대응표본 t-검정에 대하여 설명한 바 있다. 짝을 이루는 자료는 응답자의 키와 몸무게, 응답자의 나이와 혈압 등 응답자의 두 특성을 나타내는 변수가 짝으로 조사된 경우로서 서로 종속인 관계가 대부분이다. 짝을 이룬 자료는 일상에서 아주 쉽게 찾을 수 있다. 비료의 양에 따른 벼의 수확량, 어떤 상품의 광고액과 판매액, 학생들의 공부 시간과 성적 등이 짝을 이룬 자료의 예들이며 상관관계를 통하여 두 변수의 상관상태와 그 정도를 분석하게 된다.

상관분석(correlation analysis)은 변수사이의 선형적인 관련성의 존재와 두 변수 사이가 정적 또는 부적인 선형 관계인지, 또 그 관련성의 정도가 얼마인지를 추정하기 위한 분석법이다. 반면에 회귀분석(regression analysis)은 선형 또는 비선형 관계인지 등의 변수 사이의 관계성을 분석하고 관련변수들이 구체적으로 어떠한 함수를 가지고 관계가 있는지를 알아내는 분석법이다. 이 중에서 선형회귀분석은 반응변수가 독립변수들의 선형함수로 표현할 수 있을 때 그 선형함수식을 추정하고 분석하는 통계적 방법이다.

8.1.1 산점도

산점도(scatter plot)는 두 개 이상의 데이터쌍을 그림으로 비교할 때 사용하는 그림이다. 엑셀에서는 분산형 차트를 이용하면 두 변수의 산점도를 그릴 수 있다. 산점도를 이용하면 두 변수 사이의 상관관계 등을 직관적으로 이해할 수 있는 장점이 있기 때문에 상관분석이나 회귀분석에서 자주 이용한다.

예제 8.1 K지역 특산물인 박대 생선에 대한 인식을 묻는 문항 중 긍정적인 요인에 대한 문항과 위생과 안전에 대한 문항, 부정적인 요인에 대한 문항으로 구분하여 자료를 정리하였다. 총 응답자 60명의 박대 생선 또는 박대요리에 대한 선호도를 같이 조사하였으며 인구사회적 변인으로 성별과 연령대를 동시에 조사하였다. 〈표 2.3〉은 응답자 중 여성 34명의 응답 자료이며, 〈표 2.4〉는 남성 26명의 응답 자료이다.

(1) 〈표 2.3〉의 여성 응답 자료로부터 긍정항목 변인과 선호도 변인과의 산점도를 작성하시오.

(2) 남성 응답 자료인 〈표 2.4〉로부터 부정항목 변인과 선호도 변인과의 산점도를 작성하시오.

엑셀활용

(1) 산점도를 그리기 위해서 먼저 그리고자 하는 자료의 영역을 설정하고 엑셀의 [삽입 / 추천차트]를 클릭한다. 이때 화면에 표시되는 도표 중에서 산점도인 분산형 차트를 선택한다. 〈그림 8.1〉은 〈표 2.3〉의 긍정항목 자료와 선호도 자료의 영역을 설정한 후 분산형 차트를 실행하여 얻어진 최초의 그림이다.

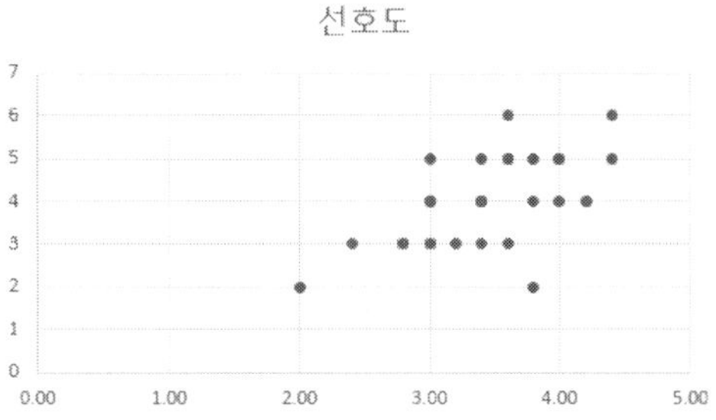

그림 8.1 초기 분산형 차트

〈그림 8.1〉의 분산형 차트의 마우스 오른쪽 버튼을 클릭하여 나타나는 [차트 영역 서식]을 이용하여 x축과 y축의 축제목과 축 옵션 등을 수정하면 〈그림 8.2〉와 같은 산점도를 구할 수 있다. 이 그림을 보면 긍정항목의 값이 증가할 때 선호도의 값도 증가하는 경향이 있는 것으로 추정된다.

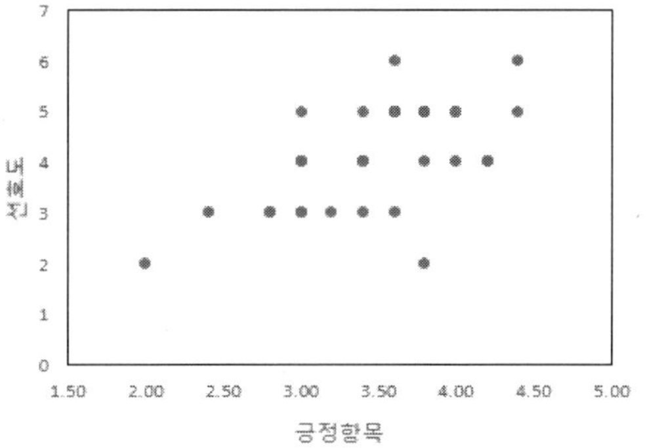

그림 8.2 긍정항목 변인과 선호도 변인 간의 산점도

(2) 〈그림 8.3〉은 남성 응답자들의 자료 〈표 2.4〉를 이용하여 작성된 부정항목 변인과 선호도 변인 간의 산점도이다. 〈그림 8.3〉을 보면 박대 또는 박대요리에 대한 부정적인 평가 점수가 높을수록 박대 또는 박대요리에 대한 선호도 점수가 낮아짐을 알 수 있다. 즉, 부정항목 변인의 점수가 증가할 때 선호도 변인의 점수는 감소하는 경향이 있다. 〈그림 8.2〉와 같이 x축의 값이 증가할 때 y축의 값이 증가하는 경향이 있는 경우에는 양의 상관관계가 있다고 하고, 반대로 〈그림 8.3〉과 같이 x축의 값이 증가할 때 y축의 값이 감소하는 경향이 있는 경우에는 음의 상관관계가 있다고 하며, 둘 중의 어느 쪽도 아닌 경우에는 두 변인은 상관이 없다라고 말한다.

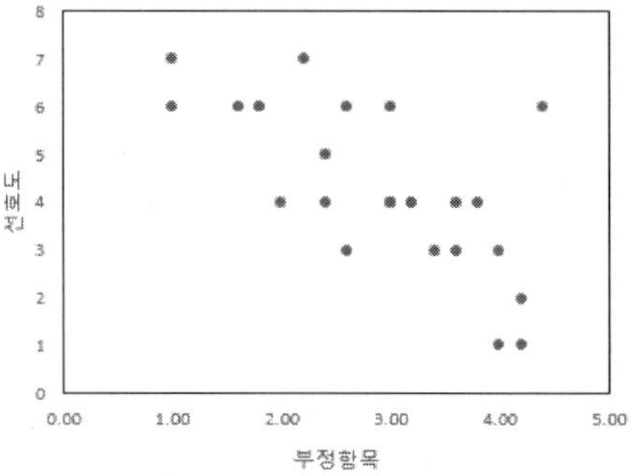

그림 8.3 긍정항목 변인과 선호도 변인 간의 산점도

8.1.2 공분산과 상관계수

두 변수의 선형의 상관관계를 수치로 구한 척도가 공분산과 상관계수이다. 서로 짝을 이룬 n개의 자료가 $(x_1, y_1), (x_2, y_2), \cdots, (x_n, y_n)$이라고 할 때 두 변수의 표본공분산(sample covariance)은 다음과 같이 계산한다. 여기서 $\overline{x}$, $\overline{y}$는 각각 두 변수의 평균을 의미한다.

$$\text{표본공분산 } cov(x, y) = \frac{\sum_{i=1}^{n} (x_i - \overline{x})(y_i - \overline{y})}{n-1}$$

예제 8.2 다음 〈표 8.1〉은 아버지와 자식으로 구성된 10명의 쌍에 대하여 두 사람의 키를 측정한 자료이다. 이 자료를 이용하여 두 변인에 대한 산점도를 작성하고 표본공분산을 구하시오.

표 8.1 아버지와 자식의 키에 대한 자료(단위: m)

응답자	1	2	3	4	5	6	7	8	9	10
부의 키(x)	1.5	1.6	1.6	1.7	1.6	1.8	1.8	1.7	1.6	1.7
자의 키(y)	1.6	1.8	1.7	1.7	1.7	1.8	1.9	1.8	1.6	1.8

엑셀활용 두 변수 x (부의 키)와 y (자의 키)에 대한 산점도를 작성하면 〈그림 8.4〉와 같다. 이 산점도에서 알 수 있듯이 아버지의 키가 클수록 아들의 키도 커짐을 알 수 있어서 두 변수가 양의 상관이 있음을 추정해 볼 수 있다.

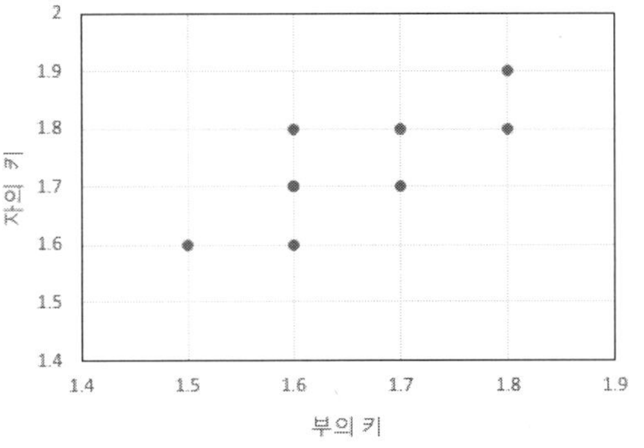

그림 8.4 부자의 키에 대한 산점도

양의 상관의 정도가 어느 정도인지를 측정하기 위하여 표본공분산 cov(x,y)을 구하는 과정을 엑셀로 표현하면 다음과 같다.

	부의 키(x)	자의 키(y)	$x-\bar{x}$	$y-\bar{y}$	$(x-\bar{x})(y-\bar{y})$
	1.5	1.6	−0.16	−0.14	0.0224
	1.6	1.8	−0.06	0.06	−0.0036
	1.6	1.7	−0.06	−0.04	0.0024
	1.7	1.7	0.04	−0.04	−0.0016
	1.6	1.7	−0.06	−0.04	0.0024
	1.8	1.8	0.14	0.06	0.0084
	1.8	1.9	0.14	0.16	0.0224
	1.7	1.8	0.04	0.06	0.0024
	1.6	1.6	−0.06	−0.14	0.0084
	1.7	1.8	0.04	0.06	0.0024
평균	1.66	1.74		합	0.066

이 표에 계산된 바와 같이 부의 키의 평균은 $\overline{x} = 1.66$이고, 자의 키의 평균은 $\overline{y} = 1.74$이다. 따라서 두 변수의 표본공분산이 $0.066/9 = 0.0073$임을 알 수 있다.

두 변수 x와 y의 표본공분산의 값이 양수이면 x와 y 사이에 양의 선형관계가 있음을 의미한다. 즉, 이 경우 x가 증가하면 y도 증가하는 경향이 있다. 반대로 두 변수 x와 y의 표본공분산의 값이 음수이면 x와 y 사이에 음의 선형관계가 있음을 의미하고, 자료가 이차평면 전체에 골고루 퍼져 있다면 표본공분산의 값은 0에 가까울 것이다.

예제 8.3 다음 〈표 8.2〉는 단위가 m인 〈표 8.1〉의 자료를 cm의 자료로 변형한 것이다. 〈표 8.2〉의 자료를 이용하여 두 변인 x, y에 대한 표본공분산을 구하시오.

표 8.2 아버지와 자식의 키에 대한 자료(단위: cm)

응답자	1	2	3	4	5	6	7	8	9	10
부의 키(x)	150	160	160	170	160	180	180	170	160	170
자의 키(y)	160	180	170	170	170	180	190	180	160	180

엑셀활용 〈표 8.2〉의 자료를 이용하여 두 변수 x와 y의 표본공분산을 구하는 과정은 다음과 같다. 따라서 표본공분산은 $660/9 = 73.333$이다.

	부의 키(x)	자의 키(y)	$x-\overline{x}$	$y-\overline{y}$	$(x-\overline{x})(y-\overline{y})$
	150	160	−16	−14	224
	160	180	−6	6	−36
	160	170	−6	−4	24
	170	170	4	−4	−16
	160	170	−6	−4	24
	180	180	14	6	84
	180	190	14	16	224
	170	180	4	6	24
	160	160	−6	−14	84
	170	180	4	6	24
평균	166	174		합	660

〈표 8.1〉과 〈표 8.2〉는 실제로는 같은 자료이지만 단위를 다르게 표현한 것이다. 이렇게 실제는 같지만 단위가 다른 자료의 공분산을 구하면 서로 다른 값을 가짐을 알

수 있다. 즉, 두 변수에 대하여 선형관계의 강약을 측정하는 공분산은 단위에 영향을 많이 받는 약점을 가지고 있다. 공분산이 갖는 이 약점을 보완하면서 선형관계의 강약을 측정할 수 있도록 정의된 척도가 피어슨의 상관계수이다.

모상관계수 ρ(또는 구체적으로 ρ_{xy})를 추정하기 위한 피어슨의 표본상관계수(sample correlation coefficient) r(또는 r_{xy})는 다음과 같이 정의한다. 즉, 표본상관계수는 표본공분산을 두 변수의 표본표준편차의 곱으로 나눈 값이다.

$$r = r_{xy} = \frac{cov(x, y)}{s_x \, s_y}$$

예제 8.4 〈표 8.1〉과 〈표 8.2〉의 자료 각각에 대하여 두 변수 간 상관계수를 구하시오.

엑셀활용 두 자료에 대하여 공분산과 표준편차를 각각 구하여 상관계수를 구하면 다음과 같은 값을 얻는다.

	표본공분산	x의 표본표준편차	y의 표본표준편차	표본상관계수
〈표 8.1〉	0.066/9	0.0966	0.0966	0.7857
〈표 8.2〉	660/9	9.6609	9.6609	0.7857

이와 같이 공분산은 변수의 단위에 민감한 반면, 상관계수는 표준화한 두 변수들의 공분산과 같으므로 변수의 단위에 민감하지 않는다. 따라서 단위가 다른 여러 변수 쌍들의 선형관계의 정도를 비교할 때 상관계수가 유용하게 사용된다.

참고로 엑셀 함수 COVARIANCE.S( )를 이용하여 두 자료의 표본공분산을 구할 수 있다. COVARIANCE.S( ) 함수의 사용 형식은 다음과 같다.

```
=COVARIANCE.S(array1, array2)
```

또한 두 자료의 표본상관계수를 구하는 엑셀 함수 CORREL( )의 사용 형식은 다음과 같다.

```
=CORREL(array1, array2)
```

표본상관계수 r은 항상 -1과 1 사이에 있으며, $r=1$일 때 두 변수의 관계는 완전히 양의 선형관계이며 〈그림 8.5〉의 첫 번째 산점도와 같이 양의 기울기를 가진 직선위에 두 변수의 쌍이 점으로 나타난다. 반대로 표본상관계수 r의 값이 -1일 때, 두 변수의 관계는 완전히 음의 선형관계이며 모든 점들이 음의 기울기를 가진 직선 위에 나타난다.

〈그림 8.5〉의 마지막 산점도와 같이 두 변수 간에 선형 관계가 전혀 없거나 거의 존재하지 않을 경우에는 r의 값은 0에 가까운 값일 것이다. 또한 표본상관계수 r의 값이 1이나 -1에 가까울수록 두 변수의 점들은 양(또는 음)의 기울기를 가진 직선에 가깝게 몰려 있으며, 0에 가까울수록 두 변수의 점들이 무질서하게 흩어져 있음을 알 수 있다.

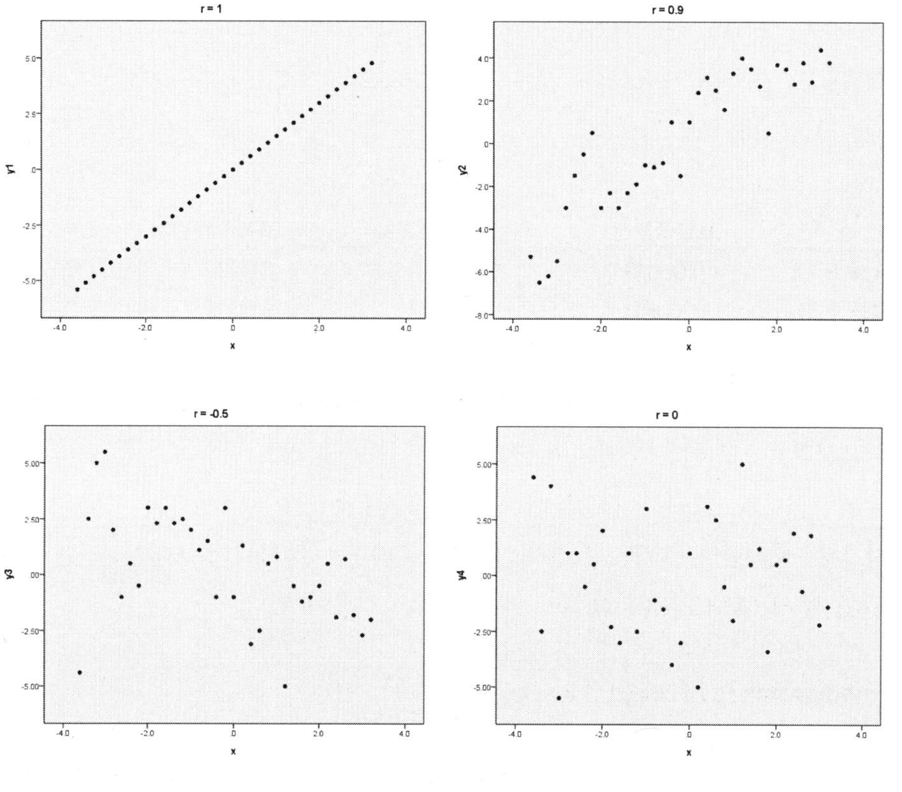

그림 8.5 산점도의 형태에 따른 상관계수의 값

예제 8.5 K지역 특산물인 박대 생선의 인식에 대한 〈표 2.3〉과 〈표 2.4〉의 남녀 자료를 통합한 총 응답자 60명의 자료에 대하여 긍정항목 변인과 선호도 변인에 대한 공분산과 상관계수를 구하시오.

엑셀활용 60 명의 자료에 대하여 긍정항목 변인과 선호도 변인에 대한 공분산과 상관계수를 구하는 엑셀 함수식을 이용하여 각각 계산하면 다음과 같다.

	A	B	C	D	E	F	G	H	I	J
1		긍정항목	위생	부정항목	선호도	연령대	성별			
2		3.60	3.40	2.20	5	0	0		공분산	0.435367
3		3.40	3.00	3.40	4	0	0		상관계수	0.598435
4		3.00	3.00	3.00	3	0	0			

표본공분산 = COVARIANCE.S(B1:B61, E1:E61) = 0.435367

표본상관계수 = CORREL(B1:B61, E1:E61) = 0.598435

엑셀의 [데이터/ 데이터 분석]을 선택하고 분석 도구 목록의 "상관분석"을 통하여 여러 변수들의 상관계수를 구해주는 상관분석을 수행할 수 있다. "상관분석" 분석도구를 실행하고 분석하기 위해 자료의 영역을 선택한 모습은 다음 〈그림 8.6〉과 같다.

그림 8.6 상관분석 분석도구

다음 〈표 8.3〉은 "상관분석" 분석도구를 실행하여 얻은 4 개 변수들의 상관계수 표를 표시한 것이다. 이렇게 구해진 상관계수 표를 살펴보면 박대에 대한 긍정적인 인식은 선호도에 양적인 선형 상관을 나타내고 있으며, 반대로 부정적인 인식이 커지면 박대에 대한 선호도 점수는 낮아짐을 추정할 수 있다.

표 8.3 상관계수 표

	긍정항목	위생	부정항목	선호도
긍정항목	1			
위생	0.5242	1		
부정항목	−0.3155	−0.1174	1	
선호도	0.5984	0.3528	−0.5967	1

표본상관계수의 값이 0 이라는 의미는 두 변수 간에 선형관계가 존재하지 않는다는 것이다. 그러나 표본상관계수의 값이 0 일 경우 두 변수 사이에 이차(곡선) 관계 또는 비선형 관계가 존재 할 수 있음을 유의하여야 한다. 예를 들어 다음 〈그림 8.7〉의 산점도를 살펴보면 쌍으로 된 두 변수의 자료가 이차곡선으로 관계되어 있음을 알 수 있다. 그러나 이 자료를 이용하여 구한 두 변수의 표본상관계수는 0 이다. 즉, 표본상관계수의 값만으로 두 변수 간에 선형의 상관관계가 없다고 추정할 수 있다. 그러나 두 변수 간에 상관성이 없다고 단언하면 틀린 주장이다. 〈그림 8.7〉에서 알 수 있듯이 두 변수 간에 이차 관계의 상관성이 분명히 존재할 수 있기 때문이다.

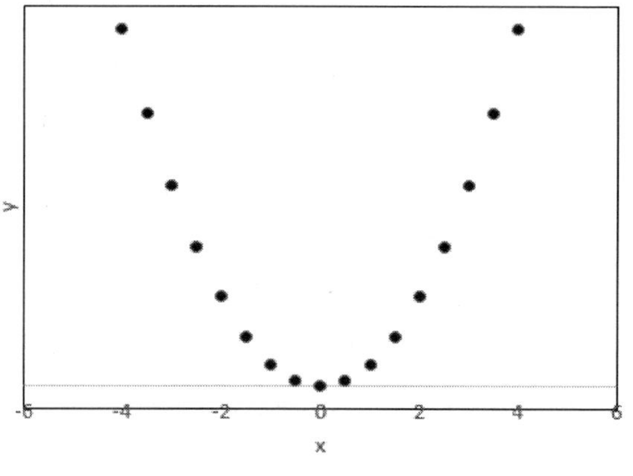

그림 8.7 $y = x^2$을 만족하는 쌍의 자료

두 변수 사이의 일차적인 선형관계의 강약에 대한 척도인 상관계수는 일반적으로 상관계수의 절댓값이 0.7 이상이면 두 변수 사이에 매우 강한 선형 관련성이 있다고 해석한다. 또한 상관계수의 절댓값이 0.4 이상이면 두 변수가 상당한 선형 관련성이 있음을 의미하지만, 상관계수의 절댓값이 0.2보다 작으면 두 변수 사이에 선형 관련성이 없거나 현저히 낮은 것으로 해석하고 있다.

8.1.3 상관계수의 검정

이변량 정규분포를 따르는 모집단으로부터 얻어진 두 확률변수의 쌍 (X, Y)에 대해서 두 확률변수 X와 Y의 선형적인 관계, 즉 상관계수 ρ의 유의성에 대한 가설검정을 수행할 수 있다. 일반적으로 상관계수 ρ에 대한 가설검정의 귀무가설과 대립가설은 다음과 같다.

$$H_0 : \rho = \rho_0 \qquad H_1 : \rho \neq \rho_0$$

상관계수의 검정은 단측검정을 사용할 수도 있지만, 보통 양측검정을 사용하며, 귀무가설의 ρ_0 값으로 0를 검정한다. 즉,

$$H_0 : \rho = 0 \qquad H_1 : \rho \neq 0$$

귀무가설 $H_0 : \rho = 0$ 하에서 표본상관계수 r의 함수로서 다음과 정의된 검정통계량 t은 자유도 $(n-2)$인 t 분포를 따른다고 알려져 있다. 여기서 n은 (x_i, y_i)로 이루어진 쌍의 표본수이다.

$$t = \sqrt{n-2}\,\frac{r}{\sqrt{1-r^2}} \sim t(n-2)$$

유의수준이 α일 때 검정통계량 t의 값이 $|t| > t_{\alpha/2}(n-2)$를 만족하면 귀무가설을 기각하며, 이 경우 두 변수 사이에 유의적인 선형 관련성이 존재한다고 말할 수 있다. 참고로 임계값 $t_{\alpha/2}(n-2)$은 엑셀 함수 T.INV.2T(α, n−2)를 실행함으로서 얻을 수 있다.

또한 p−값을 이용한 기각 규칙으로부터 상관계수의 유의성에 대한 가설검정을 수행할 수 있다. 다음은 상관계수 유의성 검정의 p−값을 이용한 기각 규칙이다. 엑셀 함수 T.DIST.2T($|t|$, $n-2$)를 실행하면 양측검정의 p−값을 구할 수 있다.

$$p\text{−값} < \text{유의수준}(\alpha) \Rightarrow \text{귀무가설 } H_0 \text{ 기각}$$

예제 8.6 K지역 특산물인 박대 생선의 인식에 대한 〈표 2.3〉과 〈표 2.4〉의 남녀 자료를 통합한 총 응답자 60 명의 자료에 대하여 긍정항목 변인과 선호도 변인에 대한 표본상관계수를 이용하여 두 변수 간 모상관계수의 상관유무를 유의수준 5% 에서 검정하시오.

엑셀활용 〈예제 8.5〉의 상관계수 표로부터 긍정항목 변인과 선호도 변인에 대한 표본상관계수는 $r = 0.5984$ 이다. 따라서 두 가설 $H_0 : \rho = 0$, $H_1 : \rho \neq 0$ 에 대한 검정 통계량의 t 값은 다음과 같이 구할 수 있다.

$$t = \sqrt{58}\ \frac{0.5984}{\sqrt{1 - 0.5984^2}} = 5.688$$

유의수준 $\alpha = 5\%$ 에 해당하는 임계값은 T.INV.2T(0.05, 58) = 2.002이다. 즉, 검정통계량의 값이 임계값보다 크므로 귀무가설을 기각한다. 또한 검정통계량의 값 5.688에 대응되는 p-값을 구하면 T.DIST.2T(5.688, 58) = 0.000이 된다. p-값이 유의수준보다 매우 작기 때문에 p-값을 이용한 기각 규칙에 의거하여 귀무가설을 기각하고 두 변수 간 선형 상관이 존재한다고 주장할 수 있다.

8.1.4 편상관계수

최근 여름의 날씨는 예년과 달리 무더위가 기승을 부리고 있다. 올해 여름 방학 기간 동안 서해 해수욕장에서 물놀이 사고가 발생한 건수와 아이스크림 판매량에 대한 상관계수를 구한다고 하자. 아마도 두 변인 사이에 매우 높은 상관관계가 나타날 것이다. 따라서 이 상관계수로부터 아이스크림 판매를 줄이면 물놀이 사고가 줄어들 것이라고 해석할 수 있지 않을까? 당연히 그런 해석은 잘못된 추정으로 아이스크림 판매와 물놀이 사고 수는 양적인 선형의 상관관계가 있는 것이 아니고 제3 의 변인인 여름의 기온 때문에 잘못된 상관을 보이는 것이다. 만약 기온이라는 변수를 통제(또는 제거)한 상태에서 두 변인인 아이스크림의 판매량과 물놀이 사고 수 사이의 상관관계를 분석할 수 있다면 두 변수의 상관관계는 거의 없다고 분석될 수 있을 것이다.

이와 같이 두 변수 (x, y)에 영향을 미치는 제3 의 변수(z)를 통제(adjusted)한 후 얻어지는 상관계수를 편상관계수(partial correlation coefficient)라고 하고 이를

$r_{xy,z}$으로 표시하자. 편상관계수 $r_{xy,z}$를 구하는 공식은 다음과 같다.

$$r_{xy,z} = \frac{r_{xy} - r_{xz} r_{yz}}{\sqrt{1-r_{xz}^2}\sqrt{1-r_{yz}^2}}$$

여기서 r_{xy}는 두 변수 x, y의 표본상관계수이다.

예제 8.7 〈표 8.3〉의 표본상관계수 표를 이용하여 위생 변인을 통제한 상태에서 긍정항목 변인과 선호도 변인의 편상관계수를 구하시오.

풀이 위생 변인을 z라고 하고 긍정항목 변인과 선호도 변인을 각각 x, y라고 표시하면 z을 통제한 상태에서 두 변수 x, y의 편상관계수 $r_{xy,z}$는 다음과 같다.

$$r_{xy,z} = \frac{0.5984 - 0.5242 \times 0.3528}{\sqrt{1-0.5242^2}\sqrt{1-0.3528^2}} = 0.5189$$

즉, 위생 변인을 통제한 상태에서 긍정항목 변인과 선호도 변인의 편상관계수는 두 변수인 긍정항목 변인과 선호도 변인의 상관계수보다 작아짐을 알 수 있다.

8.2 단순선형회귀분석

상관분석은 두 변수 사이에 존재하는 선형적인 관계의 정도를 측정하고 두 변수 사이의 양의 또는 음의 관련성을 분석한다. 8.1.1절에서 소개한 산점도를 이용하여 두 변수의 선형 관계성을 추정할 수 있으며, 상관계수와 가설검정을 통해 두 변수의 선형 관계의 유무와 그 강도를 결정할 수 있다. 두 변수의 상관계수에 대한 유의성이 검증되면 두 변수사이에 존재하는 선형의 직선 식을 추정할 필요가 있다. 두 변수 사이에 존재하는 직선 식이 추정되면 이 식을 이용하여 한 변수의 값이 변화할 때의 다른 변수의 값의 예측과 그 경향을 분석할 수 있을 것이다.

이와 같이 두 변수 사이에 나타나는 직선의 함수 관계식을 추정하는 분석법을 회귀분석(regression analysis)이라고 한다. 회귀(regression)라는 용어는 프란시스 갤톤

(Francis Galton)이 자녀의 키와 부모의 키 간의 관계를 분석한 논문에서 처음 사용되었다고 알려져 있다. 회귀분석은 한 변수가 다른 변수에 영향을 받을 때 두 변수 간의 관계를 규명할 수 있는 함수식을 찾아내는 통계적 방법으로 다른 변수에 영향을 받아 예측되는 변수를 종속변수(dependent variable) 또는 반응변수(response variable)라고 한다. 반면에 종속변수에 영향을 주리라 짐작되는 변수, 즉 종속변수 값을 예측하는 데 사용되는 변수를 독립변수(independent variable)라고 한다. 예를 들어 K지역 특산물인 박대 생선에 대한 긍정적인 인식을 정리한 긍정문항 변인은 박대 또는 박대요리에 대한 선호도 점수에 영향을 줄 것으로 기대된다. 이때 선호도 변인은 종속변수, 긍정문항 변인은 독립변수로 분석된다.

선형회귀분석(linear regression analysis)은 하나 이상의 독립변수들로부터 종속변수의 값을 선형의 함수 관계식으로 예측하여 분석하는 것을 말한다. 일반적으로 회귀분석에서의 종속변수는 연속형의 속성을 갖는 변수이며, 독립변수도 보통 연속형 자료이지만 때로는 0과 1만으로 구성된 더미변수 자료일 수도 있다. 회귀분석의 종속변수는 확률변수이지만, 설명변수(explanatory variable)로 불리는 독립변수는 회귀분석 모형에서 확률변수가 아닌 기지의 상수이다.

8.2.1 단순선형회귀모형

독립변수가 하나인 경우의 선형회귀분석을 단순선형회귀분석이라고 하고, 독립변수가 둘 이상인 경우의 선형회귀분석을 다중선형회귀분석이라고 한다. 이 절에서는 단순선형회귀분석의 회귀모형에 대하여 다룰 것이다. 회귀모형(regression model)이란 종속변수가 독립변수 및 오차항과 어떤 (직선)관계가 있는지를 식으로 표현한 것이다.

〈그림 8.8〉은 K지역 특산물인 박대 생선의 인식에 대한 〈표 2.3〉과 〈표 2.4〉의 남녀 자료를 통합한 총 응답자 60명의 자료에 대하여 긍정항목 변인과 선호도 변인에 대한 산점도를 작성한 것이다.

〈그림 8.8〉에 표시된 점선의 직선은 두 변수의 직선 관계를 추정한 추세선이다. 단순선형회귀분석은 이 추세선의 직선 식을 구하는 데 목적이 있다. 〈그림 8.8〉에서 긍정항목 변인을 x, 선호도 변인을 y로 표시할 때 점선의 추세선을 다음과 같이 수학적 모형으로 표현할 수 있다.

$$y = \beta_0 + \beta_1 x$$

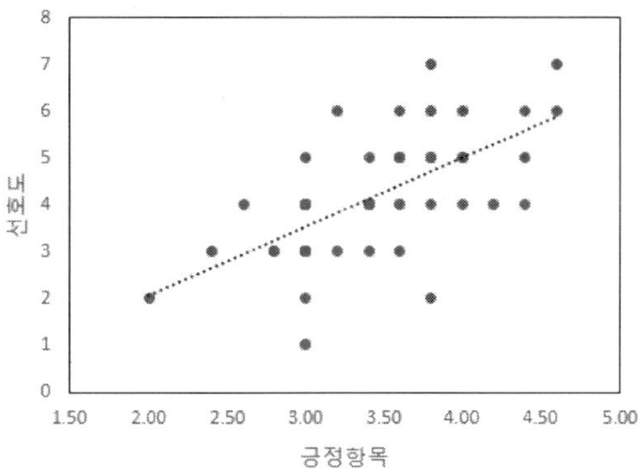

그림 8.8 산점도와 추세선

〈그림 8.8〉에 표시된 점들이 모두 이 추세선 위에 있지 않기 때문에 종속변수 y의 값을 독립변수 x의 선형 함수식인 $(\beta_0+\beta_1 x)$으로 완전히 설명할 수 없다. 종속변수 y의 값과 $(\beta_0+\beta_1 x)$의 값 사이의 차이가 오차(error)이며, 종속변수 y를 $(\beta_0+\beta_1 x)$의 값으로 설명할 수 없는 종속변수의 변동성이라고 할 수 있다.

단순선형회귀분석에 사용되는 회귀모형은 다음과 같다. 여기서 ϵ은 오차항을 나타내는 확률변수이고 β_0과 β_1은 자료를 이용하여 추정해야 할 모수이다.

$$y = \beta_0+\beta_1 x+\epsilon$$

일반적으로 단순선형회귀분석에 포함된 오차항에 대하여 다음과 같은 가정을 한다.

가정 1: 독립변수 x의 값에 대하여 오차 ϵ은 정규분포 $N(0,\ \sigma^2)$을 따른다. 가정 2: 오차 ϵ은 서로 독립이다.

단순선형회귀분석에 사용되는 회귀모형과 오차항의 가정으로부터 종속변수 y는 정규분포를 따르는 확률변수이며 독립변수 x의 값이 주어졌을 때, 다음 사실을 알 수 있다.

$$E(y\,|\,x)=\beta_0+\beta_1 x\,,\quad V(y\,|\,x)=V(\epsilon)=\sigma^2$$

여기서 종속변수인 y의 기댓값과 x와의 관계식을 회귀식(regression equation)이라고 한다. 즉, 단순선형회귀분석에서의 회귀식은 다음과 같다.

$$E(y) = \beta_0 + \beta_1 x$$

여기서 모수 β_0와 β_1을 회귀계수라고 하며 차후 최소제곱법이란 방법을 통하여 이들을 추정한다. 회귀식의 절편 β_0은 $x = 0$일 때 y의 평균을 의미하므로 x의 범위가 0을 포함하지 않는다면 β_0에 대한 점추정 이외의 분석은 의미없다고 볼 수 있다. 그러나 회귀식의 기울기 β_1은 x의 값이 1 증가할 경우 y의 평균의 변화량이다. 예를 들어 기울기 β_1의 값이 양수이면 x의 값이 커질수록 $E(y)$도 커지는 양의 관계임을 알 수 있다. 반면에 기울기 β_1의 값이 0이면 모든 x값에 대하여 $E(y)$의 값이 동일하므로 독립변수 x가 종속변수 y에 영향을 주지 않는다고 볼 수 있다. 이와 같이 회귀계수 β_1은 독립변수와 종속변수의 관계를 알려주는 중요한 모수로서 β_1에 대한 추정과 가설검정이 필요하다.

8.2.2 최소제곱법을 통한 추정회귀식

단순선형회귀분석에 사용되는 회귀모형을 추정하기 위해서 추정해야 할 모수는 두 회귀계수인 β_0, β_1과 오차항의 분산인 σ^2이다. 표본 자료를 이용하여 β_0, β_1를 추정하는 방법으로 최소제곱법(least squares method)이 있다. 먼저 독립변수 x와 종속변수 y에 대한 n개의 표본 쌍 (x_1, y_1), $(x_2, y_2), \cdots, (x_n, y_n)$이 회귀모형을 만족할 때 발생하는 n개의 오차들의 제곱합을 구하면 다음과 같다.

$$\text{오차제곱합} = \sum_{i=1}^{n} (y_i - (\beta_0 + \beta_1 x_i))^2$$

최소제곱법은 변수가 2개(β_0와 β_1)인 오차제곱합을 이차식으로 간주하고 편미분을 통하여 이 오차제곱합을 최소로 하는 β_0와 β_1의 값을 구하는 방법이다. 최소제곱법을 이용하여 오차제곱합을 최소로 하는 β_0와 β_1의 추정량을 각각 b_0, b_1이라고 표시할 때, 다음 선형일차식을 단순선형회귀식의 추정회귀식(estimated regression equation)이라고 한다.

$$\hat{y} = b_0 + b_1 x$$

n개의 표본쌍으로부터 최소제곱추정량(least squares estimator)인 b_0와 b_1을 구하는 식은 다음과 같다. 여기서 $\overline{x}$는 독립변수의 평균값이며, $\overline{y}$는 종속변수의 평균값이다.

$$b_1 = \frac{\sum_{i=1}^{n}(x_i - \overline{x})(y_i - \overline{y})}{\sum_{i=1}^{n}(x_i - \overline{x})^2} = \frac{S_{xy}}{S_{xx}}$$

$$b_0 = \overline{y} - b_1 \overline{x}$$

예제 8.8 아버지와 자식으로 구성된 10명의 쌍에 대하여 두 사람의 키를 측정한 〈표 8.1〉의 자료에서 부의 키를 독립변수(x), 자의 키를 종속변수(y)로 하는 단순선형회귀식의 추정회귀식을 구하시오.

풀이 다음 표는 단순선형회귀식의 최소제곱추정량 b_0와 b_1를 구하는 과정을 표시한 것이다. 물론 표의 모든 요소들의 계산은 엑셀을 이용하여 쉽게 구할 수 있을 것이다.

응답자	부의 키(x)	자의 키(y)	$x-\overline{x}$	$y-\overline{y}$	$(x-\overline{x})(y-\overline{y})$	$(x-\overline{x})^2$
1	1.5	1.6	−0.16	−0.14	0.0224	0.0256
2	1.6	1.8	−0.06	0.06	−0.0036	0.0036
3	1.6	1.7	−0.06	−0.04	0.0024	0.0036
4	1.7	1.7	0.04	−0.04	−0.0016	0.0016
5	1.6	1.7	−0.06	−0.04	0.0024	0.0036
6	1.8	1.8	0.14	0.06	0.0084	0.0196
7	1.8	1.9	0.14	0.16	0.0224	0.0196
8	1.7	1.8	0.04	0.06	0.0024	0.0016
9	1.6	1.6	−0.06	−0.14	0.0084	0.0036
10	1.7	1.8	0.04	0.06	0.0024	0.0016
평균	1.66	1.74		합	0.066	0.084

이 표를 통해 최소제곱추정량 b_0와 b_1의 값을 구하면 다음과 같다.

$$b_1 = \frac{0.066}{0.084} = 0.7857$$

$$b_0 = 1.74 - 0.7857 \times 1.66 = 0.4357$$

따라서 최소제곱법을 통해 추정되는 추정회귀식은 $\hat{y} = 0.4357 + 0.7857x$ 이다. 이 식을 두 변수에 대한 산점도에 표시하면 〈그림 8.9〉와 같다.

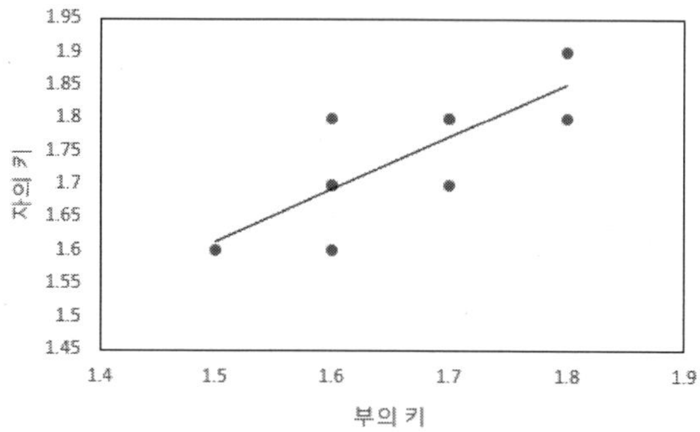

그림 8.9 단순선형회귀식의 추정회귀식

〈그림 8.9〉에 표시된 추정회귀식의 기울기가 양수이므로 부의 키가 커지면 자의 키도 커진다는 의미로 분석할 수 있다. 예를 들어 부의 키가 다른 아버지의 키보다 10 cm 만큼 크면 자의 키는 다른 자식들의 키보다 약 7.9 cm 정도 더 크는 것으로 기대된다. 이러한 추정회귀식을 이용하면 현재 부의 키가 1.75 m 인 사람의 아들은 다음과 같이 계산된 키 1.81 m 를 가질 것으로 예측될 수 있다.

$$\hat{y} = 0.4357 + 0.7857 \times 1.75 = 1.81$$

8.2.3 결정계수와 상관계수

독립변수와 종속변수의 쌍의 표본 자료에 대하여 관측값인 y_i 와 독립변수의 값이 x_i 일 때의 추정회귀식의 값 $\hat{y_i}$ 사이의 차이를 잔차(residual)라고 하며, i 번째 잔차를 $e_i = y_i - \hat{y_i}$ 로 표시한다. n 개의 모든 쌍의 표본 자료에 대하여 잔차를 제곱한 값을 잔차제곱합(residual sum of squares)이라고 하며 이를 SSE 로 표현하자. 잔차제곱합은 최소제곱법에서 사용했던 오차제곱합을 최소로 하는 값이기 때문에 혼동이 없는 한 오차제곱합이라고 부르기도 한다. 다음은 잔차제곱합 SSE 를 간단히 구하는 식을 소개한 것이다.

$$SSE = \sum_{i=1}^{n}(y_i - \hat{y_i})^2 = \sum_{i=1}^{n}(y_i - b_0 - b_1 x_i)^2 = S_{yy} - b_1 S_{xy}$$

여기서 $S_{yy} = \sum_{i=1}^{n}(y_i - \overline{y})^2$ 이고 $S_{xy} = \sum_{i=1}^{n}(x_i - \overline{x})(y_i - \overline{y})$ 이다.

잔차제곱합 SSE 의 자유도는 $n-2$ 이다. SSE 를 자유도로 나눈 값을 평균잔차제곱(mean squared for error)이라고 하며 MSE 로 표현하자. 평균잔차제곱 MSE 는 관측값들이 추정회귀식으로부터 얼마나 흩어져 있는가를 나타내는 하나의 측도로서 선형회귀식의 오차에 대한 분산 σ^2 의 불편추정량이다.

$$\widehat{\sigma^2} = MSE = \frac{SSE}{n-2}$$

추정의 표준오차(standard error of estimate) : $\sqrt{MSE} = \sqrt{\dfrac{SSE}{n-2}}$

예제 8.9 〈표 8.1〉의 자료에서 부의 키를 독립변수(x), 자의 키를 종속변수(y)로 하는 단순선형회귀식의 오차분산(σ^2)에 대한 불편추정량 MSE를 구하시오.

풀이 〈예제 8.8〉의 표를 이용하면 $S_{yy} = 0.084$ 임을 알 수 있다. 따라서 잔차제곱합 $SSE = S_{yy} - b_1 S_{xy} = 0.084 - (0.7857)(0.066) = 0.03214$ 이며, 오차분산에 대한 불편추정량 MSE 의 값은 $\widehat{\sigma^2} = 0.03214/8 = 0.004018$ 이다.

회귀분석에서 독립변수 x 의 정보가 없을 경우 종속변수 y 의 평균을 추정한다고 할 때 지금까지 우리가 추정할 수 있는 방법은 표본 y 의 평균 $\overline{y}$ 을 이용하는 것이다. 즉, 독립변수 x 가 포함되지 않는 회귀모형 $y = \beta_0 + \epsilon$ 의 추정회귀식은 $\hat{y} = \overline{y}$ 이다. 이때 독립변수 x 가 포함되지 않는 추정회귀식의 잔차제곱합은 분산분석에서 언급했던 총제곱합 SST 임을 알 수 있다.

$$SST = \sum_{i=1}^{n}(y_i - \hat{y_i})^2 = \sum_{i=1}^{n}(y_i - \overline{y})^2 = S_{yy}$$

잔차제곱합 SSE는 독립변수 x가 포함된 단순선형회귀식을 추정할 때 생기는 오차제곱합으로 두 제곱합 SST와 SSE 사이에 차이가 발생한다. 이 차이는 독립변수 x가 회귀모형에 포함됨으로서 생기는 것으로서 독립변수가 종속변수의 변동을 설명해주는 값이라고 볼 수 있다. 두 제곱합의 차이를 회귀제곱합(SSR, sum of squares for regression)이라고 부르며 SSR은 다음과 같이 구할 수 있다.

$$SSR = SST - SSE = b_1 S_{xy} = \frac{S_{xy}^2}{S_{xx}}$$

정리하면 총제곱합 SST는 관측값들이 y의 표본평균인 $\overline{y}$ 주변에 밀집된 정도를 나타낸 것이며, 잔차제곱합 SSE는 관측값들이 추정회귀식 주변에 밀집된 정도의 척도라고 할 수 있다. 회귀제곱합 SSR은 독립변수 x에 의하여 추정된 추정회귀직선의 y의 추정값이 독립변수 x의 영향이 없이 추정된 $\overline{y}$ 보다 얼마나 떨어져 있는지를 측정하는 척도이다. 즉, SSR의 값이 클수록 회귀모형에 포함된 독립변수가 종속변수의 변동을 잘 설명해준다고 볼 수 있다.

분산분석에서 설명한 바와 같이 총제곱합 SST에 대한 자유도 $n-1$이다. 일반적으로 회귀제곱합 SSR의 자유도는 회귀모형에 포함된 독립변수의 개수와 같다. 단순선형회귀모형의 경우에는 회귀모형에 포함된 독립변수의 수가 1개이므로 SSR의 자유도는 1이다. SST에 대한 자유도가 회귀제곱합의 자유도와 잔차제곱합의 자유도의 합이므로 잔차제곱합의 자유도는 앞에서 언급한 바와 같이 $n-2$가 된다.

분산분석을 설명할 때 언급한 바와 같이 각 제곱합을 자유도로 나눈 값을 평균제곱(mean squares, MS)이라고 한다. 회귀분석에서는 MSR을 평균회귀제곱, MSE를 평균잔차제곱이라고 한다. 이미 언급한 바와 같이 MSE는 오차분산 σ^2의 불편추정량이다.

총제곱합 SST 중에서 회귀제곱합 SSR이 차지하는 비율은 추정회귀식에 의하여 설명되어지는 비율이라고 할 수 있다. 즉, 추정회귀식의 적합도를 평가하는 데 이용되는 이 비율을 결정계수(coefficient of determination)라고 하며 R^2으로 표시한다.

$$R^2 = \frac{SSR}{SST} = 1 - \frac{SSE}{SST}$$

만일 모든 관측점 (x_i, y_i)가 추정회귀식 위에 놓여 있다면 $y_i = \hat{y_i}$이므로 잔차제곱합 SSE 이 0 이 된다. 이 경우에는 SSR 과 SST 이 동일하므로 R^2 의 값은 1 이 된다. 그 결과 추정회귀식이 종속변수의 모든 변동을 완전히 설명한다고 볼 수 있다. 관측값 y_i 의 값과 추정값 $\hat{y}_i$ 의 값이 멀어지면 즉, 추정회귀식의 적합도가 좋지 않으면 잔차제곱합 SSE 의 값이 커질 것이고 따라서 R^2 의 값은 작아질 것이다. 이와 같이 결정계수는 항상 0 과 1 사이의 값을 가지며 1 에 가까울수록 추정된 회귀식이 종속변수의 변동을 잘 설명해줌을 의미한다. 즉, 결정계수는 회귀직선의 적합도를 나타내는 측도이다.

단순선형회귀모형에서 결정계수 R^2 는 두 변수 x 와 y 에 대한 표본상관계수의 제곱인 r^2 과 같다. 참고로 독립변수가 두 개 이상인 다중선형회귀분석에서의 결정계수는 종속변수 y 와 추정된 회귀직선의 $\hat{y}$ 의 상관계수의 제곱과 같다.

$$R^2 = \frac{SSR}{SST} = \frac{b_1 S_{xy}}{S_{yy}} = \frac{S_{xy}}{S_{xx}} \frac{S_{xy}}{S_{yy}} = \left(\frac{S_{xy}}{\sqrt{S_{xx} S_{yy}}} \right)^2 = r^2$$

단, 이 식을 통해 구한 상관계수 r 의 부호는 추정회귀식의 기울기 b_1 의 부호와 같다.

예제 8.10 〈표 8.1〉의 자료에서 부의 키를 독립변수(x), 자의 키를 종속변수(y)로 하는 단순선형회귀식을 추정한 〈예제 8.8〉의 추정회귀식에 대하여 결정계수를 구하고 그 의미를 설명하시오. 또한 두 변수 간 표본상관계수를 구하시오.

풀이 〈예제 8.8〉에서 구한 추정회귀식은 $\hat{y} = 0.4357 + 0.7857x$ 이다. 이 추정회귀식을 이용하여 구한 총제곱합과 잔차제곱합은 〈예제 8.9〉의 결과로부터 $S_{yy} = 0.084$ 이고 $SSE = 0.03214$ 이었다. 따라서 회귀제곱합은 $SSR = 0.084 - 0.03214 = 0.05186$ 이다. 따라서 결정계수는 다음과 같다.

$$R^2 = \frac{SSR}{SST} = \frac{0.05186}{0.084} = 0.6174$$

이렇게 계산된 결정계수를 백분율로 계산하면 총제곱합 중에서 61.74%가 추정회귀식 $\hat{y} = 0.4357 + 0.7857x$ 에 의해 설명된다고 볼 수 있다. 즉, 아들의 키 변동성의 61.74%가 아버지 키와 아들의 키의 선형관계로 설명될 수 있는 것이다. 추정회귀식의 기울기가 양수이므로 부의 키와 자의 키에 대한 상관계수는 양수이다. 결정계수를 이용한 상관계수는 다음과 같이 계산될 것이다. 이 값은 〈예제 8.4〉의 결과와 일치한다.

$$r = \sqrt{R^2} = \sqrt{0.6174} = 0.7857$$

8.2.4 단순선형회귀모형의 유의성 검정

단순선형회귀식의 기울기 β_1 이 0 이면 회귀모형에 포함되어 있는 독립변수 x 의 값에 상관없이 종속변수의 평균값이 β_0 로 동일하게 되어 독립변수가 종속변수의 변동에 전혀 영향을 주지 않는다고 볼 수 있다. 그러나 회귀계수 β_1 의 값이 0 이 아니면 독립변수 x 가 포함된 단순선형회귀모형은 통계적으로 유의한 모형이라고 할 수 있다.

단순선형회귀모형 $y = \beta_0 + \beta_1 x + \epsilon$ 의 회귀계수 β_1 이 0 이 아니면 두 변수 x 와 y 가 선형 관계에 있다고 주장할 수 있을 것이다. 따라서 단순선형회귀모형의 유의성 검정에 대한 귀무가설과 대립가설은 다음과 같다.

$$H_0 : \beta_1 = 0 \qquad H_1 : \beta_1 \neq 0$$

가설검정 결과 귀무가설이 기각되면 $\beta_1 \neq 0$ 을 채택할 것이며 따라서 두 변수 사이에 통계적으로 유의한 관계가 있다고 결론내릴 것이다. 귀무가설이 참이라는 가정하에서 다음 검정통계량 F 는 분자 자유도 1, 분모 자유도 $n-2$ 인 F 분포를 따른다.

$$F = \frac{SSR/1}{SSE/(n-2)} = \frac{MSR}{MSE} \sim F(1, n-2)$$

만약 $\beta_1 = 0$ 이면 평균회귀제곱인 MSR 과 평균잔차제곱인 MSE 이 똑같은 오차분산 σ^2 을 추정하는 불편추정량이 된다. 따라서 이 경우에는 $F = MSR/MSE$ 의 값이 1 에 가깝게 될 것이다. 그러나 $\beta_1 \neq 0$ 이면 MSR 은 더 이상 σ^2 의 불편추정량이 되지 않고 MSE 보다 상대적으로 더 큰 값을 갖게 된다. 이 현상을 반대로 설명하면 검정통계량의 값 F 가 1 에 가까우면 $\beta_1 = 0$(귀무가설 채택)이라고 판단하고 F 값이 아주 큰 값을 가지면 $\beta_1 \neq 0$(귀무가설 기각)이라고 판단할 것이다. 따라서 단순선형회귀의 유의성 검정에 대한 기각 규칙은 다음과 같다.

임계값을 이용한 기각 규칙: $F \geq F_\alpha(1, n-2)$ 이면 H_0 기각

p-값을 이용한 기각 규칙: p-값 $\leq \alpha$ 이면 H_0 기각

이러한 회귀모형의 유의성 검정을 위한 검정통계량의 F 값을 얻는 과정을 다음 〈표 8.4〉와 같이 분산분석표를 사용하여 편리하게 요약할 수 있다.

표 8.4 단순선형회귀모형에 대한 분산분석표

요인	제곱합	자유도	평균제곱	F 비	p–값
회귀	$SSR=S_{xy}^2/S_{xx}$	1	$MSR=SSR/1$	MSR/MSE	①
잔차	$SSE=SST-SSR$	$n-2$	$MSE=SSE/(n-2)$		
전체	$SST=S_{yy}$	$n-1$			

〈표 8.4〉에서 p–값은 엑셀 함수 F.DIST.RT( )를 이용하여 구한다. 즉,

① = F.DIST.RT(F 비, 1, n−2)

예제 8.11 〈표 8.1〉의 자료에서 부의 키를 독립변수(x), 자의 키를 종속변수(y)로 하는 단순선형회귀모형의 유의성을 검정하기 위한 분산분석표를 작성하고, 유의수준 5%에서 F 검정으로 검정하시오.

풀이 단순선형회귀모형의 유의성 검정에 대한 검정통계량 F 비의 값과 이 값에 대응하는 p–값을 구하면 다음과 같다.

$$F=\frac{0.05186}{0.004018}=12.9069$$

p–값 = F.DIST.RT(12.9069, 1, 8) = 0.00706

이제 지금까지 계산된 결과들을 하나의 분산분석표로 정리하면 다음 〈표 8.5〉를 얻을 수 있다.

표 8.5 부자의 키의 단순선형회귀분석에 대한 분산분석표

요인	제곱합	자유도	평균제곱	F 비	p–값
회귀	0.05186	1	0.05186	12.9069	0.00706
잔차	0.03214	8	0.004018		
전체	0.084	9			

〈표 8.5〉의 결과에서 p–값을 보면 유의수준 0.01 보다 더 작은 값임을 알 수 있다. 따

라서 귀무가설 $H_0 : \beta_1 = 0$을 기각하고 두 변수 부의 키와 자의 키 사이에는 유의수준 1% 에서 통계적으로 유의한 관계가 존재한다고 볼 수 있다.

8.2.5 회귀계수 β_1 에 대한 추론

단순선형회귀모형의 경우 회귀직선의 기울기 β_1 의 유의성 검정은 단순선형회귀모형의 유의성 검정과 같은 의미이다. 기울기 β_1 이 0 이면 독립변수가 종속변수의 변동에 전혀 영향을 주지 않는다고 볼 수 있으며, β_1 이 0 이 아니면 독립변수 x 가 포함된 단순선형회귀모형은 통계적으로 유의한 모형이라 할 수 있기 때문이다. 즉, 단순선형회귀모형에는 독립변수가 오직 1 개이므로 귀무가설 $H_0 : \beta_1 = 0$ 의 검정은 회귀계수 β_1 에 대한 유의성 검정인 동시에 단순선형회귀모형의 유의성 검정이라고 할 수 있다.

그러나 회귀모형에 포함된 독립변수가 2 개 이상이면 회귀모형의 유의성 검정과 각 회귀계수의 유의성 검정은 서로 다른 추론이다. 예를 들어 독립변수가 3 개인 다중선형회귀모형에서 회귀모형의 유의성에 대한 귀무가설과 각 회귀계수의 유의성에 대한 귀무가설은 다음과 같이 서로 다르게 정의된다.

회귀모형의 유의성 검정: $H_0 : \beta_1 = \beta_2 = \beta_3 = 0$

회귀계수의 유의성 검정: $H_0 : \beta_i = 0\,(i = 1, 2, 3)$

회귀계수 β_1 의 최소제곱추정량 b_1 의 표본분포는 다음과 같이 정규분포를 따른다고 알려져 있다.

$$b_1 \sim N\left(\beta_1,\ \frac{\sigma^2}{S_{xx}}\right)$$

이때 b_1 의 표준편차는 σ / S_{xx} 이고 오차분산 σ^2 을 잔차제곱합 MSE 으로 대치하여 추정하면 다음과 같이 b_1 의 표준오차를 추정할 수 있다.

$$b_1 \text{ 의 표준오차 추정값 } = \sqrt{\frac{MSE}{S_{xx}}}$$

또한 b_1 의 표준오차 추정값을 이용하면 자유도가 $n-2$ 인 t 분포를 갖는 확률변수 t 를 정의할 수 있다.

$$t = \frac{b_1 - \beta_1}{\sqrt{\frac{MSE}{S_{xx}}}} \sim t(n-2)$$

이 분포를 이용하여 회귀계수 β_1에 $100(1-\alpha)\%$ 신뢰구간을 구하면 다음과 같다.

$$\left[b_1 \pm t_{\alpha/2}(n-2) \times \sqrt{\frac{MSE}{S_{xx}}} \right]$$

귀무가설 $H_0 : \beta_1 = 0$가 참이라고 한다면, 검정통계량의 t 값과 대립가설에 대응되는 p-값을 엑셀 함수로 구하면 다음과 같다.

$$t = \frac{b_1}{\sqrt{\frac{MSE}{S_{xx}}}}$$

양측검정에 대한 p-값 = T.DIST.2T(|t|, n−2)
오른쪽 단측검정에 대한 p-값 = 1−T.DIST(t, n−2)
왼쪽 단측검정에 대한 p-값 = T.DIST(t, n−2)

회귀계수의 유의성에 대한 검정통계량을 구하고 이 검정통계량에 대한 p-값이 유의수준보다 작으면 귀무가설 H_0를 기각하고 β_1은 0이 아니라고 결론을 내릴 수 있다. 즉, 귀무가설이 기각되면 독립변수와 종속변수 사이에 유의한 선형 관계가 있다는 충분한 증거가 되는 것이다.

예제 8.12 〈표 8.1〉의 자료에서 부의 키를 독립변수(x), 자의 키를 종속변수(y)로 하는 단순선형회귀모형의 회귀계수 β_1에 대한 95% 신뢰구간을 구하고 그 유의성을 유의수준 1%에서 t 검정으로 검정하시오.

풀이 회귀계수 β_1의 최소제곱추정량 b_1에 대하여 $MSE = 0.004018$이고 $S_{xx} = 0.084$이므로 b_1의 표준오차 추정값은 $\sqrt{0.004018/0.084} = 0.2187$이다. t 분포의 0.975 분위수 $t_{0.025}(8)$은 T.INV(0.975, 8)=2.306이므로 회귀계수 β_1에 대한 95% 신뢰구간은 다음과 같다.

$$[\ 0.7857 \pm\ 2.306 \times 0.2187\ ] = [0.2814,\ 1.2900]$$

이제 회귀계수 β_1에 대한 유의성 검정의 귀무가설과 대립가설을 정의하면 다음과 같다.

$$H_0 : \beta_1 = 0 \quad H_1 : \beta_1 \neq 0$$

가설검정을 위하여 검정통계량 t의 값과 양측검정에 대응되는 p–값을 구하면 다음과 같다.

$$t = \frac{0.7857}{0.2187} = 3.5926$$

$$p\text{–값} = \text{T.DIST.2T}(3.5926,\ 8) = 0.00706$$

이때 p–값이 $\alpha = 0.01$보다 작기 때문에 귀무가설을 기각한다. 즉, 부의 키와 자의 키 사이에는 유의한 관계가 있다는 충분한 증거가 있음을 알 수 있다. 참고로 〈예제 8.11〉에서 수행했던 모형의 유의성 검정의 p–값과 동일함을 알 수 있다. 실제로 t 분포를 제곱한 분포는 분자의 자유도가 1인 F 분포와 일치한다.

참고로 회귀계수 β_0의 추정량 b_0의 분포도 다음과 같이 정규분포를 따른다.

$$b_0 \sim N\left(\beta_0,\ \sigma^2\left(\frac{1}{n} + \frac{\bar{x}^2}{S_{xx}}\right)\right)$$

이 분포를 응용한 t 분포를 이용하여 β_0의 구간추정과 가설검정을 수행할 수 있다.

8.2.6 추정회귀식을 이용한 신뢰구간과 예측구간

단순선형회귀모형을 사용하여 두 변수 x와 y 사이에 유의한 관계가 존재한다는 증거를 채택하고 나면 추정회귀식은 독립변수 x의 값이 주어졌을 때 y의 평균 $E(y)$의 추정과 y의 예측값으로 유용하게 사용될 수 있다.

$x = x_0$일 때 $E(y\,|\,x = x_0) = \beta_0 + \beta_1 x_0$에 대한 최소제곱추정량은 $b_0 + b_1 x_0$이며, 이 추정량의 분산은 다음과 같다.

$$Var(b_0 + b_1 x_0) = \sigma^2 \left(\frac{1}{n} + \frac{(x_0 - \overline{x})^2}{S_{xx}} \right)$$

미지의 오차분산 σ^2 을 MSE 로 추정하면 $E(y \mid x = x_0)$ 에 대한 $100(1-\alpha)\%$ 신뢰구간은 다음과 같다.

$$\left[\, (b_0 + b_1 x_0) \ \pm \ t_{\alpha/2}(n-2) \times \sqrt{MSE \left(\frac{1}{n} + \frac{(x_0 - \overline{x})^2}{S_{xx}} \right)} \, \right]$$

이렇게 구해진 신뢰구간의 폭은 $x_0 = \overline{x}$ 일 때 가장 좁고 x_0 가 $\overline{x}$ 에서 멀어질수록 신뢰구간의 폭은 넓어진다. 즉, x_0 값이 $\overline{x}$ 에 가까울수록 $E(y \mid x = x_0)$ 의 값에 대한 예측이 더 정밀함을 알 수 있다.

$x = x_0$ 일 때 종속변수 y 는 평균 $\beta_0 + \beta_1 x_0$ 를 중심으로 표준편차가 σ 인 확률변수이다. 이 확률변수의 평균에 대한 추정량은 $b_0 + b_1 x_0$ 이지만 분산의 추정량은 $V(b_0 + b_1 x_0) + \sigma^2$ 이다. 미지의 오차 분산 σ^2 을 MSE 로 추정하면 $x = x_0$ 일 때 y 의 분산은 다음과 같이 추정할 수 있다.

$$V(y)\text{의 추정량} = MSE \left(1 + \frac{1}{n} + \frac{(x_0 - \overline{x})^2}{S_{xx}} \right)$$

따라서 $x = x_0$ 일 때, y 의 개별값에 대한 $100(1-\alpha)\%$ 예측구간(prediction interval)을 구하면 다음과 같다.

$$\left[\, (b_0 + b_1 x_0) \ \pm \ t_{\alpha/2}(n-2) \times \sqrt{MSE \left(1 + \frac{1}{n} + \frac{(x_0 - \overline{x})^2}{S_{xx}} \right)} \, \right]$$

여기서 $(1-\alpha/2)$ 분위수 $t_{\alpha/2}(n-2)$ 의 값은 엑셀 함수 T.INV.2T(α, n−2)를 이용하여 구한다. 참고로 다음 두 엑셀 함수는 t 분포에서 같은 분위수 값을 구해준다.

$t_{\alpha/2}(n-2)$ = T.INV($1-\alpha/2$, n−2) = T.INV.2T(α, n−2)

예제 8.13 〈표 8.1〉의 자료에서 부의 키를 독립변수(x), 자의 키를 종속변수(y)로 하는 단순선형회귀모형의 회귀분석에서 $x = 1.7$ 일 때 종속변수 y 의 평균 $E(y)$에 대한 95% 신뢰구간과 $x = 1.75$ 일 때 종속변수 y 의 개별값에 대한 95% 예측구간을 구하시오.

엑셀활용 다음은 엑셀을 이용하여 독립변수 x 의 값이 주어졌을 때 y 의 평균 $E(y)$에 대한 95% 신뢰구간의 하한과 상한을 각각 구한 것이다.

J12 =F$16*SQRT(0.04018*(1/10+(C12-C$13)^2/H$13))

	A	B	C	D	E	F	G	H	I	J	K	L	M
1													
2		응답자	부의 키(x)	자의 키(y)	x-bar(x)	y-bar(y)	Sxy	Sxx	b0+b1 x	표본오차	하한	상한	
3		1	1.5	1.6	-0.16	-0.14	0.0224	0.0256	1.614286	0.29408	1.320206	1.908365	
4		2	1.6	1.8	-0.06	0.06	-0.0036	0.0036	1.692857	0.174709	1.518148	1.867566	
5		3	1.6	1.7	-0.06	-0.04	0.0024	0.0036	1.692857	0.174709	1.518148	1.867566	
6		4	1.7	1.7	0.04	-0.04	-0.0016	0.0016	1.771429	0.159487	1.611942	1.930916	
7		5	1.6	1.7	-0.06	-0.04	0.0024	0.0036	1.692857	0.174709	1.518148	1.867566	
8		6	1.8	1.8	0.14	0.06	0.0084	0.0196	1.85	0.266873	1.583127	2.116873	
9		7	1.8	1.9	0.14	0.16	0.0224	0.0196	1.85	0.266873	1.583127	2.116873	
10		8	1.7	1.8	0.04	0.06	0.0024	0.0016	1.771429	0.159487	1.611942	1.930916	
11		9	1.6	1.6	-0.06	-0.14	0.0084	0.0036	1.692857	0.174709	1.518148	1.867566	
12		10	1.7	1.8	0.04	0.06	0.0024	0.0016	1.771429	0.159487	1.611942	1.930916	
13		평균	1.66	1.74		합	0.066	0.084					
14		표준편차	0.0966	0.0966									
15													
16		b1=	0.7857		분위수	2.306004							
17		b0=	0.4357										

따라서 $x = 1.7$ 일 때 종속변수 y 의 평균 $E(y)$에 대한 95% 신뢰구간의 추정값은 1.6119 에서 1.9309 이다. 〈그림 8.10〉은 독립변수의 값이 주어졌을 때 y 의 평균 $E(y)$에 대한 95% 신뢰구간의 하한과 상한을 그림으로 표시한 것이다. 독립변수의 값이 평균 $\bar{x} = 1.66$ 에서 멀어질수록 $E(y)$에 대한 95% 신뢰구간의 폭이 점점 더 넓어짐을 〈그림 8.10〉에서 확인할 수 있다.

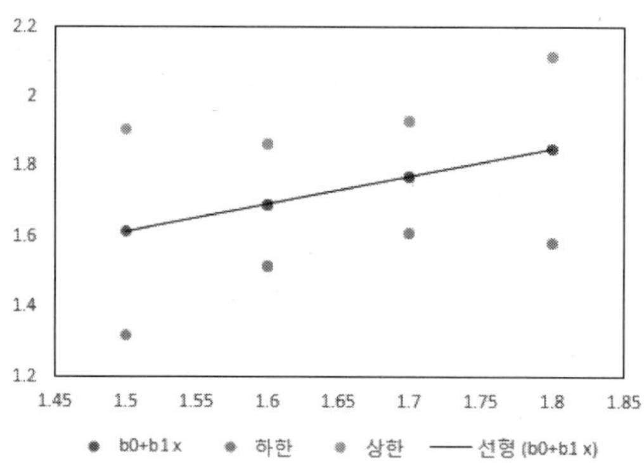

그림 8.10 x 가 주어졌을 때 $E(y)$ 의 95% 신뢰구간

$x = 1.75$ 일 때 종속변수 y 의 개별값에 대한 95% 예측구간을 구하기 위한 표본오차는 다음과 같다.

$$\text{개별값에 대한 표본오차} = 2.306 \times \sqrt{0.004018\left(1+\frac{1}{10}+\frac{(1.75-1.66)^2}{0.084}\right)}$$
$$= 0.1599$$

따라서 $x = 1.75$ 일 때 종속변수 y 의 개별값에 대한 95% 예측구간은 다음과 같다.

$$[(0.4357 + 0.7857 \times 1.75) \pm 0.1599] = [1.8107 \pm 0.1599] = [1.6508,\ 1.9706]$$

엑셀의 [데이터/ 데이터 분석]을 선택하고 분석 도구 목록의 '회귀 분석'을 통하여 단순선형회귀모형의 회귀분석을 수행할 수 있다. 다음 〈그림 8.11〉은 [데이터/ 데이터 분석]을 선택한 후 표시되는 대화상자이다.

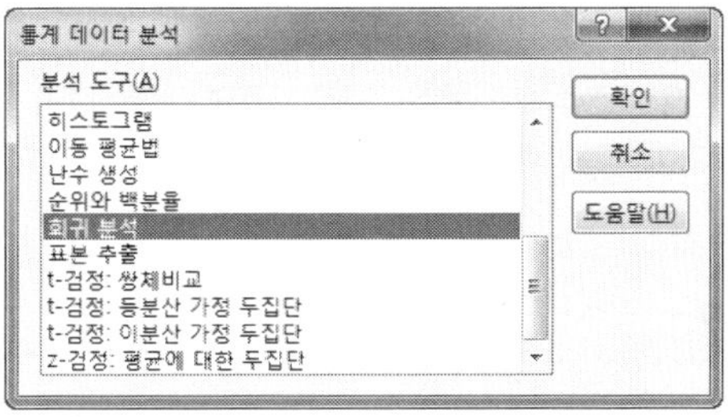

그림 8.11 데이터/ 데이터 분석 대화상자

〈그림 8.11〉의 통계 데이터 분석 목록에서 회귀 분석을 선택한 후 확인하면 〈그림 8.12〉와 같이 회귀분석을 수행할 수 있는 대화상자가 나타난다. 회귀분석을 실행하고자 하는 종속변수(Y축)와 독립변수(X축)의 입력 범위를 지정하고 신뢰수준을 99%로 지정한다. (엑셀의 회귀 분석은 기본적으로 각 회귀계수에 대한 95% 신뢰구간의 하한과 상한을 제공한다.)

〈그림 8.12〉는 〈표 8.1〉의 자료에서 부의 키를 독립변수(x), 자의 키를 종속변수(y)로 하는 단순선형회귀모형의 회귀분석을 실시하고자 엑셀의 회귀분석 도구를 실행한 모습이다. 〈그림 8.12〉와 같이 각 변수의 영역을 설정하고 출력 범위의 시작 셀의 위치를 지정하면 〈예제 8.8〉에서 〈예제 8.12〉에서 직접 계산했던 모든 회귀분석의 결과들이 출력된다.

그림 8.12 회귀분석 분석도구

다음 표는 회귀분석 통계량을 표시한 것으로 〈예제 8.9〉와 〈예제 8.10〉에서 구했던 결정계수와 상관계수 및 표준오차를 구한 것이다.

|요약 출력|

회귀분석 통계량	
다중 상관계수	0.7857143
결정계수	0.6173469
조정된 결정계수	0.5695153
표준 오차	0.0633866
관측수	10

다음은 〈예제 8.11〉에서 작성했던 회귀분석에 대한 분산분석표를 출력한 것이다.

|분산 분석|

	자유도	제곱합	제곱 평균	F 비	유의한 F
회귀	1	0.0518571	0.051857	12.90667	0.007058
잔차	8	0.0321429	0.004018		
계	9	0.084			

마지막으로 〈예제 8.8〉에서 구했던 추정회귀식의 b_0와 b_1의 값과 〈예제 8.12〉에

서 언급했던 두 추정량의 표준오차, 그리고 회귀계수의 유의성 검정을 위한 t 값과 p-값이 하나의 표로 요약되고 있다. 이 표에 두 회귀계수에 대한 95% 신뢰구간(기본 출력)과 〈그림 8.12〉에서 지정한 99%의 신뢰구간이 동시에 출력된다.

	계수	표준 오차	t 통계량	P-값	하위 95%	상위 95%	하위 99.0%	상위 99.0%
Y 절편	0.4357143	0.3636023	1.198327	0.265082	−0.40275	1.274183	−0.78431	1.655741
부의 키(x)	0.7857143	0.2187044	3.592585	0.007058	0.281381	1.290048	0.051876	1.519552

예제 8.14 K지역 특산물인 박대 생선의 인식에 대한 〈표 2.3〉과 〈표 2.4〉의 남녀 자료를 통합한 총 응답자 60명의 자료에 대하여 긍정항목 변인을 독립변수(x)로 하고, 선호도 변인을 종속변수(y)로 하여 두 변수의 관계성을 단순선형회귀모형으로 분석하려고 한다.

(1) 긍정항목 변인의 값이 주어졌을 때 선호도의 값을 예측할 수 있는 추정회귀식을 구하시오.

(2) 1%의 유의수준에서 두 변수가 유의한 관계인지 F검정으로 검정하시오.

(3) 추정회귀식의 적합도를 설명하시오.

(4) 단순선형회귀식의 기울기에 대한 90% 신뢰구간을 구하시오.

엑셀활용 다음 〈그림 8.13〉은 K지역 특산물인 박대 생선의 인식에 대한 60명의 자료를 이용하여 회귀분석을 실행하는 엑셀의 '회귀 분석' 도구 창을 표시한 것이다.

그림 8.13 박대 생선에 대한 선호도와 긍정항목 변인과의 회귀분석

'회귀 분석' 도구 창에 Y축 입력 범위에 선호도 자료($E$1:$E$61)를 설정하고 X축 입력 범위에 긍정항목 자료($B$1:$B$61)를 설정한다. 회귀직선의 계수에 대한 95% 신뢰구간은 기본적으로 출력됨으로 따로 90% 신뢰구간을 구하고자 하면 [신뢰 수준]을 체크하고 다음의 공란에 숫자 90을 입력한다.

〈그림 8.13〉의 회귀 분석 도구 창에서 확인을 클릭하면 다음과 같이 세 종류의 표가 출력될 것이다.

|요약 출력|

회귀분석 통계량	
다중 상관계수	0.598435
결정계수	0.358125
조정된 결정계수	0.347058
표준 오차	1.077883
관측수	60

|분산 분석|

	자유도	제곱합	제곱 평균	F 비	유의한 F
회귀	1	37.59715	37.59715	32.36026	4.42E-07
잔차	58	67.38619	1.161831		
계	59	104.9833			

	계수	표준 오차	t 통계량	P-값	하위 95%	상위 95%	하위 90.0%	상위 90.0%
Y 절편	−0.8615	0.897681	−0.95969	0.341195	−2.6584	0.935409	−2.36202	0.639026
긍정항목	1.463683	0.257301	5.688608	4.42E-07	0.94864	1.978727	1.033591	1.893775

(1) 세 번째 출력 표로부터 긍정항목 변인의 값이 주어졌을 때 선호도의 값을 예측할 수 있는 추정회귀식을 구하면 다음과 같다.

$$\text{선호도} = -0.8615 + 1.463683\ (\text{긍정항목})$$

(2) 두 변수가 유의한 관계인지에 대한 귀무가설과 대립가설은 다음과 같다.

$$H_0 : \beta_1 = 0 \qquad H_1 : \beta_1 \neq 0$$

두 가설에 대한 가설검정으로 F 검정을 사용하며 검정통계량 $F = 32.36026$에 대한 p-값이 $4.42E-07$ 임을 알 수 있다. 참고로 $4.42E-07$ 은 4.42×10^{-7} 를 엑셀에서 표현하는 방법으로 0.000000442 이다. 검정통계량에 대한 p-값이 유의수준 0.01보다 작으므로 귀무가설을 기각한다. 따라서 긍정항목과 선호도 사이에는 매우 강력한 유의한 관계가 있다고 볼 수 있다.

(3) 요약 출력된 첫 번째 표에서 결정계수의 값이 0.358125 임을 알 수 있다. 이는 추정회귀식의 적합도 지수로서 선호도의 변동의 약 35.8%를 긍정항목 변인으로 설명할 수 있다는 의미이다.

(4) 마지막으로 선형회귀직선의 기울기에 대한 90% 신뢰구간을 세 번째 표에서 구할 수 있다. β_1 에 대한 95% 신뢰구간은 [0.94864, 1.978727]이며, β_1 에 대한 90% 신뢰구간은 [1.033591, 1.893775]이다.

참고로 〈그림 8.13〉의 회귀 분석 도구 창에서 잔차 부분에 있는 4개의 옵션을 다음과 같이 클릭하면 잔차분석을 통해 회귀분석의 오차항에 대한 가정의 타당성을 검토할 수 있다.

다음 표는 회귀분석을 수행하여 얻어진 추정회귀식을 이용하여 얻어진 잔차와 표준잔차를 출력한 것이다. 여기서 i 번째 관측치에 대한 잔차는 $y_i - \hat{y_i}$ 을 구한 값이다. 선형회귀식의 오차항 ϵ 의 분포는 평균이 0이고 분산이 항상 동일한 σ^2 이므로 오차항의 가정이 옳다면 이렇게 구한 잔차들의 분포는 0을 중심으로 랜덤하게 분포될 것이다.

|잔차 출력|

관측수	예측치 선호도	잔차	표준 잔차
1	4.407765	0.592235	0.55416
2	4.115028	−0.11503	−0.10763
3	3.529555	−0.52955	−0.49551
4	5.285975	−1.28597	−1.2033
5	3.529555	0.470445	0.4402

⋮	〈6번부터 55번까지 생략〉		
56	4.700501	2.299499	2.15166
57	2.944081	1.055919	0.988032
58	3.529555	0.470445	0.4402
59	3.529555	0.470445	0.4402
60	4.115028	−0.11503	−0.10763

독립변수인 긍정항목에 대하여 잔차를 그린 그래프를 잔차도(residual plot)라고 한다. 다음 그림은 엑셀에서 출력한 잔차도이다. 이 잔차도를 보면 모든 잔차가 0을 중심으로 랜덤하게 수평적 패턴을 보이고 있다. 따라서 단순선형회귀모형에서의 오차항에 대한 가정을 위배한다고 볼 수 없다.

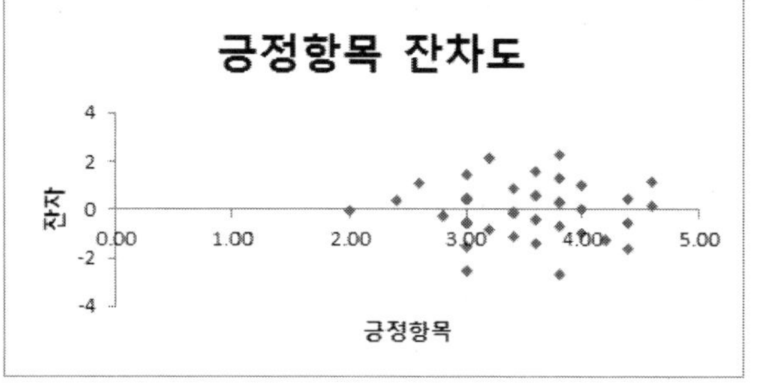

이와 같이 회귀모형의 가정이 적합한지의 여부를 판단하는 잔차분석에 관한 자세한 분석 방법은 참고문헌 [9]와 [18]을 참고하기 바란다.

8.3 다중선형회귀분석

두 개 이상의 독립변수와 종속변수 사이에 어떤 관계가 존재하는지 알아보고자 하는 회귀모형을 다중회귀모형(multiple regression model)이라고 한다. 특히 다중회귀모형 중에서 p개의 독립변수들이 선형의 형태로 결합된 회귀모형을 다중선형회귀모형(multiple linear regression model)이라고 하며 다음과 같은 형태의 선형회귀모형식을 갖는다.

$$y = \beta_0 + \beta_1 x_1 + \beta_2 x_2 + \cdots + \beta_p x_p + \epsilon$$

여기서 x_k는 k 번째 독립변수이며 확률변수인 오차 ϵ 들은 서로 독립이며 정규분포 $N(0, \sigma^2)$을 따른다고 가정한다. 물론 다중선형회귀모형의 회귀계수 $\beta_0, \beta_1, \cdots, \beta_p$는 표본 자료로부터 추정해야 될 모수들이다.

오차 ϵ 의 분포로부터 확률변수 y 의 평균을 구할 수 있다. 이때 $E(y)$을 설명하는 다음 식을 다중선형회귀식(multiple linear regression equation)이라고 한다.

$$E(y) = \beta_0 + \beta_1 x_1 + \beta_2 x_2 + \cdots + \beta_p x_p$$

독립변수의 값이 주어졌을 때 y 의 평균 $E(y)$를 구하기 위해서 회귀계수 $\beta_0, \beta_1, \cdots, \beta_p$의 값을 표본을 이용한 표본통계량 $b_0, b_1, \cdots, b_p$ 으로 추정한다. (회귀계수의 추정 방법은 단순선형회귀분석에서 사용하였던 최소제곱법을 사용한다.)

다중선형회귀식에서 회귀계수들을 $b_0, b_1, \cdots, b_p$ 로 추정하여 선형결합한 다음 식을 추정 다중선형회귀식이라고 하자. 여기서 $\hat{y}$ 은 종속변수의 추정값이다.

$$\hat{y} = b_0 + b_1 x_1 + b_2 x_2 + \cdots + b_p x_p$$

예제 8.15 K지역 특산물인 박대 생선의 인식에 대한 〈표 2.3〉과 〈표 2.4〉의 남녀 자료를 통합한 총 응답자 60 명의 자료에 대하여 긍정항목, 위생, 부정항목 변인을 독립변수(x_1, x_2, x_3)로 하고, 선호도 변인을 종속변수(y)로 하여 독립변수와 종속변수의 관계성을 다중선형회귀모형으로 분석하려고 한다. 독립변수들의 값이 주어졌을 때 선호도의 값을 예측할 수 있는 추정 다중회귀식을 구하시오.

엑셀활용 〈그림 8.14〉는 K지역 특산물인 박대 생선의 인식에 대한 60 명의 자료를 이용하여 다중선형회귀분석을 실행하는 엑셀의 '회귀 분석' 도구 창을 표시한 것이다. '회귀 분석' 도구 창의 입력 부분에 표시된 Y축 입력 범위에 선호도 자료의 영역($E$1:$E$61)을 설정하고 X축 입력 범위에 긍정항목, 위생, 부정항목 변인의 자료가 있는 영역($B$1:$D$61)을 한꺼번에 설정한다. 다중회귀직선의 계수에 대한 95% 신뢰구간은 기본적으로 출력되기 때문에 별도로 99% 신뢰구간을 구하고 싶으면 [신뢰수준]을 체크하고 공란에 숫자 99 을 입력하면 된다. 첫 줄에 각 변수들의 이름을 입력할 경우에는 [이름표]를 체크하면 된다. 다중회귀직선의 회귀계수 $\beta_0 = 0$ 인 회귀모형을 적합하고자 할 경우에는 [상수에 0을 사용]을 체크한다. 출력 옵션에서 분석 결과에 대

그림 8.14 박대 생선에 대한 선호도의 다중선형회귀분석

한 출력 범위를 지정한 후 [확인] 버튼을 클릭하면 다중회귀분석이 실행된다.

엑셀의 회귀 분석 도구를 이용한 다중회귀분석에 대한 출력 결과는 단순선형회귀분석의 출력 결과와 거의 동일하다. 다음 〈표 8.6〉은 〈그림 8.14〉의 회귀 분석 도구를 실행한 이후 얻어진 다중선형회귀분석의 출력 결과 중에서 회귀계수의 추정 부분만을 표시한 것이다.

표 8.6 다중선형회귀분석의 엑셀 출력 결과: 회귀계수의 추정

	계수	표준 오차	t 통계량	P–값	하위 95%	상위 95%	하위 99.0%	상위 99.0%
Y 절편	2.271798	1.161073	1.956637	0.055383	−0.05411	4.597707	−0.82422	5.367814
긍정항목	1.002739	0.270499	3.707	0.000483	0.460865	1.544613	0.281451	1.724027
위생	0.23647	0.29675	0.796868	0.428893	−0.35799	0.830931	−0.55482	1.027757
부정항목	−0.80436	0.166759	−4.82349	1.12E−05	−1.13842	−0.4703	−1.24903	−0.3597

〈표 8.6〉의 계수 열에 있는 결과를 이용하면 다음과 같이 선호도(y)의 값을 예측할 수 있는 추정 다중회귀식을 구할 수 있다.

$$\hat{y} = 2.2718 + 1.0027\, x_1 + 0.2365\, x_2 - 0.8044\, x_3$$

여기서 x_1은 긍정항목 변인, x_2는 위생 변인, x_3는 부정항목 변인이다.

〈예제 8.14〉에서 소개했던 독립변수가 긍정항목 변인만 포함했던 단순선형회귀분석에서의 회귀계수 β_1에 대한 추정값 b_1은 1.4637이었다. 그러나 독립변수가 추가로 포함된 다중선형회귀분석에서의 회귀계수 β_1에 대한 b_1은 1.0027로 추정값이 조금 달라짐을 알 수 있다. 다중선형회귀분석에서의 회귀계수 β_i의 추정값 b_i은 다른 변인들을 일정하게 두었을 때 독립변수 x_i가 1단위 증가할 때 종속변수의 증가량에 대한 추정값이 된다. 예를 들어 회귀계수 β_1에 대한 $b_1 = 1.0027$은 위생 변인과 부정항목 변인의 값이 일정할 경우 긍정항목 변인의 값이 1증가할 때 선호도의 값이 1.0027점 증가한다는 의미이다. 반대로 긍정항목 변인과 위생 변인의 값을 일정하게 두었을 때 부정항목 변인의 값이 1증가하면 선호도의 값은 0.8044점 감소할 것으로 추정할 수 있다.

8.3.1 결정계수

단순선형회귀분석의 과정과 마찬가지로 다중회귀분석에서도 종속변수 y의 변동인 총제곱합(SST)을 회귀제곱합(SSR)과 잔차제곱합(SSE)의 두 요인으로 분해할 수 있다. 다음은 총제곱합의 분해와 각 제곱합에 대응되는 자유도를 두 요인으로 분해한 모습을 표시한 것이다.

$$SST = SSR + SSE$$
$$n-1 = p + (n-p-1)$$

여기서 총제곱합(SST)은 종속변수의 편차제곱합이므로 독립변수와 무관하다. 따라서 단순선형회귀모형에서의 총제곱합과 다중선형회귀모형에서의 총제곱합은 항상 같은 값이다. 반면에 회귀제곱합(SSR)의 자유도는 다중회귀모형에 포함된 독립변수들의 개수이므로 회귀제곱합은 독립변수가 회귀모형에 추가될 때마다 증가할 것이다. 다중선형회귀분석에서 제곱합을 계산하는 방법은 행렬을 이용하여 구한다. 실제로 표본으로부터 제곱합의 계산이 어려우므로 SAS나 SPSS, R 등 통계분석패키지의 도움을 얻는다. 여기에서는 엑셀의 회귀 분석 도구를 활용하자.

단순선형회귀분석과 마찬가지로 다중회귀분석에서도 추정 다중선형회귀식의 적합성을 측정할 때 결정계수 R^2을 이용한다. 결정계수 또는 다중결정계수라고 하는 적합성 측도 R^2는 다음과 같이 계산된다.

$$R^2 = \frac{SSR}{SST} = 1 - \frac{SSE}{SST}$$

다중결정계수는 총제곱합 SST 중에서 독립변수들이 포함된 다중선형회귀모형에 의하여 설명되는 회귀제곱합의 비율이 된다. 이와 같이 결정계수는 그 의미가 명확하고 해석이 쉽기 때문에 회귀직선의 적합도 척도로 가장 많이 사용된다.

다중선형회귀분석에서 독립변수가 회귀모형에 추가될 때마다 회귀제곱합이 증가하므로 다중결정계수는 항상 증가한다. 즉, 독립변수가 추가될 때마다 회귀직선의 적합도를 크게 해주는 경향이 있다. 따라서 독립변수의 수가 p 개인 다중선형회귀분석에서 다음과 같이 조정된(adjusted) 결정계수 R_a^2 을 많이 이용한다.

$$R_a^2 = 1 - \frac{SSE/(n-p-1)}{SST/(n-1)} = 1 - \frac{n-1}{n-p-1}(1-R^2)$$

예제 8.16 K지역 특산물인 박대 생선의 인식에 대한 〈표 2.3〉과 〈표 2.4〉의 남녀 자료를 통합한 총 응답자 60 명의 자료에 대하여 긍정항목, 위생, 부정항목 변인을 독립변수(x_1, x_2, x_3)로 하고, 선호도 변인을 종속변수(y)로 하여 독립변수와 종속변수의 관계성을 다중선형회귀모형으로 분석할 때, 추정회귀식의 적합도를 설명하시오.

엑셀활용 다음 〈표 8.7〉과 〈표 8.8〉은 〈그림 8.14〉의 회귀 분석 도구를 실행한 이후 얻어진 다중선형회귀분석의 출력 결과 중에서 회귀분석 통계량과 분산분석표를 각각 표시한 것이다.

표 8.7 회귀분석 통계량

회귀분석 통계량	
다중 상관계수	0.740283
결정계수	0.548019
조정된 결정계수	0.523805
표준 오차	0.920506
관측수	60

표 8.8 분산분석표

	자유도	제곱합	제곱 평균	F 비	유의한 F
회귀	3	57.53283	19.17761	22.63297	1E-09
잔차	56	47.45051	0.84733		
계	59	104.9833			

〈표 8.8〉의 분산분석표를 보면 다음과 같은 사실을 알 수 있다.

$SST = 104.9833 = 57.53283 + 47.45051 = SSR + SSE$

총제곱합 자유도 $= 59 = n-1 = p + (n-p-1) = 3 + 56 =$ 회귀자유도+잔차자유도

이 값을 이용하여 결정계수 R^2 과 조정된 결정계수 R_a^2 을 각각 구하면 다음과 같다.

$$R^2 = \frac{57.53283}{104.9833} = 0.548019$$

$$R_a^2 = 1 - \frac{59}{56}(1 - 0.548019) = 0.523806$$

따라서 추정회귀식의 적합도의 측도는 0.5480 이다. 즉, 박대 생선에 대한 선호도의 변동성 중에서 54.80% 가 긍정항목, 위생, 부정항목 변인을 이용하여 추정된 다중회귀식으로 설명할 수 있다. 세 독립변수에 대한 조정된 결정계수의 값은 0.5238 이다.

8.3.2 다중선형회귀모형의 유의성 검정

다중선형회귀식 $y = \beta_0 + \beta_1 x_1 + \beta_2 x_2 + \cdots + \beta_p x_p + \epsilon$ 의 유의성 검정에 대한 귀무가설은 다음과 같다.

$$H_0 : \beta_1 = \beta_2 = \cdots = \beta_p = 0$$

모형으로 설정한 다중선형회귀모형이 의미를 갖기 위해서는 p 개의 독립변수 중에서 적어도 한 개의 변수는 종속변수를 설명할 수 있어야 한다. 즉, p 개의 회귀계수 중에서 최소한 한 개의 회귀계수는 0 이 아니어야 한다. 따라서 앞에서 정의한 귀무가설과 대립되는 대립가설은 다음과 같이 정의한다.

H_1 : p 개의 회귀계수 중 적어도 1 개의 β 는 0 이 아니다.

만약 귀무가설 $H_0 : \beta_1 = \beta_2 = \cdots = \beta_p = 0$ 가 참이라고 한다면, 다음 검정통계량 F 의 분포는 분자와 분모의 자유도가 각각 p 와 $(n-p-1)$ 인 F 분포를 따른다.

$$F = \frac{SSR/p}{SSE/(n-p-1)} = \frac{MSR}{MSE} \sim F(p, n-p-1)$$

유의수준 α 에서 F 비의 값이 임계값인 $F_\alpha(p, n-p-1)$보다 크면 귀무가설을 기각한다. 그리고 여타의 가설검정과 마찬가지로 p-값을 계산한 후 p-값이 유의수준보다 작으면 귀무가설을 기각하는 기각 규칙을 적용해도 같은 결과를 얻는다. 참고로 가설검정의 임계값과 p-값을 구하는 엑셀 함수의 형식은 다음과 같다.

임계값 $F_\alpha(p, n-p-1)$ = F.INV.RT(α, p, n–p–1)

p–값 = F.DIST.RT(F비, p, n–p–1) = ①

이러한 다중선형회귀모형의 유의성 검정을 위한 검정통계량과 p-값을 얻는 과정을 요약한 분산분석표를 작성하면 다음 〈표 8.9〉와 같다.

표 8.9 다중선형회귀모형에 대한 분산분석표

요인	제곱합	자유도	평균제곱	F	p–값
회귀(Model)	SSR	p	$MSR = SSR/p$	$\frac{MSR}{MSE}$	①
잔차(Error)	SSE	$n-p-1$	$MSE = SSE/(n-p-1)$		
전체	SST	$n-1$			

예제 8.17 K지역 특산물인 박대 생선의 인식에 대한 〈표 2.3〉과 〈표 2.4〉의 남녀 자료를 통합한 총 응답자 60명의 자료에 대하여 긍정항목, 위생, 부정항목 변인을 독립변수(x_1, x_2, x_3)로 하고, 선호도 변인을 종속변수(y)로 하여 독립변수와 종속변수의 관계성을 다중선형회귀모형으로 분석할 때, 1% 의 유의수준에서 다중선형회귀모형의 유의성 검정을 F 검정으로 검정하시오.

엑셀활용 〈표 8.8〉의 분산분석표로부터 F 검정의 검정통계량의 값 F 비가 22.63 임을 알 수 있으며, 이 F 비에 대응되는 p-값이 $1E-09$ 이다. 이 값은 1.0×10^{-9} 이므로 거의 0 이라고 할 수 있다. 따라서 유의수준 $\alpha = 1\%$ 보다 작은 p-값을 가지므로 귀무가설을 기각하고 종속변수인 선호도와 세 독립변수 긍정항목, 위생, 부정항목 사이에 유의한 선형관계가 있다고 결론내릴 수 있다.

8.3.3 회귀계수에 대한 추정

〈표 8.9〉에서 구한 분산분석표의 결과로부터 다중선형회귀모형에 대한 유의성 검정의 귀무가설 $H_0 : \beta_1 = \beta_2 = \cdots = \beta_p = 0$ 이 기각되면 p 개의 회귀계수 중에서 적어도 한 개는 0 이 아니라는 결론을 얻는다. 분산분석에서의 사후분석과 같이 F 검정으로 귀무가설이 기각되면 p 개의 회귀계수 중에서 0 이 아닌 회귀계수의 유의성을 별도로 결정하는 t 검정을 실시한다. 동시에 각 독립변수의 회귀계수에 대한 신뢰구간을 추정할 수 있다.

다중선형회귀모형의 회귀계수 β_k 에 대한 점추정량 b_k 의 표준오차를 $\widehat{SE}(b_k)$라고 하자. 이 값은 엑셀로 회귀 분석 도구를 실행하여 얻어진 〈표 8.6〉에 출력되어 있으니 활용하도록 하자. 회귀계수 β_k 에 대한 점추정량 b_k 의 표준오차를 $\widehat{SE}(b_k)$를 이용하면 다음과 같이 회귀계수 β_k 에 대한 $100(1-\alpha)\%$ 신뢰구간을 구할 수 있다.

$$[\, b_k \pm t_{\alpha/2}(n-p-1) \times \widehat{SE}(b_k) \,]$$

여기서 t 분포의 $(1-\alpha/2)$ 분위수 $t_{\alpha/2}(n-p-1)$ 의 값은 엑셀 함수를 이용하여 다음과 같이 구한다.

$$t_{\alpha/2}(n-p-1) = \text{T.INV.2T}(\alpha,\ \text{n-p-1})$$

별도로 회귀계수의 유의성에 대한 t 검정의 귀무가설과 대립가설은 다음과 같다.

$$H_0 : \beta_k = 0 \qquad H_1 : \beta_k \neq 0$$

만약 귀무가설 $H_0 : \beta_k = 0$ 이 사실이라면, 검정통계량 t 는 자유도가 $(n-p-1)$ 인 t분포를 따른다.

$$t = \frac{b_k}{\widehat{SE}(b_k)} \sim t(n-p-1)$$

엑셀로 [데이터 분석]의 회귀 분석 도구를 실행하면 각 신뢰계수에 대한 추정량 b_k와 표준오차 $\widehat{SE}(b_k)$, 그리고 이를 이용한 검정통계량의 t 값과 t 통계량에 대응되는 p-값을 각각 구할 수 있다. 또한 각 회귀계수에 대한 95% 신뢰구간과 기타 사용자가 원하는 신뢰도의 신뢰구간을 하나의 표로 출력해준다.

예제 8.18 K지역 특산물인 박대 생선의 인식에 대한 〈표 2.3〉과 〈표 2.4〉의 남녀 자료를 통합한 총 응답자 60명의 자료에 대하여 긍정항목, 위생, 부정항목 변인을 독립변수(x_1, x_2, x_3)로 하고, 선호도 변인을 종속변수(y)로 하여 독립변수와 종속변수의 관계성을 다중선형회귀모형으로 분석할 때, 다음 물음에 답하시오.

(1) 긍정항목(x_1) 변인에 대응되는 회귀계수 β_1에 대한 95% 신뢰구간을 구하시오.
(2) 위생(x_2) 변인에 대응되는 회귀계수 β_2에 대한 95% 신뢰구간을 구하시오.
(3) 부정항목(x_3) 변인에 대응되는 회귀계수 β_3에 대한 99% 신뢰구간을 구하시오.
(4) 5%의 유의수준에서 각 회귀계수의 유의성을 t 검정으로 검정하시오.

엑셀활용 회귀계수들의 추정량과 표준오차, 검정통계량 t 값, 신뢰구간 등이 출력된 〈표 8.6〉을 이용하면 모든 물음에 답을 할 수 있을 것이다.

(1) 긍정항목(x_1) 변인에 대응되는 회귀계수 β_1에 대한 95% 신뢰구간을 〈표 8.6〉에서 구하면 0.4609에서 1.5446이다.

(2) 또한 위생(x_2) 변인에 대응되는 회귀계수 β_2에 대한 95% 신뢰구간은 다음과 같다.

$$[-0.35799,\ 0.830831]$$

이 신뢰구간에 0이 포함되어 있기 때문에 유의수준 5%에서 귀무가설 $H_0 : \beta_2 = 0$이 채택될 것으로 보인다.

(3) 부정항목(x_3) 변인에 대응되는 회귀계수 β_3에 대한 99% 신뢰구간은 〈그림 8.14〉의 회귀 분석 도구창의 신뢰수준에 99를 입력하여 실행하면 얻을 수 있다. 〈표 8.6〉으로부터 회귀계수 β_3에 대한 99% 신뢰구간은 -1.24903에서 -0.3597이다. 따라서 회귀계수 β_3의 부호는 음수임을 알 수 있다.

(4) 〈표 8.6〉에서 긍정항목 변인의 t 값은 $1.002739/0.270499 = 3.707$ 이며 이 값에 대응되는 p-값은 0.000483 이다. p-값이 유의수준 0.05 보다 작기 때문에 $H_0 : \beta_1 = 0$ 을 기각할 수 있다. 같은 방법을 적용하면 $H_0 : \beta_3 = 0$ 도 기각할 수 있을 것이다. 따라서 회귀계수 β_1 과 β_3 는 통계적으로 유의하다고 결론지을 수 있다. 하지만 위생 변인의 t 값 0.796868 에 대한 p-값은 0.4289 이므로 유의수준보다 큰 값을 갖는다. 따라서 회귀계수 β_2 는 통계적으로 유의하지 않음을 알 수 있다.

예제 8.19 K지역 특산물인 박대 생선의 인식에 대한 〈표 2.3〉과 〈표 2.4〉의 남녀 자료를 통합한 총 응답자 60 명의 자료에 대하여 긍정항목(x_1), 부정항목 (x_3) 변인을 독립변수로 하고, 선호도 변인을 종속변수(y)로 하여 독립변수와 종속변수의 관계성을 다중선형회귀모형으로 분석하려고 한다. 독립변수들의 값이 주어졌을 때 선호도의 값을 예측할 수 있는 추정 다중회귀식을 구하고, $x_1 = 3$, $x_3 = 2$ 인 응답자들의 평균 선호도의 값을 구하시오.

엑셀활용 다음 〈그림 8.15〉는 두 개의 독립변수가 포함된 다중선형회귀분석을 수행하기 위한 [데이터/ 데이터 분석] 메뉴의 '회귀 분석' 도구 대화상자이다.

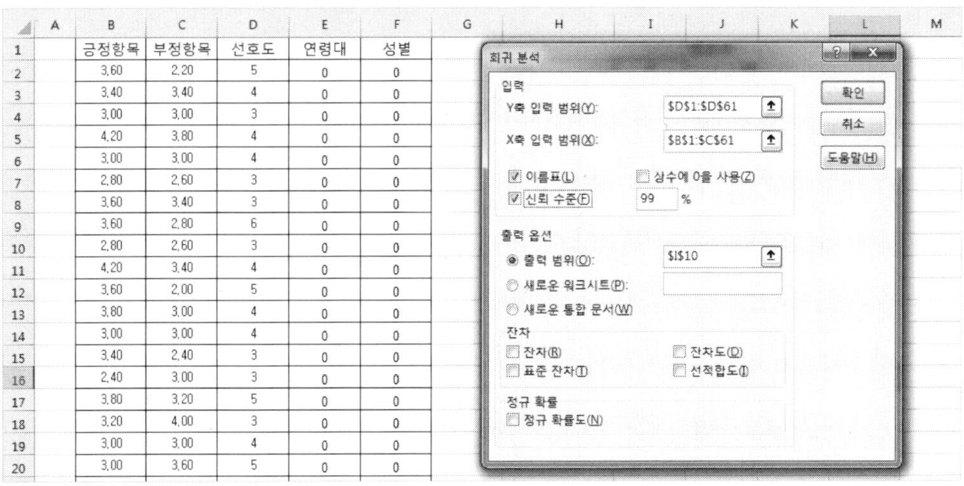

그림 8.15 두 개의 독립변수가 포함된 다중선형회귀분석

다음 표들은 〈그림 8.15〉의 회귀 분석 도구를 실행하여 얻어진 엑셀의 출력으로서

결정계수 등의 회귀분석 통계량과 분산분석표, 그리고 각 회귀계수에 대한 추정과 가설검정의 p-값 등이 세 개의 표로 나누어 표시된다.

회귀분석 통계량	
다중 상관계수	0.736813
결정계수	0.542894
조정된 결정계수	0.526855
표준 오차	0.917554
관측수	60

분산 분석

	자유도	**제곱합**	**제곱 평균**	F **비**	**유의한** F
회귀	2	56.99477	28.49739	33.84871	2.04E-10
잔차	57	47.98856	0.841905		
계	59	104.9833			

	계수	**표준 오차**	t **통계량**	P**-값**	**하위 95%**	**상위 95%**	**하위 99.0%**	**상위 99.0%**
Y 절편	2.647665	1.057545	2.503596	0.015182	0.529968	4.765362	-0.17056	5.465885
긍정항목	1.114159	0.230816	4.827048	1.08E-05	0.651958	1.57636	0.499065	1.729253
부정항목	-0.79647	0.165932	-4.80002	1.19E-05	-1.12875	-0.4642	-1.23866	-0.35429

각 회귀계수의 t 검정에 대한 p-값이 모두 0.01보다 작으므로 유의수준 1%에서 통계적으로 유의함을 알 수 있다. 따라서 긍정항목과 부정항목 변인이 포함된 다중선형회귀모형의 추정 다중회귀식은 다음과 같다.

$$\hat{y} = 2.647665 + 1.114159\, x_1 - 0.79647\, x_3$$

이 추정 다중회귀식에 $x_1 = 3$, $x_3 = 2$을 대입하면 y의 기댓값을 얻을 수 있다.

$$\hat{y} = 2.647665 + 1.114159 \times 3 - 0.79647 \times 2 = 4.397$$

참고로 〈그림 8.15〉의 회귀 분석 도구에서 [잔차], [잔차도], [표준 잔차], [선적합도]를 체크하면 각 관측치의 선호도에 대한 예측치와 잔차, 그리고 표준잔차가 출력된다. 이 값들을 이용하여 각 독립변수에 대한 잔차도와 선적합도를 얻을 수 있다. 이 도표들을 살펴보면 오차항에 대한 가정을 심하게 위배하는 어떤 이상도 보이고 있지 않음을 알 수 있다.

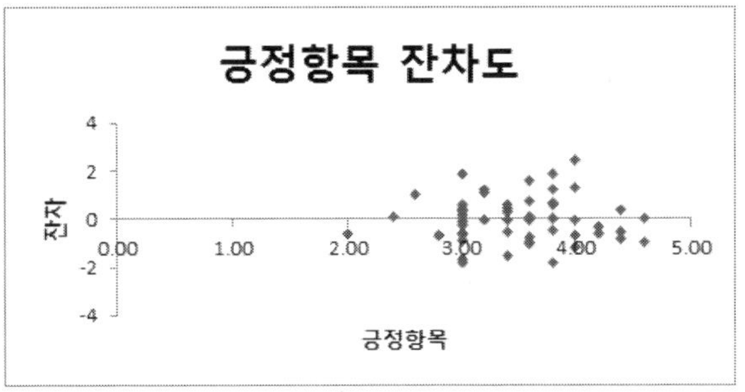

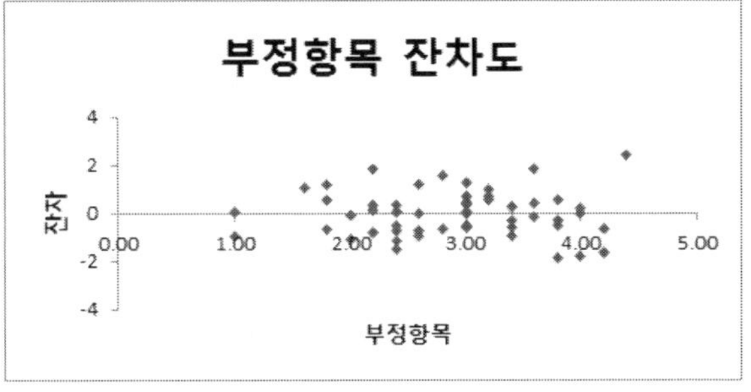

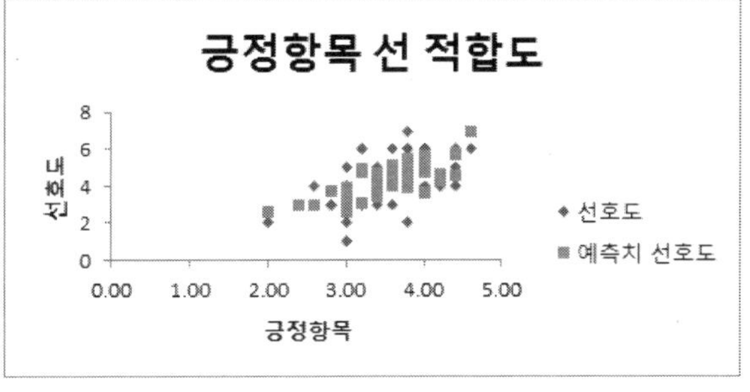

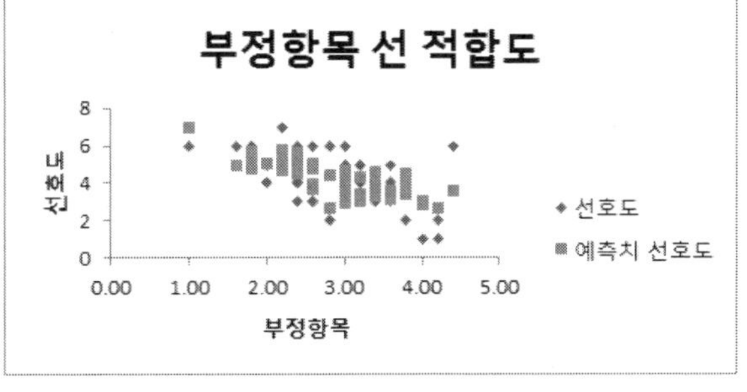

8.3.4 더미변수

회귀분석에서 분석하는 변수의 유형은 독립변수와 종속변수 모두 연속형이어야 한다. 그러나 여러 상황에서 성별, 연령대 등의 범주형 변수를 독립변수로 사용할 경우가 발생한다. 예를 들어 K지역 특산물인 박대 생선의 인식에 대한 자료에서 종속변수(y)인 선호도 점수가 남녀별로 영향을 받는지 회귀분석하고자 하는 경우이다. 범주형 변수를 선형회귀모형에 포함시키기 위해서는 먼저 범주형 변수를 가상변수인 더미변수(dummy variable)로 변환하여 사용한다. 더미변수는 변수값으로 0과 1만을 갖는 변수를 말한다.

K지역 특산물인 박대 생선의 인식에 대한 자료에서 연령대 변수는 세 가지 값을 갖는 변수이다. 변수의 값이 0과 1 이외의 값으로 구성된 범주형 변수를 다중선형회귀모형에 포함시키기 위해서는 새로운 더미변수로 변환해야 한다. 다음 표는 연령대 변수를 두 개의 더미변수 dx1과 dx2로 코딩한 모습을 보인 것이다. 여기서 두 개의 더미변수 dx1, dx2를 만들기 위하여 엑셀에서는 IF( ) 함수를 이용한다.

연령대(E2)	구분	dx1	dx2
0	30대 이하	0	0
1	40대	0	1
2	50대 이상	1	0
엑셀 함수		=IF(E2<=1, 0, 1)	=IF(E2=1, 1, 0)

참고로 =IF(E2<=1, 0, 1)의 실행은 셀 E2의 값이 1 이하이면 0을 반환하고 1 이하가 아니면 (즉, 1보다 크면) 1을 반환한다는 의미이다.

예제 8.20 K지역 특산물인 박대 생선의 인식에 대한 〈표 2.3〉과 〈표 2.4〉의 남녀 자료를 통합한 총 응답자 60명의 자료에 대하여 긍정항목(x_1), 부정항목 (x_3) 변인을 독립변수로 하고, 선호도 변인을 종속변수(y)로 하여 독립변수와 종속변수의 관계성을 다중선형회귀모형으로 분석하려고 한다. 이 다중선형회귀모형에 두 개의 범주형 변수가 추가된 다음 다중선형회귀모형식의 회귀계수에 대한 유의성을 검정하고, 다중회귀식을 분석하시오. 여기서 변수 x_4는 성별 변인이고, x_5와 x_6는 연령대 변인을 두 개의 더미변수로 변환한 dx1과 dx2이다.

$$y = \beta_0 + \beta_1 x_1 + \beta_3 x_3 + \beta_4 x_4 + \beta_5 x_5 + \beta_6 x_6 + \epsilon$$

엑셀활용 다음 〈그림 8.16〉는 독립변수 긍정항목(x_1), 부정항목(x_3)이 포함된 회귀모형에 더미변수로 변환한 성별 변인과 연령대 변인을 다중회귀모형에 추가한 다중선형회귀분석을 수행하기 위한 [데이터/ 데이터 분석] 메뉴의 '회귀 분석' 도구 대화상자를 표시한 것이다.

그림 8.16 더미변수가 포함된 다중선형회귀분석

엑셀에서 〈그림 8.16〉과 같이 '회귀 분석' 도구를 실행하여 얻어진 출력 결과 중 다음 표는 결정계수와 조정된 결정계수를 표시한 것이다.

|요약 출력|

회귀분석 통계량	
다중 상관계수	0.751547
결정계수	0.564823
조정된 결정계수	0.524529
표준 오차	0.919806
관측수	60

다음 표는 회귀분석에 대한 분산분석표이다. 성별과 더미변수 dx1, dx2가 포함된 다중선형회귀모형의 유의성에 대한 검정통계량의 F 비의 값은 14.0175 이며 이에 대응하는 검정의 p−값은 0.0000 이다. 따라서 다중선형회귀모형에 포함되는 각 독립변수들의 회귀계수가 모두 0 이라는 귀무가설이 기각된다. 즉, 여기서 정의된 다중선형회귀식은 통계적으로 매우 유의하며, 선호도(y)의 총변동에 대하여 추정 다중선형회귀식이 약 56.48%(조정된 결정계수=52.455)의 설명력을 갖고 있다.

|분산 분석|

	자유도	제곱합	제곱 평균	F 비	유의한 F
회귀	5	59.29702	11.8594	14.0175	8.76E-09
잔차	54	45.68631	0.846043		
계	59	104.9833			

다음 표는 추정 회귀식을 구할 수 있는 회귀계수들의 추정값과 유의성 검정을 위한 t 통계량과 95% 신뢰구간을 표시한 것이다. (99% 신뢰구간은 생략)

	계수	표준 오차	t 통계량	p−값	하위 95%	상위 95%
Y 절편	2.598703	1.071565	2.425146	0.018676	0.450344	4.747062
긍정항목	1.061939	0.235066	4.517621	3.44E-05	0.59066	1.533218
부정항목	−0.79809	0.167324	−4.76971	1.44E-05	−1.13355	−0.46262
성별	0.229712	0.241858	0.949781	0.346455	−0.25518	0.714607
dx1	0.216054	0.307488	0.70264	0.485298	−0.40042	0.832531
dx2	0.34902	0.293271	1.190097	0.239214	−0.23895	0.936993

이 표로부터 긍정항목 변인(p−값=0.0000)과 부정항목 변인(p−값=0.0000) 모두 통계적으로 유의하다고 볼 수 있다. 그러나 더미변수로 추가된 성별(p−값=0.346)이나 연령대를 표현한 dx1(p−값=0.485), dx1(p−값=0.239)는 모두 유의확률이 0.05보다 크기 때문에 통계적으로 유의하다고 볼 수 없다.

만약 성별이나 연령대(dx1, dx2)가 모두 유의하다고 하면 추정 다중선형회귀식은 다음과 같다.

$$\hat{y} = 2.5987 + 1.0619\,x_1 - 0.7981\,x_3 + 0.2297\,x_4 + 0.2161\,x_5 + 0.3490\,x_6$$

이때 변수 x_4 의 값은 여성 자료는 0 이고 남성 자료는 1 이므로 성별에 따른 추정 다중선형회귀식은 다음과 같이 따로 구할 수 있다.

$$\text{여성: } \hat{y} = 2.5987 + 1.0619\,x_1 - 0.7981\,x_3 + 0.2161\,x_5 + 0.3490\,x_6$$

$$\text{남성: } \hat{y} = 2.8284 + 1.0619\,x_1 - 0.7981\,x_3 + 0.2161\,x_5 + 0.3490\,x_6$$

즉, 성별 변인이 유의한 회귀계수를 갖는다고 할 때 남성의 선호도 점수는 여성의 선호도 점수보다 0.2297 점 더 높다는 것을 알 수 있다.

마찬가지로 연령대 변인에 대한 두 더미 변수 dx1과 dx2가 유의하다고 가정하면 다음과 같이 각 연령대별로 별도의 추정 다중회귀식을 구할 수 있다.

① 30대 이하(dx1=0, dx2=0):

$$\begin{aligned}\hat{y} &= 2.5987 + 1.0619\,x_1 - 0.7981\,x_3 + 0.2297\,x_4 + 0.2161\,(0) + 0.3490\,(0)\\ &= 2.5987 + 1.0619\,x_1 - 0.7981\,x_3 + 0.2297\,x_4\end{aligned}$$

② 40대(dx1=0, dx2=1):

$$\begin{aligned}\hat{y} &= 2.5987 + 1.0619\,x_1 - 0.7981\,x_3 + 0.2297\,x_4 + 0.2161\,(0) + 0.3490\,(1)\\ &= 2.9477 + 1.0619\,x_1 - 0.7981\,x_3 + 0.2297\,x_4\end{aligned}$$

③ 50대 이상(dx1=1, dx2=0):

$$\begin{aligned}\hat{y} &= 2.5987 + 1.0619\,x_1 - 0.7981\,x_3 + 0.2297\,x_4 + 0.2161\,(1) + 0.3490\,(0)\\ &= 2.8148 + 1.0619\,x_1 - 0.7981\,x_3 + 0.2297\,x_4\end{aligned}$$

연습문제

[8.1] K지역 특산물인 박대 생선의 인식에 대한 〈표 2.3〉의 여성 자료에 대하여 긍정항목 변인과 선호도 변인에 대한 공분산과 상관계수를 구하시오.

[8.2] K지역 특산물인 박대 생선의 인식에 대한 〈표 2.3〉의 여성 자료에 대하여 긍정항목 변인, 위생 변인, 부정항목 변인과 선호도 변인의 4개 변수에 대한 상관계수 표를 작성하시오.

[8.3] K지역 특산물인 박대 생선의 인식에 대한 〈표 2.3〉의 여성 자료에 대하여 긍정항목 변인과 선호도 변인에 대한 표본상관계수를 이용하여 두 변수 간 모상관계수의 상관유무를 유의수준 5%에서 검정하시오.

[8.4] K지역 특산물인 박대 생선의 인식에 대한 〈표 2.4〉의 남성 자료에 대하여 부정항목 변인과 선호도 변인에 대한 공분산과 상관계수를 구하시오.

[8.5] K지역 특산물인 박대 생선의 인식에 대한 〈표 2.4〉의 남성 자료에 대하여 긍정항목 변인, 위생 변인, 부정항목 변인과 선호도 변인의 4개 변수에 대한 상관계수 표를 작성하시오.

[8.6] K지역 특산물인 박대 생선의 인식에 대한 〈표 2.4〉의 남성 자료에 대하여 부정항목 변인과 선호도 변인에 대한 표본상관계수를 이용하여 두 변수 간 모상관계수의 상관유무를 유의수준 5%에서 검정하시오.

[8.7] K지역 특산물인 박대 생선의 인식에 대한 〈표 2.3〉의 여성 자료에 대하여 위생 변인을 통제한 상태에서 긍정항목 변인과 선호도 변인의 편상관계수를 구하시오.

[8.8] K지역 특산물인 박대 생선의 인식에 대한 〈표 2.3〉과 〈표 2.4〉의 남녀 자료를 통합한 총 응답자 60명의 자료에 대하여 부정항목 변인을 독립변수(x)로 하고, 선호도 변인을 종속변수(y)로 하여 두 변수의 관계성을 단순선형회귀모형으로 분석하려고 한다.

(1) 부정항목 변인의 값이 주어졌을 때 선호도의 값을 예측할 수 있는 추정회귀식을 구하시오.

(2) 1%의 유의수준에서 두 변수가 유의한 관계인지 F검정으로 검정하시오.

(3) 추정회귀식의 적합도를 설명하시오.

(4) 단순선형회귀식의 기울기에 대한 99% 신뢰구간을 구하시오.

[8.9] K지역 특산물인 박대 생선의 인식에 대한 〈표 2.3〉의 여성 자료에 대하여 위생 변인을 독립변수(x)로 하고, 선호도 변인을 종속변수(y)로 하여 두 변수의 관계성을 단순선형회귀모형으로 분석하려고 한다.

(1) 위생 변인의 값이 주어졌을 때 선호도의 값을 예측할 수 있는 추정회귀식을 구하시오.

(2) 1%의 유의수준에서 두 변수가 유의한 관계인지 t검정으로 검정하시오.

(3) 추정회귀식의 적합도를 설명하시오.

(4) 단순선형회귀식의 기울기에 대한 90% 신뢰구간을 구하시오.

[8.10] 다음 표는 K지역에 거주하는 10명의 시민들을 대상으로 소비지출총액과 그 중에서 식료비로 지출하는 금액을 조사한 것이다. 소비지출총액을 독립변수로 하고, 식료비 지출 금액을 종속변수로 한 단순선형회귀분석을 수행하려고 한다.

소비지출총액	65	58	75	65	66	70	64	55	60	53
식료비	27	25	31	27	28	29	36	24	26	33

(1) 소비지출총액의 값이 주어졌을 때 식료비의 값을 예측할 수 있는 추정회귀식을 구하시오.

(2) 1% 의 유의수준에서 두 변수가 유의한 관계인지 F 검정으로 검정하시오.

(3) 추정회귀식의 적합도를 설명하시오.

(4) 단순선형회귀식의 기울기에 대한 90% 신뢰구간을 구하시오.

[8.11] K지역 특산물인 박대 생선의 인식에 대한 〈표 2.3〉의 여성 자료에 대하여 긍정항목, 위생, 부정항목 변인을 독립변수(x_1, x_2, x_3)로 하고, 선호도 변인을 종속변수(y)로 하여 독립변수와 종속변수의 관계성을 다중선형회귀모형으로 분석하려고 한다.

(1) 다중선형회귀모형식을 추정하시오.

(2) 결정계수 R^2와 조정된 결정계수 R_a^2를 각각 구하고 이를 해석하시오.

(3) 유의수준 5% 에서 주어진 자료가 다중선형회귀모형이 적합한지 검정하시오.

(4) 각 회귀계수를 해석하고 이들의 유의성을 검정하시오.

(5) 각 회귀계수에 대한 95% 신뢰구간을 구하시오.

[8.12] 다음 20개의 자료는 '오징어' 무게(종속변수, y)에 대하여 오징어 세 부위의 길이를 측정한 3개의 독립변수(x_1, x_2, x_3)를 표시한 것이다. 독립변수가 x_1, x_2, x_3 인 다중선형회귀모형의 유의성 검정을 위한 분산분석표를 작성하고, 이를 분석하시오.

y	x_1	x_2	x_3
1.95	1.31	1.07	0.44
2.90	1.55	1.49	0.53
0.72	0.99	0.84	0.34
0.81	0.99	0.83	0.34
1.09	1.05	0.90	0.36
1.22	1.09	0.93	0.42
1.02	1.08	0.90	0.40
1.93	1.27	1.08	0.44
0.64	0.99	0.85	0.36
2.08	1.34	1.13	0.45
1.98	1.30	1.10	0.45
1.90	1.33	1.10	0.48
8.56	1.86	1.47	0.60
4.49	1.58	1.34	0.52
8.49	1.97	1.59	0.67
6.17	1.80	1.56	0.66
7.54	1.75	1.58	0.63
6.36	1.72	1.43	0.64
7.63	1.68	1.57	0.72
7.78	1.75	1.59	0.68

부록

■ 2장 엑셀함수

함수 구문	수식 예	반환값
AVERAGE(number1,[number2],...)	=AVERAGE(A2:A6)	셀 A2에서 A6까지의 숫자들의 평균
AVERAGEIF(range, criteria, [average_range])	=AVERAGEIF(B2:B5, "<23")	셀 B2에서 B5까지의 범위에서 23보다 작은 값들의 평균
COUNT(value1,[value2],...)	=COUNT(A2:A7)	셀 A2에서 A7까지의 범위에서 숫자가 포함된 셀의 개수
COUNTIF(range, criteria)	=COUNTIF(B2:B5,">55")	셀 B2에서 B5까지의 범위에서 값이 55보다 큰 셀의 개수
KURT(number1,[number2],...)	=KURT(A2:A11)	A2:A11에 있는 데이터 집합의 분포에 대한 첨도
MAX(number1,[number2],...)	=MAX(A2:A6)	A2:A6 범위에 있는 값 중 가장 큰 값
MEDIAN(number1,[number2],...)	=MEDIAN(A2:A6)	A2:A6 범위에 있는 5개 숫자의 중앙값
MIN(number1,[number2],...)	=MIN(A2:A6)	A2:A6 범위에 있는 값 중 가장 작은 값
MODE.SNGL(number1,[number2],...)	=MODE.SNGL(A2:A6)	A2:A6 범위에 있는 5개 숫자의 최빈값
PERCENTILE.EXC(array, k)	=PERCENTILE.EXC(A2:A11, 0.25)	A2:A11 범위에 있는 값들의 제 25 백분위수
QUARTILE.EXC(array, k)	=QUARTILE.EXC(A2:A11, 3)	A2:A11 범위에 있는 값들의 제 3 사분위수
SKEW(number1,[number2],...)	=SKEW(A2:A11)	A2:A11에 있는 데이터 집합의 분포에 대한 왜도
STDEV.S(number1,[number2],...)	=STDEV.S(A2:A11)	A2:A11 범위에 있는 값들의 표본표준편차
SUM(number1,[number2],...)	=SUM(A2:A6)	A2:A6 범위에 있는 숫자들의 합
TRIMMEAN(array, percent)	=TRIMMEAN(A2:A12, 0.2)	A2:A12에 있는 데이터 집합의 10% 절삭평균
VAR.S(number1,[number2],...)	=VAR.S(A2:A11)	A2:A11 범위에 있는 값들의 표본분산

■ 3장 엑셀함수

함수 구문	수식 예	반환값
COMBIN(number, number_chosen)	=COMBIN(8,2)	조합 ${}_{8}C_{2}$의 값
FACT(number)	=FACT(5)	계승 $5! = 5 \cdot 4 \cdot 3 \cdot 2 \cdot 1$의 값
PERMUT(number, number_ chosen)	=PERMUT(3,2)	순열 ${}_{3}P_{2}$의 값
BINOM.DIST(number_s, trials, probability_s, FALSE)	=BINOM.DIST(6, 10, 0.5, FALSE)	이항분포 $X \sim B(10,0.5)$에서 확률 $P(X=6)$의 값
BINOM.DIST(number_s, trials, probability_s, TRUE)	=BINOM.DIST(6, 10, 0.5, TRUE)	이항분포 $X \sim B(10,0.5)$에서 확률 $P(X \leq 6)$의 값
NORM.DIST(x, mean, standard_dev, FALSE)	=NORM.DIST(42, 40, 2, FALSE)	정규분포 $X \sim N(40,2^2)$에서 확률밀도함수 $f(42)$의 값
NORM.DIST(x, mean, standard_dev, TRUE)	=NORM.DIST(42, 40, 2, TRUE)	정규분포 $X \sim N(40,2^2)$에서 확률 $P(X \leq 42)$의 값
NORM.S.DIST(z, FALSE)	=NORM.S.DIST(1.33, FALSE)	표준정규분포 $Z \sim N(0,1)$에서 확률밀도함수 $f(1.33)$의 값
NORM.S.DIST(z, TRUE)	=NORM.S.DIST(1.33, TRUE)	표준정규분포 $Z \sim N(0,1)$에서 확률 $P(Z \leq 1.33)$의 값
NORM.S.INV(probability)	=NORM.S.INV(0.95)	$P(Z \leq a) = 0.95$을 만족하는 a의 값 (단, $Z \sim N(0,1)$)

■ 4장, 5장 엑셀함수

함수 구문	수식 예	반환값
CONFIDENCE.NORM(alpha, standard_dev, size)	=CONFIDENCE.NORM(0.05, 2.5, 50)	유의수준이 5%일 때 모표준편차가 2.5인 50개 표본의 표본오차
CONFIDENCE.T(alpha, standard_dev, size)	=CONFIDENCE.T(0.05, 2.5, 50)	유의수준이 5%일 때 표본표준편차가 2.5인 50개 표본의 표본오차
T.DIST(x, deg_freedom, TRUE)	=T.DIST(4, 3, TRUE)	$T\sim t(3)$에서 확률 $P(T\leq 4)$의 값
T.DIST.RT(x, deg_freedom)	=T.DIST.RT(4, 3)	$T\sim t(3)$에서 확률 $P(T>4)$의 값
T.DIST.2T(x, deg_freedom)	=T.DIST.2T(4, 3)	$T\sim t(3)$에서 확률 $2\times P(T>4)$의 값
T.INV(probability, deg_freedom)	=T.INV(0.75, 2)	$P(T\leq a)=0.75$을 만족하는 a의 값 (단, $T\sim t(2)$)
T.INV.2T(probability, deg_freedom)	=T.INV.2T(0.5, 2)	$P(T>a)=0.25$을 만족하는 a의 값 (단, $T\sim t(2)$)

■ 6장 엑셀함수

함수 구문	수식 예	반환값
CHISQ.DIST(x, deg_freedom, TRUE)	=CHISQ.DIST(2, 3, TRUE)	$U\sim \chi^2(3)$에서 확률 $P(U\leq 2)$의 값
CHISQ.DIST.RT(x, deg_freedom)	=CHISQ.DIST.RT(18.3, 10)	$U\sim \chi^2(10)$에서 확률 $P(U\geq 18.3)$의 값
CHISQ.INV(probability, deg_freedom)	=CHISQ.INV(0.6, 2)	$P(U\leq a)=0.6$을 만족하는 a의 값 (단, $U\sim \chi^2(2)$)
CHISQ.INV.RT(probability, deg_freedom)	=CHISQ.INV.RT(0.05, 10)	$P(U\geq a)=0.05$을 만족하는 a의 값 (단, $U\sim \chi^2(10)$)

■ 7장 엑셀함수

함수 구문	수식 예	반환값
F.DIST(x, deg_freedom1, deg_freedom2, TRUE)	=F.DIST(15.2, 6, 4, TRUE)	$F \sim F(6,4)$에서 확률 $P(F \leq 15.2)$의 값
F.DIST.RT(x, deg_freedom1, deg_freedom2)	=F.DIST.RT(15.2, 6, 4)	$F \sim F(6,4)$에서 확률 $P(F \geq 15.2)$의 값
F.INV(probability, deg_freedom1, deg_freedom2)	=F.INV(0.01, 6, 4)	$P(F \leq a) = 0.01$을 만족하는 a의 값 (단, $F \sim F(6,4)$)
F.INV.RT(probability, deg_freedom1, deg_freedom2)	=F.INV.RT(0.01, 6, 4))	$P(F \geq a) = 0.01$을 만족하는 a의 값 (단, $F \sim F(6,4)$)

■ 8장 엑셀함수

함수 구문	수식 예	반환값
COVARIANCE.S(array1, array2)	=COVARIANCE.S(A3:A5, B3:B5)	열 A 및 열 B에 있는 두 데이터 집합의 표본공분산
CORREL(array1, array2)	=CORREL(A2:A6, B2:B6)	열 A 및 열 B에 있는 두 데이터 집합의 상관계수

참고문헌

[1] IBM SPSS Statistics 기초통계분석, 오종철, 자유아카데미, 2015

[2] SAS 기초통계분석, 오종철외 1인, 자유아카데미, 2013

[3] 고등학교 수학 I - 조태근외 4인, 금성출판사

[4] 고등학교 수학 I - 이강섭외 6인, 지학사

[5] 고등학교 수학 I - 최상기외 5인, 고려출판

[6] 고등학교 확률과 통계 - 한국교원대학교 국정도서편찬위원회, 교육인적자원부

[7] 공학도를 위한 통계학, 김진경 외 5인, 자유아카데미, 2010

[8] 데이터와 함께하는 언어학습과 사회통합, 박시균외 2인, 한국문화사, 2017

[9] 데이터 분석을 위해 엑셀로 100% 구현된 앤더슨의 통계학, 류귀열 외 4인 역, 한올, 2017

[10] 도시, 농촌 고등학생의 식습관과 급식만족도 비교, 홍은지 외 1인, Korean Journal of Human Ecology, 2013, Vol. 22, No. 6, 711-721

[11] 사회과학 통계분석 - 강병서외 1인, SPSS 아카데미, 2001

[12] 실용통계학 - 윤상운외 1인, 자유아카데미, 1996

[13] 일반통계학 - 김우철외 8인, 영지문화사, 2000

[14] 전북지역 성인의 나트륨에 대한 지식, 나트륨섭취 식행동 및 저염식 태도 조사 연구, 노정옥 외 1인, Korean Journal of Human Ecology, 2013, Vol. 22, No. 4, 693-705

[15] 제대로 시작하는 기초통계학(Excel 활용), 노경섭, 한빛아카데미, 2016

[16] 통계학 EXCEL - 정영해 외 3인, 광주사회조사연구소, 2000

[17] 통계학의 이해 - 오종철외 3인, 경문사, 2014

[18] 회귀분석, 박성현, 민영사, 1998

찾아보기

ㅈ

ㅊ

저자 소개

오종철

서울대학교 사범대학 수학교육과 졸업
KAIST 응용수학과 석사 (통계학)
KAIST 수학과 박사 (전산통계학)
현) 군산대학교 수학과 교수

주요 저서
통계분석을 위한 SAS 통계패키지, 2004, 민영사
통계학의 이해, 2010, 경문사
C++ Programming, 2010, GS인터비전
SAS 기초통계분석, 2013, 자유아카데미
IBM SPSS Statistics 기초통계분석, 2015, 자유아카데미
데이터와 함께하는 언어학습과 사회통합, 2017, 한국문화사

유현희

원광대학교 가정대학 식품영양학과 졸업
원광대학교 가정대학 일반대학원 석사 및 박사 (식품영양학)
현) 군산대학교 식품생명과학부 식품영양학전공 교수
군산대학교 식품클러스터전공 교수

주요 저서
임상영양관리와 치과치료. 2004, 대학사
21세기 지역사회 영양학. 2007, 효일
질병맞춤형 임상영양학, 2012, 교문사
어류식품영양학, 2015, 도서출판 한국생태연구원
임상영양학, 2016, 창지사

EXCEL을 활용한 식품자원통계학

저　　자　오종철·유현희
발 행 인　주정희
발 행 처　자유아카데미
주　　소　경기도 파주시 회동길 37-42
파주출판도시
전　　화　031-955-1321
팩　　스　031-955-1322
홈페이지　www.freeaca.com
전자우편　main@freeaca.com (대표)
editor@freeaca.com (편집)
crm@freeaca.com (영업)
등　　록　제406-2003-017호, 1980. 7. 12
제1판1쇄　2018년 9월 1일 발행
정　　가　25,000원

저자와의
협의하에
인지생략

ISBN 979-11-5808-199-7　93310